Inhalt

Einleitung	7
„Flug in die Hölle"	24
Die Flugzeugtypen	25–299
Register	301
Die Autoren	304

Einleitung

Die Geschichte des Flugwesens seit dem bahnbrechenden Erstflug der Gebrüder Wright im Dezember 1903 erzählt von rasantem technischem Fortschritt und dem wachsenden Einfluss der neuen Technologie auf viele Bereiche des menschlichen Lebens. Aus bescheidensten Anfängen stieg sie zu ihrer heutigen Bedeutung empor. Flugzeuge haben das Transportwesen und die Kriegführung so großen „Wasserscheide" der Gebrüder Wright als auch in der folgenden Periode, in der die Luftfahrt festen Fuß fasste und zu dem riesigen Geschäft unserer Tage wurde. Schon bald zeigte sich, dass sie die Kriegführung revolutionierte, Transporte in die fernsten Winkel der Erde ermöglichte und zahlreiche andere Aufgaben übernahm – darunter nützliche und weniger friedliche ...

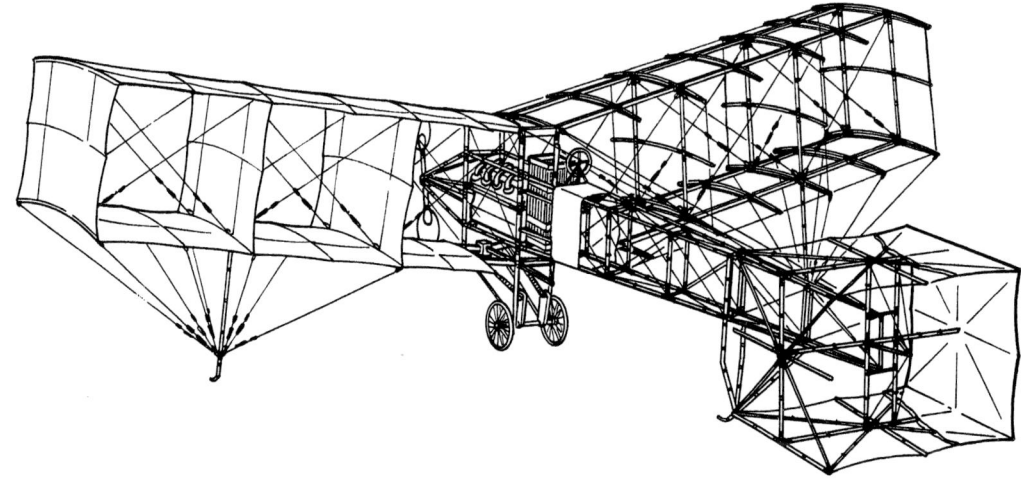

nachhaltig verändert wie nur wenige andere Erfindungen des Menschen vor ihnen. Zusammen mit der Entwicklung des Automobils entwickelte sich die Luftfahrt – wenn auch in Sprüngen – von ihrer ersten praktischen Anwendung an sehr geradlinig, wobei ihr die Erfindung des Verbrennungsmotors und dessen gutes Kraft-Gewicht-Verhältnis zugute kamen. So wurde ihr Entwicklungsgang zu einem wichtigen Teil der Geschichte des 20. Jahrhunderts. An diesem Prozess waren zahlreiche Pioniere beteiligt – sowohl in der Zeit vor der

Dieses Buch handelt von den Gründerjahren der Fliegerei und ihren frühen Pionieren; es schildert die faszinierende Geschichte der Luftfahrt bis zum Beginn des Zweiten Weltkriegs. Dabei werden viele wichtige Aspekte abgehandelt oder erwähnt, stets mit den berühmten Illustrationen von John Batchelor. Es war uns zwar möglich, viele wichtige Flugzeugtypen und Persönlichkeiten aus dem hier behandelten Zeitraum zu berücksichtigen, doch jedes Werk vergleichbaren Umfangs muss zwangsläufig eine bestimmte Auswahl treffen – sodass mancher Leser hier seine speziellen „Lieblinge" vermissen wird. Um die tausend Hersteller haben derart viele Flugzeugtypen produziert, dass die Berücksichtigung jedes einzelnen den Umfang unserer Ausführungen bis ins Unermessliche anschwellen lassen würde; folglich haben wir uns auf eine repräsentative Auswahl „großer" und „kleiner" Flugzeuge beschränkt.

Die Frühzeit

Die Menschheit hat Jahrhunderte lang von der Eroberung des Himmels geträumt – lange bevor der bemannte Motorflug schließlich zur Realität wurde. Für viele frühe Visionäre und Planer lag der einzig erfolgreiche Weg der Menschheit zum Fliegen in der Nachahmung des Vogelflugs. Schließlich fliegen Vögel allem Anschein nach mühelos – warum sollte es der Mensch ihnen nicht gleichtun, um von der Erde abzuheben? Obwohl dieser Gedankengang manchem vernünftig anmutet und Jahrhunderte lang weiterverfolgt wurde, war nichts weiter von der Wahrheit entfernt, sodass die Idee, den Vogelflug zu imitieren, auf dem Weg zum Personenflug in eine Sackgasse führte. Noch bis in die Tage der Gebrüder Wright hinein hielten einige an der Überzeugung fest, dass sich Menschen aus eigener Kraft in die Lüfte erheben könnten, indem sie mit den Armen ruderten oder in flügelschlagenden Maschinen säßen. Glücklicherweise gab es jedoch auch Wissenschaftler, die erkannten, dass sich Mensch und Vogel in wichtigen Punkten unterscheiden – nicht nur rein äußerlich, sondern auch in den Aspekten, die unter der Oberfläche liegen. Selbst die Mechanik des Vogelflugs wurde lange Zeit hindurch falsch interpretiert. Der große Renaissancekünstler und -ingenieur Leonardo da Vinci befasste sich intensiv mit dem Flug der Vögel. Allerdings konnte auch er die Komplexität ihrer Flügelschläge nicht völlig entschlüsseln. Da Vinci machte sich viele Gedanken über die Luftfahrt; einige davon wirken für seine Zeit weitsichtig, müssen aber heute mit Skepsis bewertet werden. Damit soll keineswegs Leonardos Bedeutung als Wissenschaftler geschmälert werden. Er und zahlreiche andere (häufig gläubige) Theoretiker vor und nach ihm übten auf die eine oder andere Weise großen Einfluss auf jene aus, die ihnen in späteren Epochen nachfolgten.

Die Wissenschaft vom Fliegen brauchte sehr viel Zeit für ihre Entwicklung und zur Entdeckung der Grundlagen ihres Erfolges. Es ist nur Menschen auf der Höhe ihrer Zeit wie Sir George Cayley zu verdanken, dass sich der Schleier über den wirklich erforderlichen Voraussetzungen zu lüften begann. Obwohl auch die Vögel bzw. ihr Flug im Endeffekt einiges Wichtige (etwa den Flügelquerschnitt und die Gesamtkonstruktion) zu dem Ideenkomplex beitrugen, der dem Menschen am Ende den Flug ermöglichte, erhob sich der Mensch schließlich in einer Erfindung namens „Flugzeug" in die Lüfte, die für Antriebskraft und Auftrieb sorgte, während der Pilot nicht für den Antrieb, sondern für Kontrolle und Lenkung zuständig war.

Um so weit zu kommen, waren jedoch – wie sich herausstellen sollte – zahllose Experimente (oft Sackgassen) und die Hartnäckigkeit von Erfindern notwendig, die zu ihrer Zeit allzu oft vollständig abgelehnt, ja sogar verfolgt wurden. Einige dieser wahren Pioniere experimentierten (vor allem im 19. Jahrhundert) neben ihren Brotberufen mit minimalen Budgets. Frühe Pioniere wie John Stringfellow in der südenglischen

Grafschaft Somerset suchten lange und hartnäckig nach Lösungen. Stringfellow, Cayley und einige andere sind sämtlich Protagonisten der Geschichte, die wir auf den nächsten Seiten erzählen. Ihre Beiträge zur Entwicklung des Personenflugs werden nur allzu oft von Historikern übersehen, welche die Anfänge des Motorflugs zu Unrecht nicht bis in die Zeit vor den Brüdern Wright zurückverfolgen. Dennoch sind einige Leistungen dieser frühen Pioniere bis heute umstritten.

So streitet man etwa bei Stringfellows Flugmaschinen von 1848 und 1868 immer noch darüber, wie gut sie fliegen konnten (bzw. wie sie das taten, wenn es überhaupt klappte). Derartige Apparaturen sollten daher aus heutiger Sicht besser als fliegende *Modelle* denn als echte Flugzeuge bewertet werden. Sir George Cayley genießt hingegen mit Recht den Ruhm, als erster einen Menschen in einem flugzeugähnlichen Flugapparat befördert zu haben. Das war im Jahre 1853, und zwar in einem Gleiter (den manche allerdings für das erste Schwerer-als-Luft-Flugzeug halten, da er einen Menschen trug. Der „Pilot" war in diesem Falle Cayleys Kutscher, und obwohl dieser als erster erwachsener Mensch auf diese Art fliegen durfte, blieb er völlig unbeeindruckt – er soll sogar unverzüglich gekündigt haben ...

Was alle Versuche dieser frühen Pioniere in einer Sackgasse enden ließ, war das Fehlen eines leistungsfähigen Antriebs für ihre Konstruktionen. Das 19. Jahrhundert, die Zeit der großen Erfindungen, war die Epoche der Dampfkraft. Dampf war für viele Zwecke gut geeignet, doch die entsprechenden Maschinen waren alle land- oder wassergestützt. Kurz gesagt: er kam für Flugzeuge nicht in Frage. Die meisten Dampfmaschinen waren riesige, sperrige Apparate mit einem ausgesprochen ungünstigem Gewicht-Leistungs-Verhältnis, die man vor dem Betrieb lange Zeit „aufwärmen" musste. Um sie in Gang zu halten, waren große Mengen von Holz oder Steinkohle erforderlich. Der Gedanke, mit solchen Maschinen ein Flugzeug anzutreiben, wirkt aus heutiger Sicht absurd (vor allem wenn man sich vorstellt, dass der Pilot im Flug Kohlen ins Feuer schaufeln muss), aber für die Erfinder des Viktorianischen Zeitalters war der Dampf das einzige denkbare Antriebsmittel. In der Tat gelang es einigen Dampfmaschinenbauern sogar, kleine, aber dennoch verhältnismäßig leistungsfähige Dampfmaschinen herzustellen, und manchmal konnte man so potenzielle Personenflugzeuge *fast* zum Fliegen bringen. Manche Erfinder experimentierten mit anderen Antrieben wie Schießpulver oder Gas, doch die Ergebnisse waren ähnlich enttäuschend (und bisweilen explosiv).

Ein zu diesem Zeitpunkt bereits etabliertes und erfolgreiches Luftfahrzeug war der Ballon. Seit den Pionierarbeiten der Gebrüder Montgolfier im Frankreich der 1780er-Jahre hatte man im Verlauf des folgenden Jahrhunderts Fahrzeuge vom Typ „leichter als Luft" entwickelt, mit deren Hilfe sich der Mensch verhältnismäßig leicht in die Lüfte emportragen lassen konnte. Während des Sezessionskriegs der 1860er-Jahre wurde der US-Amerikaner Thaddeus Lowe durch den Einsatz von Beobachtungsballons berühmt, doch waren solche Freiballons schon in früheren Kriegen zum Einsatz gekommen.

In ähnlichen Bahnen vollzog sich auch die Entwicklung des starren Luftschiffes, eines weiteren erfolgreichen – und zudem recht sicheren – Luftfahrzeugs. Beide sind auch heute noch in Gebrauch, obwohl Luftschiffe zur Zeit einen schweren Stand haben und als Transportmittel bei weitem nicht mehr die Bedeutung besitzen, die sie in den 1930er Jahren erreicht hatten. Die Explosion des mit entzündlichem Wasserstoff gefüllten deutschen Zeppelins „Hindenburg" auf dem US-Flugfeld Lakehurst im Jahre 1937 war nur einer von mehreren Unglücksfällen, die diesen Luftfahrzeugtyp bis auf den heutigen Tag kompromittiert haben.

Der Mensch hatte jedoch eine weitere Methode entdeckt: den unbemannten Gleiter. Gleitfliegen war zu Beginn des 20. Jahrhunderts bereits fest etabliert. Auch die Gebrüder Wright hatten auf ihrem Weg, der sie schließlich zur Entwicklung des bemannten Motorflugs führen sollte, erfolgreich mit Segelflugzeugen experimentiert. An der Fortentwicklung des Segelflugs waren Pioniere wie Otto Lilienthal, Percy Pilcher und einige andere beteiligt, häufig mit Apparaten, die heutige Betrachter eher an Hängegleiter als an jene Segelflugzeuge mit langen, eleganten Tragflächen erinnern, die heute an stillen Sommernachmittagen am Himmel ihre Kreise ziehen.

Revolutioniert wurden die Möglichkeiten des bemannten Motorflugs schließlich durch den in den 1860er-Jahren entwickelten und in den 1880er-Jahren patentierten Verbrennungsmotor. Mehrere Ingenieure erheben Anspruch auf die Urheberschaft dieser bemerkenswerten, wahrhaft erderschütternden Erfindung, aber im Wesentlichen haben wir sie wohl dem Deutschen Nikolaus A. Otto zu verdanken. Der Verbrennungsmotor war genau das, wonach sich die Pioniere der Luftfahrt die ganze Zeit über gesehnt hatten, wenngleich noch mehr als zwei Jahrzehnte ins Land gehen sollten, bis man dem Benzinmotor ein für Flugzeuge geeignetes Gewicht-Leistungs-Verhältnis verschafft hatte. Im Jahre 1901 ließ der US-Amerikaner Samuel P. Langley schließlich ein benzingetriebenes Modellflugzeug fliegen – wohl die erste Maschine aller Zeiten mit Eigenantrieb –, doch dieses hatte bei seinen ersten Flügen keinen sonderlichen Erfolg, und weitere Verbesserungen waren notwendig. Dennoch war der Benzin-Verbrennungsmotor damit erfolgreich eingeführt, und die Bühne stand bereit für den historischen Auftritt der Gebrüder Wright.

Der erste Flug eines selbstständig angetriebenen, lenkbaren und bemannten Flugzeugs in der Geschichte fand am 17. Dezember 1903 statt. An diesem Tag flog Orville Wright den von ihm und seinem Bruder Wilbur konstruierten „Wright Flyer", der von einem Verbrennungsmoor angetrieben wurde, den die Brüder ebenfalls selbst entworfen und konstruiert hatten. Mit diesem ersten echten Motorflug gingen die Gebrüder Wright in die Legende ein. Sie waren mit der langen vorausgegangenen Experimentierphase sehr gut vertraut und hatten alles intensiv studiert, was die Pioniere ihrer eigenen und früherer Zeiten in Erfahrung brachten. Interessanterweise versuchten sie in der Folge – d.h. nach ihren ersten erfolgreichen Motorflügen, die Technologie des bemannten Flugs nach Möglichkeit geheim zu halten – zu ihrem eigenen Vorteil, wie manche vermuten. Sie wurden in langwierige Auseinandersetzungen um Patentrechte verwickelt – vor allem (aber nicht ausschließlich) mit Glenn Curtiss, einem anderen großen US-Flugpionier. Dabei gebärdeten sie sich derart geheimnistuerisch, dass manche (vor allem Europäer) an ihrem Erfolg zweifelten.

Erst nachdem Wilbur Wright 1908 in Europa eine Reihe von Schauflügen durchgeführt hatte, erkannte man dort, wie weit die USA auf diesem Gebiet vorangekommen waren – und wie weit sie den Europäern in mancher Beziehung voraus waren. Für einige US-Flieger war das Ganze sicherlich ein Schock, für viele Europäer hingegen mit Sicherheit eine große Überraschung.

Nichtsdestotrotz ging die Entwicklung auf beiden Seiten des Atlantiks weiter: einer der großen europäischen Flugpioniere war der schillernde Brasilianer Alberto Santos-Dumont. Seine vom Hargrave-Kastendrachen inspirierte Santos-Dumont No. 14-bis errang im November 1906 den ersten offiziell anerkannten Geschwindigkeitsrekord – obwohl die von ihm zurückgelegten Strecken viel kürzer als die der Gebrüder Wright in den USA waren.

In jenen frühen Tagen des bemannten Motorflugs war an Massenproduktion, wie sie etwa im Laufe des Zweiten Weltkriegs zur Normalität wurde, noch nicht zu denken. Dennoch kam es damals in Frankreich zur Gründung der ersten Flugzeugfabriken. In der Zeit vor dem Ersten Weltkrieg nahmen die Vereinigten Staaten und Frankreich auf vielen Gebieten der Luftfahrtentwicklung eine führende Stellung ein.

Obwohl die Gebrüder Wright mit ihrem „Wright Flyer" einen Flugzeugtyp geschaffen hatten, der im Dezember 1903 seine ersten bemannten, gelenkten Motorflüge unternahm, war der „Flyer" nur der Ausgangspunkt für die Entwicklung und Produktion leistungsfähiger und erfolgreicher „Schwerer-als-Luft-Fahrzeuge". In den folgenden Jahren kam es dank besserer Kenntnis auf dem Gebiet der Aerodynamik (und damit der Vorbedingungen für einen erfolgreichen Start) bei vielen in der rasch wachsenden Luftfahrt Tätigen zu zahlreichen konstruktiven Verbesserungen. Die Flugtechnologie machte – manchmal recht abrupte – Fortschritte, führte aber manchmal auch in Sackgassen. Dennoch kam es zu zahlreichen Verbesserungen, als in zunehmender Zahl immer leistungsfähigere und zuverlässigere Flugzeugtypen gebaut wurden.

Zu den Unternehmen, die vor dem Ersten Weltkrieg maßgeblich zu den Veränderungen in der Konstruktion und Herstellung von Flugzeugen beitrugen, gehörte auch die kurzlebi-

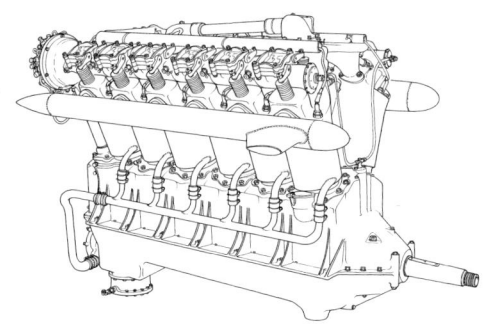

Der Liberty-Motor

ge Duperdussin-Flugzeugfabrik von Armand Duperdussin. Die fähigen und vorausschauenden Ingenieure dieses in Frankreich ansässigen Unternehmens entwarfen eine ganze Reihe von zunehmend innovativen Typen. Die beste Verkörperung ihrer Konzeptionen stellte dabei wohl die Duperdussin Monocoque von 1912/13 dar, die ein völlig neuartiges Erscheinungsbild bot – einen stromlinienförmiger Rumpf mit ebensolchem Fahrwerk, dazu ein mächtiger Sternmotor.

Die revolutionär strukturierte Monocoque-Hülle bestand aus Tulpenholzleisten, die über einem entfernbaren Konstruktionsrahmen verleimt wurden; ihre Festigkeit nahm die vieler späterer Modelle vorweg. Die schwere, mit Stoff bespannte Rahmenkonstruktion aus Längs- und Querholmen war bei einer solchen Monocoque-Hülle nicht länger vonnöten. Die Seitensteuerung erfolgte allerdings nach wie vor durch das Verwinden der Tragflächen des Eindeckers. Schließlich entwickelte man jedoch die heute als Querruder bekannten Steuerungselemente, und so elementare Vorrichtungen wie eine zentrale Steuersäule erfreuten sich immer weiterer Verbreitung.

Auch die Entwicklung der Motoren schritt mächtig voran. Ein wichtiger Pionier auf diesem Sektor war der Franzose Léon Levavasseur, dessen „Antoinette"-Motoren ein wichtiges Antriebsmittel für die Maschinen vieler früher europäischer Flieger waren. In den Vereinigten Staaten sorgte Glenn Curtiss für wichtige technologische Neuerungen im Motorenbau. Schließlich betraten jene Motorentypen die Szenerie, die im Ersten Weltkrieg so große Bedeutung erlangen sollten; zu ihnen gehörte vor allem der Sternmotor.

Eines der größten Anliegen des berühmten Fliegers Alberto Santos-Dumont bestand darin, das Fliegen auch normalen Sterblichen zugänglich zu machen. Sein Demoiselle-Leichtflugzeug war das erste populäre Modell dieser Art, und er verzichtete auf alle seine Patentrechte, um Amateure in aller Welt zu ermutigen. In späteren Jahren machten auch andere Einzelpersonen und Flugzeugbaufirmen – vor allem Henri Mignet in Frankreich und das Unternehmen de Havilland in Großbritannien – solche Versuche, indem sie preisgünstige Flugzeuge bzw. (in Mignets Fall) Baupläne auf den Markt brachten, die auch für breitere Kreise erschwinglich waren.

Leider führten solche lobenswerten Pläne nicht immer zum gewünschten Erfolg; für die überwältigende Mehrheit des Publikums kam Fliegen vor dem Zweiten Weltkrieg nicht in Frage; die Fliegerei blieb deshalb ein Privileg jener Kreise, die dafür genug Geld oder Zeit (oder möglicherweise beides) aufbringen konnten. Dennoch wurde sie auch bei einem „erdgebundenen" Publikum immer populärer, und zwar durch die Kunststücke jener frühen Piloten, deren Namen oft durch diverse Heldentaten zu festen Begriffen wurden. Das äußerte sich auch in der zunehmenden Beliebtheit von Flugtagen. Das erste internationale Fliegertreffen fand im August 1909 in Reims (Frankreich) statt.

Veranstaltungen wie jene in Los Angeles (Januar 1910) oder die frühen Flugtage von 1909 in Doncaster und Blackpool (Nordengland) waren weitere wichtige Beispiele. Die bahnbrechenden Luftfahrtausstellungen von Paris (ab 1909) setzten Standards für derartige Veranstaltungen, auf denen neben fliegerischen Kunststücken auch neue technische Errungenschaften präsentiert wurden. Parallel dazu entwickelte sich auch die Bodenorganisation: der erste offiziell eingerichtete Flugplatz war naheliegenderweise der im Jahre 1909 eröffnete Port-Aviation in der Umgebung von Paris. In den folgenden Jahren entstanden vielerorts Start- und Landebahnen für Flugzeuge, die häufig vorhandene Einrichtungen wie etwa Pferderennbahnen nutzten.

Der Erste Weltkrieg

Als die Welt im August 1914 in den Krieg zog, lag der erste erfolgreiche Personenflug gerade einmal 10 Jahre zurück, und die Fliegerei steckte noch weitgehend in den Kinderschuhen. In den vier Jahren des Ersten

Weltkriegs wurde sie allerdings auf rasche und brutale Weise „erwachsen". Bis zum Kriegsende hatte sich das Flugzeug endgültig als verlässliches Transport- und vor allem als wichtiges Kriegsmittel durchgesetzt. Obwohl man es schon vorher in kleineren Kriegen und Gefechten genutzt hatte, betrat es erst in dem weltweiten Konflikt, der in jenem Sommer 1914 seinen Anfang nahm, wirklich die Bühne. Seitdem hat es sie nicht wieder verlassen.

Zu Beginn des Ersten Weltkriegs steckte die Militärfliegerei noch in ihren Anfängen. Als er zu Ende ging, hatten alle wichtigen Länder der Erde erkannt, wie wichtig es war, über eine schlagkräftige Luftwaffe zu verfügen. Obwohl die Streitkräfte in der Nachkriegszeit nahezu allerorten erheblich verkleinert wurden, hatte das Flugzeug seinen Wert als wirksames und unverzichtbares Kriegsinstrument unter Beweis gestellt, und seine Bedeutung hat seither in jeder Beziehung zugenommen.

Jene Länder, die zu Beginn des Ersten Weltkriegs Luftstreitkräfte besaßen – und das war irgendwie bei allen Hauptkriegführenden der Fall –, verfügten fast durchweg über eine abenteuerlich anmutende Mischung von zerbrechlichen, aber eleganten Doppeldeckern, Ballons und Luftschiffen. In jüngster Zeit hat es sich eingebürgert, diese frühen Maschinen als „Konstruktionen aus Latten und Bindfäden" zu charakterisieren, aber das trifft überhaupt nicht zu. Obwohl die Flugzeuge nach modernen Standards antiquiert wirken, waren sie stabil konstruiert und aus den besten damals verfügbaren Werkstoffen hergestellt. Zum Bau der Rahmenkonstruktion, die man am Ende gewöhnlich mit Stoff bespannte, standen beispielsweise zahlreiche Holzarten zur Verfügung. Die Bespannung wurde imprägniert und anderweitig veredelt, um ihr eine möglichst große Haltbarkeit und Festigkeit zu verleihen. Die leichthin so genannten „Bindfäden" bestanden in Wirklichkeit aus dem besten damals verfügbaren Takeldraht, und die fertigen

Flugzeuge wurde von Spitzenfachkräften verspannt, um ein Höchstmaß an Festigkeit zu erlangen.

Bei Kriegsbeginn waren einige Luftstreitkräfte weiter entwickelt als andere; jene von Deutschland, Frankreich und Großbritannien waren bereits fest etabliert, aber noch im Ausbau begriffen. Vor allem die Deutschen hatten die Bedeutung des Luftschiffes als Kriegsmittel erkannt, und sie setzten es manchmal mit tödlicher Wirkung ein. In den ersten Wochen des Krieges dienten Flugzeuge in erster Linie als Aufklärer und zu verschiedenen nachgeordneten Zwecken (etwa Verbindungsflügen). Obwohl sie dies auch weiterhin taten, gab es in den meisten Ländern weitblickende Militärs, die erkannten, dass sich die Maschinen auch für kriegsmäßigere Aufgaben eigneten. In der Tat sorgten jene Frontkämpfer, die ihre Maschinen Tag für Tag über die Schlachtfelder flogen, bald für deren Bewaffnung. Schon bald übernahmen Flugzeuge daher weit kriegerischere Funktionen, und noch vor Ende 1914 benutzte man sie auch dazu, weit hinter den feindlichen Linien Bomben abzuwerfen.

In den vier Jahren des Ersten Weltkriegs kam es nach diesen ersten Schritten bis zum Waffenstillstand von 1918 zum Masseneinsatz von Kampfflugzeugen; zu diesem Zeitpunkt hatte sich das Flugzeug als Kriegswaffe endgültig durchgesetzt – mit allen nur denkbaren Verwendungsmöglichkeiten als Kampfmaschine, die man im Kriegsverlauf entwickelt hatte. Dazu gehörten taktische Bombardements (auf dem Schlachtfeld und abseits davon) ebenso wie strategische (weit hinter den Linien, bei denen Industrie- und Zivilziele angegriffen wurden). Flugzeuge dienten zu Bodenangriffen, Luftkämpfen über den Gräben und Aufklärungs- oder Artillerieleitflügen. Vor allem waren sie zu echten Jägern geworden, und Duelle zwischen feindlichen Piloten zur Erringung der Lufthoheit über dem Schlachtfeld und abseits davon waren von nun an ein integraler Bestandteil moderner Kriege. Anerkannt war auch, dass Luftüberlegenheit einen entscheidenden Vorteil gegenüber dem Gegner bringt. Jäger wurden am Tag und bei Nacht zum Abfangen von Bombern und Luftschiffen eingesetzt. Die Nachtjagd hatte ihre eigenen Gesetze entwickelt, die sich erst mit Einführung des Radars um 1940 ändern sollten.

Analog zur wachsenden Bedeutung von Kampfflugzeugen im Ersten Weltkrieg kam es zu einem gewaltigen Aufschwung der Flugzeugindustrie. Maschinen wurden unvermittelt in einer solchen Menge benötigt – und folglich auch gebaut –, die noch wenige Jahre zuvor völlig unvorstellbar gewesen wäre. Typen wie die Breguet 14, die Sopwith Camel und die SPAD S.XIII waren nur einige von vielen, die man in großen Stückzahlen bauten. Diese Produktionsweise führte in vielen Ländern zu einem raschen Anwachsen der Flugzeugindustrie und ihrer Infrastruktur. Damals entstanden zahlreiche neue Typen und Herstellerbetriebe. Viele davon waren nur kurzlebig, und die Mehrzahl der „Überlebenden" verschmolz im Laufe der folgenden Jahrzehnte entweder zu größeren Konzernen oder verschwand ganz vom Markt. Eine kleine Anzahl dieser Firmen existiert heute noch. Da so viele Männer an der Front kämpften, war die Herstellung von Flugzeugen – und vielen anderen Kriegsmitteln – schließlich großenteils Frauensache. In vielen Ländern bedeutete dies einen wichtigen Schritt auf dem Weg zur Emanzipation.

Die Massenproduktion brachte viele Zulieferfirmen mit der Luftfahrt in Verbindung, und so entstand ein eigener Industriezweig, der vom Rad bis zur Bewaffnung sämtliches Zubehör produzierte. Für den Kriegseinsatz der nun als Kriegsmittel anerkannten Flugzeuge wurden vielfältige Waffensysteme entwickelt. In Großbritannien, wo es zu Kriegsbeginn überhaupt keine Bomber gab, verfügte man an seinem Ende über Maschinen, die große Mengen von Bomben abwerfen konnten, und der erste viermotorige Bomber der R.A.F. – die Handley Page V/1500 – wurde gerade eingesetzt. Parallel zur Entwicklung von Flugzeugen zu echten Kriegsmaschinen erfolgte die einer Ausrüstung, die den wachsenden Bedürfnissen der Luftwaffen entsprach. Vorrichtungen wie die Scarff-Ringlafette für MGs am Sitz des Beobachters bzw. Heckschützen stehen für die Entwicklung von Ausrüstungselementen, die den Flugzeugen die Erfüllung ihrer zunehmend schwierigeren Aufgaben ermöglichte. Das beste Beispiel für diese Tendenz war ein brauchbarer Unterbrechungsmechanismus, der es starr eingebauten MGs ermöglichte, durch den rotierenden Propeller zu feuern, ohne dessen Blätter zu beschädigen. So wurde es bei Jagdflugzeugen möglich, die nach vorn feuernden MGs stärker in der „Nase" zu konzentrieren, was zu einer erheblichen Steigerung ihrer Treffsicherheit führte.

Massenproduktion allerdings war nicht in allen Betrieben möglich, und sie wurde oft mit recht primitiven Mitteln umgesetzt. In einer Welt ohne Fotokopierer und Computer mussten Pläne mühsam von Hand kopiert werden; viele Komponenten ließen sich nur äußerst arbeitsintensiv herstellen, und in einigen Fällen lieferte man dem Auftragsnehmer anstelle von Konstruktionszeichnungen einfach ein Musterflugzeug. In dieser Arbeitsatmosphäre waren die tatsächlichen Spezifikationen der Einzelteile, ja ganzer Flugzeuge weit we-

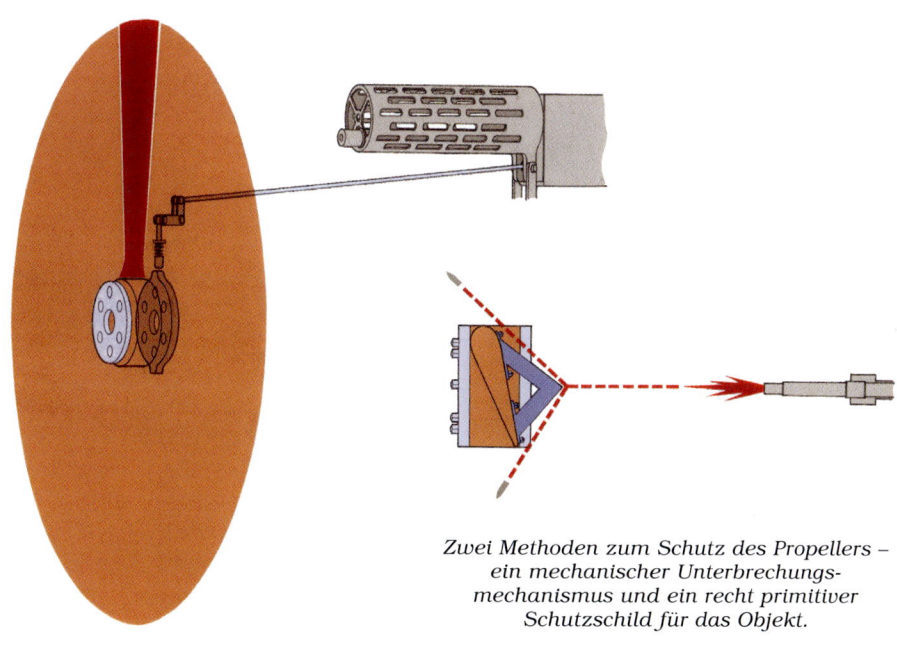

Zwei Methoden zum Schutz des Propellers – ein mechanischer Unterbrechungsmechanismus und ein recht primitiver Schutzschild für das Objekt.

niger strengen Toleranzbereichen unterworfen als es heute der Fall ist. Auf diese Weise haben unsere Vorväter späteren Historikergenerationen die exakte Ermittlung der Maße zahlreicher früher Flugzeugtypen nicht unerheblich erschwert, sodass die Abmessungen und Flugeigenschaften vieler Typen bis heute umstritten sind. Unser Buch hat es sich zum Ziel gesetzt, auf der Grundlage von Herstellerangaben und Dienstanweisungen möglichst exakte Angaben zu liefern, doch bei zahlreichen Typen fehlen Informationen (oder sie harren noch ihrer Entdeckung). Ähnliches gilt für die Umrechnung von metrischen Angaben in britisch-amerikanische Maßeinheiten (und umgekehrt), die allzu oft zu Abweichungen bzw. Ungenauigkeiten führen kann.

Im Ersten Weltkrieg kämpften Flugzeuge über allen Fronten. Dabei kamen sie auch in Nordeuropa und an vielen anderen Orten zum Einsatz. Wo immer Kämpfe ausbrachen, waren bald auch Flugzeuge darin verwickelt. So kamen die Maschinen unter den extremsten Klimabedingungen zum Einsatz – und das mit einer launischen oder unzuverlässigen Ausrüstung, die vor allem im Mittleren Osten häufig für Probleme oder gar Totalversagen sorgte. So wurde es immer wichtiger, die Flugzeuge und ihre Ausstattung perfekt auf ihre jeweiligen Aufgaben abzustimmen – eine weitere Lehre, die man aus diesem Krieg ziehen musste.

Wie bereits früher erwähnt wurde, offenbarte der Erste Weltkrieg nicht nur die Bedeutung des Flugzeugs als Kriegsmittel – in diesem Konflikt kam es auch zur Aufstellung spezieller militärischer Formationen zur Wartung und Bedienung von Kriegsmaschinen. Dieser Prozess hatte schon vor dem Krieg eingesetzt, und

die meisten wichtigen Staaten gliederten ihre rudimentären Luftwaffen neu gegründeten Zweigen ihrer oft schon seit langer Zeit bestehenden Streitkräfte an. In einigen Fällen entwickelte sich so die Marineluftwaffe als Ableger vorhandener Strukturen. Das gewaltige Wachstum der Militärfliegerei erforderte seine Organisation, und in manchen Ländern wurde die Luftwaffe zur selbstständigen Teilstreitkraft erhoben. In Großbritannien schuf man im Juli 1914 eine selbstständige Marineluftwaffe, den Royal Naval Air Service. Das Royal Flying Corps existierte als Ableger der Armee bereits seit Mai 1912. Am 1. April 1918 wurden beide Luftwaffenzweige zur Royal Air Force vereinigt – ein frühes Beispiel dafür,

dass eine Großmacht ihren Luftstreitkräften (mit Recht) eine autonome Stellung gab. In Frankreich wurde die Aéronautique Militaire (auch als Aviation Militaire bekannt) 1910 gegründet, und in den Jahren 1933/34 schuf man dort die Armée de l'Air. In den USA erhielt das Signal Corps bereits 1907 eine Fliegerabteilung; diese wurde im Mai 1918 vom US Army Air Service und im Juli 1926 vom US Army Air Corps abgelöst. Aus dieser Truppe entwickelte sich dann unmittelbar vor dem Eintritt Amerikas in den Zweiten Weltkrieg die (technisch als US Army Air Forces bezeichnete) US Army Air

Force, während die selbstständige Marineluftwaffe der USA erst im Jahre 1947 entstehen sollte.

Entwicklungen in der Zivilluftfahrt nach dem Ersten Weltkrieg.
Die Grundlagen des uns heute vertrauten Lufttransportwesens bildeten sich in den Jahren nach dem Ersten Weltkrieg heraus. Im Kriegsverlauf war das Flugzeug technisch und konstruktiv ausgereift, und man hatte gewaltige Fortschritte bei Entwurf und Produktion gemacht. Hersteller und Ingenieure hatten in dieser Zeitspanne viel hinzugelernt, und in den folgenden Friedensjahren konnten sie die Ernte ihres neuen Wissens einfahren.

Die Nachkriegsjahre erlebten die wahre Geburt der zivilen Luftfahrt: dies betraf sowohl die Entwicklung spezieller Transportflugzeuge als auch die Gründung von Gesellschaften, welche diese kommerziell nutzten. Anfangs setzte man auf den spärlichen Fluglinien, die nach dem Krieg entstanden waren, noch „konvertierte" Militärflugzeuge ein. Dann aber begannen die in aller Welt aus dem Boden schießenden Fluggesellschaften eine völlig neue Art von Passagierflugzeug zu entwickeln – die Vorläufer der heutigen Linienmaschinen. Dies waren speziell auf den Transport von Menschen und Material zugeschnittene Flugzeugtypen, die als solche besondere Anforderungen an Ingenieure und Produzenten stellten. Sie mussten in Sachen Geschwindigkeit, Reichweite und Ladefähigkeit ausreichende Leistungen bringen, in verschiedenen Klimaten einsetzbar und vor allem brauchbar und sicher sein. In mehreren Ländern schufen Pioniere wie Douglas (USA) und Fokker (Niederlande) erfolgreich ganze Flugzeugfamilien, die der Zivilluftfahrt zu einem raschen Aufschwung

verhalfen und beim Aufbau eines weltweiten Netzes von Fluglinien mitwirkten. Die zunehmende Stärke und Zuverlässigkeit der Flugzeugmotoren begünstigte diese Entwicklung ganz erheblich.

In den 1920er-Jahren entstanden parallel zur Entwicklung der Luftfahrtindustrie auch zahlreiche Fluggesellschaften, gleichermaßen große und kleine. Viele von ihnen verschwanden durch Geschäftsaufgabe oder Verschmelzung mit anderen, aber einige der größeren Unternehmen existieren bis auf den heutigen Tag. In den frühen Tagen der Luftfahrt war die Gründung solcher Unternehmen ein Sprung ins Ungewisse, und zahlreiche unbesungene Helden waren hinter den Kulissen bereit, viel Geld in Betriebe dieses damals noch völlig neuartigen Industriezweiges zu investieren. Viele der von diesen Fluggesellschaften bedienten Linien waren von wagemutigen Einzelpersonen erkundet und eröffnet worden, deren Namen bisweilen zu Legenden wurden. Viele Flugpioniere riskierten ihr Leben bei der Erkundung neuer Routen und auf Langstreckenflügen, die sie teilweise in die unwirtlichsten Regionen der Erde führten: dieser Prozess setzte im Jahre 1919 mit Alcock und Brown ein, die in einem umgebauten Bomber des Typs Vickers Vimy nonstop über den Nordatlantik flogen, und er setzte sich bis zu Lindberghs Alleinflug über den gleichen Ozean im Jahre 1927 fort.

Heute halten wir Flugreisen in die entferntesten Winkel unserer Erde für eine Selbstverständlichkeit, aber in den 1920er-Jahren machte man sich zum ersten Mal an dieses Wagnis. Die Gründung der uns heute so wohlvertrauten Fluglinien verdanken wir letztlich wagemutigen Pionieren wie Lindbergh, Alan Cobham, von Gronau und zahlreichen anderen.

Ein Gutteil dieser Test- und Erkundungsflüge erfolgte im Zusammenhang mit der Einrichtung kommerzieller Fluglinien für Passagiere und Frachtgüter (oder trug doch indirekt dazu bei), andere wiederum dienten der Vorbereitung von Luftpostlinien zur raschen Beförderung von Post. Auf diese Weise entwickelten sich die bereits vor dem Ersten Weltkrieg zaghaft in Angriff genommenen Luftpostdienste im Laufe der 1920er-Jahren allmählich zu einer festen Institution. Auch dies war echte Pionierarbeit für heute als selbstverständlich geltende Dienstleistungen, nämlich den internationalen Lufttransport von Brief- und Paketsendungen. Mit Hilfe von Flugzeugen konnte man Postgut sehr rasch quer durch die gesamten USA versenden – ein vorher völlig unmögliches Unterfangen. Auf ähnliche Weise wurden daraufhin in aller Welt Luftpostlinien eingerichtet, die von ihrem Wesen eher international ausgelegt waren. Einen Teil dieser Pionierarbeit erledigten dabei Länder wie Großbritannien und Frankreich, welche die Postverbindungen zu den entfernten Teilen ihrer Kolonialreiche ausbauen und beschleunigen wollten. Manchmal handelte es sich aber auch nur um reine Entdeckerflüge ohne kommerzielle Profitabsichten.

In der Zeit zwischen den Weltkriegen erlangte die Fliegerei durch die Arbeit zahlloser Pioniere immer größere Popularität. Schlagzeilenträchtige Flüge dienten nicht nur der Erkundung kommerzieller Routen, der Forschung oder anderen nützlichen Zwecken, sondern wurden auch nur aus Publicitygründen oder persönlichem Ehrgeiz unternommen. Gleichzeitig kam es unbestreitbar zu einer zunehmenden Regulierung des zivilen Flugwesens. Am Ende des Ersten Weltkriegs gab es für die Zivilluftfahrt nur eine Hand voll Regeln, mit deren Durchsetzung nur verhältnismäßig wenige Regulierungsbehörden betraut waren. Im weiteren Verlauf der Zwischenkriegszeit nahm auch die Regulierung aller Bereiche der Fliegerei zu. Viele Länder entwickelten Standards und Regeln für die Zivilluftfahrt und die daran Beteiligten. Gewisse Vorformen von Pilotenscheinen für Privatleute hatte es schon vor dem Ersten Weltkrieg in einigen Ländern gegeben, aber in der Nachkriegswelt wurde eine stärkere Regulierung unerlässlich. Die meisten Länder gründeten schließlich offizielle Regulierungsbehörden modernen Typs. Dies war vor allem in den Vereinigten Staaten dringend notwendig, um die „Wanderzirkus-Flieger" (meist ehemalige Weltkriegspiloten) endlich in ihre Schranken zu verweisen; diese Zeitgenossen lieferten wohl das extremste Beispiel für die völlig unregulierte Fliegerei der Nachkriegsperiode.

Im Bereich der kommerziellen Zivilluftfahrt führte man schon bald immer leistungsfähigere Flugzeuge ein. Zu Anfang der 1930er-Jahre war das Zeitalter der behelfsmäßig „konvertierten" Militärmaschinen längst zu Ende gegangen. Zu den schönsten Zivil- und Militärflugzeugen ihrer Epoche zählten die schönen Ganzmetall-Linienflugzeuge, die damals in Dienst gingen. Das Bedürfnis der kommerziellen Fluglinien nach immer leistungsfähigeren Typen spornte Hersteller und Motorenbauer selbst in den dunkelsten Tagen der Weltwirtschaftskrise an. In einigen berühmten Einzelfällen erbrachte diese neue Generation von Zivilflugzeugen, zu denen etwa die Boeing Model 247 oder die allgegenwärtige Douglas DC-3 gehörten, Leistungen, die manche Militärmaschine erblassen ließen. Solche Modelle bildeten sozusagen die Speerspitze jener gewaltigen Fortschritte im Flugzeugdesign und -bau der 1930er-Jahre. Interessanterweise bewährten sich einige Verkehrsflugzeuge der Zeit vor dem Zweiten Weltkrieg so gut, dass sie auch als Bomber in Frage kamen. Manche von ihnen – etwa die Junkers Ju 86 – gab es in ziviler und militärischer Ausführung. Selbst die berühmte DC-3 hatte einen militärischen „Ableger", den mittleren Bomber B-18 Bolo.

Der Weg in den Krieg

Die zunehmende Verwendung von Flugzeugen im Krieg veränderte dessen Gesicht zweifellos für immer. Auf dem Weg von den bescheidenen Anfängen vor dem Ersten Weltkrieg über den Aufbau gewaltiger Luftflotten im Laufe der Kriegsjahre entstanden so spezielle Jäger, Bomber, Aufklärer, Transporter, Schulflugzeuge und zahlreiche andere Typen, welche die frühen Pioniere der Luftfahrt sicherlich überrascht (wenn nicht schockiert) hätten. Bei ihrer Weiter-

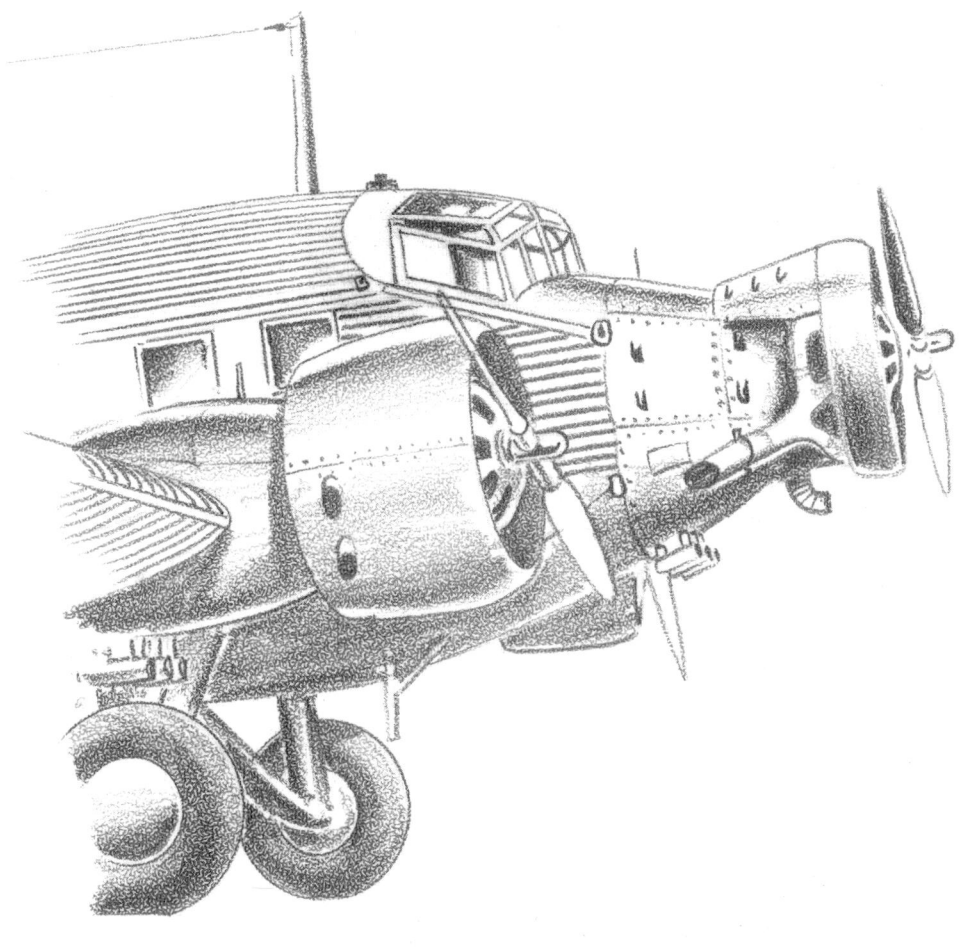

JU 52/3M

entwicklung in der Zeit zwischen den Kriegen wurde die Leistungsfähigkeit immer weiter gesteigert. Das wurde zum einen durch Verbesserungen der Entwürfe und Baustoffe ermöglicht, aber auch durch die ständig zunehmende Stärke der Motoren. All diese Entwicklungen vollzogen sich jedoch vor dem Hintergrund von Verteidigungsbudgets, die in den 1920er- und 1930er-Jahren in vielen Ländern gefährlich zusammengestrichen wurden. Die Massenproduktion im Stil des Ersten Weltkriegs wurde rasch aufgegeben, sodass die Hersteller um lohnende Aufträge der Militärs kämpfen mussten. Verschärft wurde die Situation noch durch das Wirtschaftsklima der Zwischenkriegszeit, den Wallstreet-Crash und die darauf folgende Weltwirtschaftskrise. Erst als sich die weltpolitische Gesamtlage ab 1933 im Gefolge des Aufstieg von Hitlers NSDAP in Deutschland verschlechterte, setzte sich bei den Militärs und manchen Politikern einiger Länder verstärkt die Erkenntnis durch, dass eine Aufrüstung zur Abwehr der vom faschistischen Deutschland und Italien sowie deren Alliierten Japan ausgehenden Gefahr unerlässlich war. Leider kam diese Entwicklung in einigen Ländern zu spät in Gang, um sie vor den Schrecken des Zweiten Weltkriegs zu bewahren.

In der Zwischenkriegszeit kam es beim Entwurf und Bau von Flugzeugen zu bedeutenden Fortschritten, deren Grundlagen in manchen Fällen allerdings schon weit früher gelegt worden waren. Zu den wichtigsten Neuerungen auf diesem Gebiet gehörte der umfassende Einsatz von Metall – für die tragende Konstruktion und in einigen bemerkenswerten Fällen auch für die Außenhaut. Auf diesem Sektor gab es einige Pioniere, u.a. Junkers und Dornier in Deutschland. Es trifft durchaus zu, dass

manche wichtige Neuerungen und Fortschritte in der Luftfahrt mit großem Applaus begrüßt wurden, während andere weniger beachtet ins Leben traten. Zu den Letzteren – die sich aber nichtsdestotrotz als bahnbrechend erwiesen – gehört die Geburt des Ganzmetallflugzeugs. Bis zur Mitte des Ersten Weltkriegs bestanden praktisch alle Flugzeuge aus einer hölzernen Rahmenkonstruktion (verschiedener Arten) mit Stoffbespannung – Metall fand v. a. für Spanndrähte und manchmal an der Rahmenkonstruktion Verwendung. Dank der Pionierarbeit von Junkers, Dornier und anderen wurde das Ganzmetallflugzeug lange vor den eleganten Ganzmetall-Stromlinienjägern des Zweiten Weltkriegs zur Realität. So entwickelte sich eine Bauweise, die von vielen bedeutenden Konstrukteuren und Herstellern begeistert aufgenommen wurde (wenngleich manche dabei schneller waren als andere).

Fortschritte bei den Baumaterialien waren allerdings noch keine Erfolgsgarantie, und die Entwicklung von Ganzmetalljägern mit verstärkter Hülle ging bis zum Zweiten Weltkrieg mit Neuerungen im Flugzeugdesign, der Übernahme der Stromlinienform und dem Bau immer stärkerer Motoren einher. Entwicklungen in verwandten Bereichen erwiesen sich ebenfalls als hilfreich, etwa die Erfindung verstellbarer Propellerblätter und natürlich der Traum jedes Ingenieurs, das einziehbare Fahrwerk. Die Leistungsfähigkeit der Motoren führte nach 1930 auch zu bedeutenden Geschwindigkeitssteigerungen bei Zivil- und Militärflugzeugen. Die 1030 PS früher Baureihen der Merlin-Reihenmotoren von Rolls-Royce, mit denen im Zweiten Weltkrieg die ersten Modelle der überragenden Jäger Supermarine Spitfire und Hawker Hurricane angetrieben wurden, ermöglichen einen interessanten Vergleich mit der Motorleistung der Sopwith Camel, eines der besten Jäger des Ersten Weltkriegs: die Camel wurde im Laufe ihrer Produktion mit einer ganzen Reihe ver-

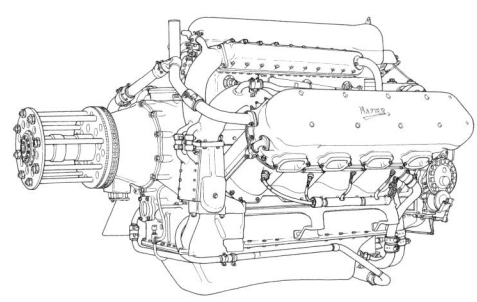

Der Napier-Motor

schiedener Motoren ausgestattet, aber als typisch darf wohl der Clerget-Sternmotor mit 130 PS gelten.

Die Entwicklung des Eindeckerflugzeugs für den Fronteinsatz (aber auch für zivile Zwecke) verlief dabei keineswegs so geradlinig wie man meinen möchte. Vor allem der Doppeldecker hatte sich zu einem brauchbaren und kampfstarken Flugzeugmodell entwickelt, das bis in die 1930er-Jahre hinein seine Anhänger hatte. Glücklicherweise gab es jedoch auch weitsichtigere Persönlichkeiten wie den legendären R.J. Mitchell, der für das Designerteam der Spitfire verantwortlich war. Mitchell erkannte das Potenzial, das ein Tief- bzw. Eindecker mit einziehbarem Fahrgestell für künftige Jägerentwürfe barg – und entwickelte daraus die berühmte Spitfire. Die Anhänger des Doppeldeckers versuchten dennoch, das Letzte aus dieser Konstruktion herauszuholen, indem sie es ebenfalls mit einem einziehbaren Fahrwerk ausstatteten und nachdrücklich auf seine hervorragende Wendigkeit hinwiesen. Der Eindecker trug schließlich den Sieg davon, aber in manchen Ländern erfolgte die Übernahme von Eindecker-Jägern und -Bombern mit einziehbarem Fahrgestell zu spät, sodass sie zu Beginn des Zweiten Weltkriegs besser ausgerüsteten Streitkräften unterlagen.

In der Zwischenkriegszeit (die damals natürlich nicht so hieß) fanden in Wirklichkeit einige bedeutende Konflikte statt, bei denen Flugzeuge eine wichtige Rolle spielten. Im Fernen Osten führte die Expansion Japans zu einem brutalen Krieg mit China. In Spanien wurde die rechtmäßig gewählte Regierung 1936 von Rebellen herausgefordert, deren Sache die faschistischen Mächte Deutschland und Italien eifrig unterstützten. In diesen beiden Konflikten, einer Reihe von Kolonialscharmützeln und anderen Kriegen spielten Flugzeuge eine wichtige Rolle. Im Spanischen Bürgerkrieg und vor allem bei den Kämpfen im Fernen Osten wurden sie von den späteren „Achsenmächten" (Deutschland, Italien und Japan) bedenkenlos auch gegen Zivilisten eingesetzt – ein beunruhigendes Vorspiel für alles, was nach Ausbruch des Zweiten Weltkriegs noch kommen sollte.

Avro Tutor. 1932

Bei der Darstellung der historischen Ereignisse sind die Verfasser zahlreichen Historikern und Kollegen für Rat und Hilfe zu Dank verpflichtet. Wie immer ist es uns eine angenehme Pflicht, Freunden und Fachleuten zu danken, deren Hilfeleistungen und Ratschläge in unschätzbarer Weise zum Zusammensetzen des komplizierten Mosaiks aus Textinformationen und Bildmaterial beitrugen.

Besondere Anerkennung verdienen Ed Banham, Derek Foley, Martin Hale, Jack Harris, Victor Lowe, Bob Richards, Jim Smith and Gordon Stevens für die Bereitstellung von Informationen und Bildern, des weiteren zahlreiche Kollegen im Ausland wie Philippe Jalabert, Miroslav Khol, Hans Meier und Peter Walter. Unser besonderer Dank gilt Chris Slocock von Publishing Solutions Ltd.

Sie alle haben uns dabei geholfen, die Geschichte in diesem Buch zu erzählen. Die Luftfahrt war eines der größten Abenteuer des modernen Menschen, und ihre Geschichte geht glücklicherweise weiter.

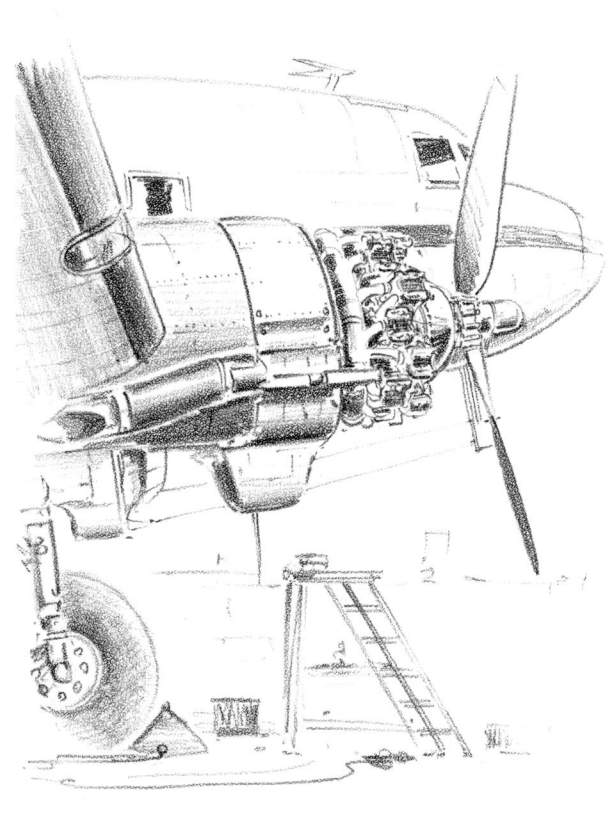

„Flug in die Hölle"

Zu den Flug-Abenteurern in den 20er- und 30er-Jahren gehörten auch die deutschen Flieger Bertram und Klausmann, die mit ihrem Junkers-Wasserflugzeug „Atlantis" im Februar 1932 von Köln zum Flug rund um die Welt über die Erdteile Europa, Asien, Australien, Richtung Amerika, starteten. Der Flug bis zur Insel Timor verlief – von den im Jahre 1932 üblichen Schwierigkeiten abgesehen – normal. Am 15. Mai startet die „Atlantis" zum Flug über die Timorsee Richtung Australien. Die Probleme beginnen mit einer harmlosen Wolkenbank, die sie normalerweise umfliegen würden. Da dies jedoch den Treibstoffvorrat verringern würde, beschließen sie hindurchzufliegen. Ein leichter Wind bringt das Flugzeug vom Kurs ab, und der Treibstoff geht aus – eine Notlandung im australischen Busch ist nicht mehr zu vermeiden. Allein auf sich gestellt, müssen die beiden ihre geringen Vorräte genau rationieren. Immer wieder versuchen sie, in die Zivilisation zurückzugelangen. Bei dem Versuch, eine Bucht zu durchschwimmen, werden sie von Krokodilen angegriffen und müssen ihren Rucksack mit den Vorräten zurücklassen. Dank des Kühlwassers vom Flugzeug, zwei Brotscheiben und einigen Würmern und Schnecken, die sie finden, überleben Bertram und Klausmann 53 Tage im australischen Busch, bevor sie von ihren Rettern gefunden werden.

In dem Tatsachenbericht „Flug in die Hölle" hält der Pilot Hans Bertram diese Tage größter Entbehrungen fest.

Leonardo da Vinci

Der menschliche Traum vom Fliegen ist kein Phänomen unserer Tage. Einer der ersten (aber gewiss nicht der allererste), die sich mit dem bemannten Flug befassten, war Leonardo da Vinci (1452–1519), der weltberühmte Florentiner Künstler, der seine Unsterblichkeit dem berühmten Gemälde der „Mona Lisa" verdankt. Da Vinci betätigte sich indes auf vielen anderen Gebieten, und sein Interesse an vielen Aspekten der Naturwissenschaften brachte ihn dazu, die Mechanik des Vogelfluges und die theoretischen Möglichkeiten des menschlichen Fluges zu erforschen. Er soll um 1500 entsprechende Skizzen angefertigt bzw. Schriften verfasst haben. Sie enthalten wesentliche Erkenntnisse etwa zum Flug der Vögel (auch wenn er dessen Komplexität nicht völlig entschleiern konnte) und zu dessen Übertragung auf Flugmaschinen. Leider fehlten aber zu Leonardos Zeit die technischen Voraussetzungen für die praktische Umsetzung seiner Ideen, und einige seiner Vorschläge waren zu weit von der Wirklichkeit entfernt. Sein Konzept eines frühen Hubschraubers nahm beispielsweise keine Rücksicht auf die für den Erfolg maßgebende Grunddynamik des Fliegens. Neueren Versuchen, einige seiner Luftfahrzeugpläne in die Tat umzusetzen, war nur mäßiger Erfolg beschieden; sie zeigten nur, dass man seine Ideen neu bewerten muss. Sie waren in der Tat ihrer Zeit viel zu weit voraus, denn er lebte lange vor dem Auftauchen der ersten brauchbaren Kraftquellen (Motoren) bzw. mancher geeigneter Baumaterialien. Dennoch hinerließ da Vinci ein Erbe von Ideen und Beobachtungen, die als Inspiration für spätere Denker dienen konnten und beweisen, dass ein brillanter Geist schon zu seiner Zeit einige der Grundprinzipien des bemannten Fluges erkennen konnte.

Da Vincis Entwurf eines „Korkenzieher-Hubschraubers". Ein funktionsfähiges Gerät hätte die Besatzung wie Zwerge wirken lassen.

John Stringfellow

Der Engländer Stringfellow (1799–1883) war einer der wichtigsten Flugpioniere jener Epoche, die schließlich im Jahre 1903 zum ersten erfolgreichen kontrollierten Personenflug der Gebrüder Wright führen sollte. Zuhause in Chard in der südenglischen Grafschaft Somerset, war Stringfellow ein Praktiker, der ein ganze Anzahl flugfähiger Maschinen entwarf. Vor allem arbeitete er unermüdlich daran, einen geeigneten Antrieb für seine Entwürfe zu entwickeln. Im frühen viktorianischen Zeitalter war Dampf die einzige erfolgreiche Kraftquelle vieler landgestützter Anwendungen, sodass die Dampfmaschine vielen Zeitgenossen als geeignete (potenzielle) Antriebskraft für Flugmaschinen galt. Seit den 1840er-Jahren arbeitete Stringfellow mit William Henson, einem führenden Entwickler kleiner, leistungsfähiger Dampfmaschinen, an der Perfektionierung geeigneter Motoren. Anfang der 1840er-Jahre ließ Henson den Entwurf für eine „Dampfluftkutsche" patentieren. Diese wichtige Entwicklung kulminierte 1848, als Stringfellow erfolgreich ein großes, motorgetriebenes Modell fliegen ließ: dies war wohl der erste Flug einer brauchbaren Maschine mit Eigenantrieb – allerdings noch ohne Pilot. Nichtsdestoweniger bedeutete er einen großer Durchbruch. Auf Stringfellows Maschine von 1848 folgte später ein dampfbetriebener Dreidecker, der 1868 auf einer Ausstellung im Londoner Kristallpalast

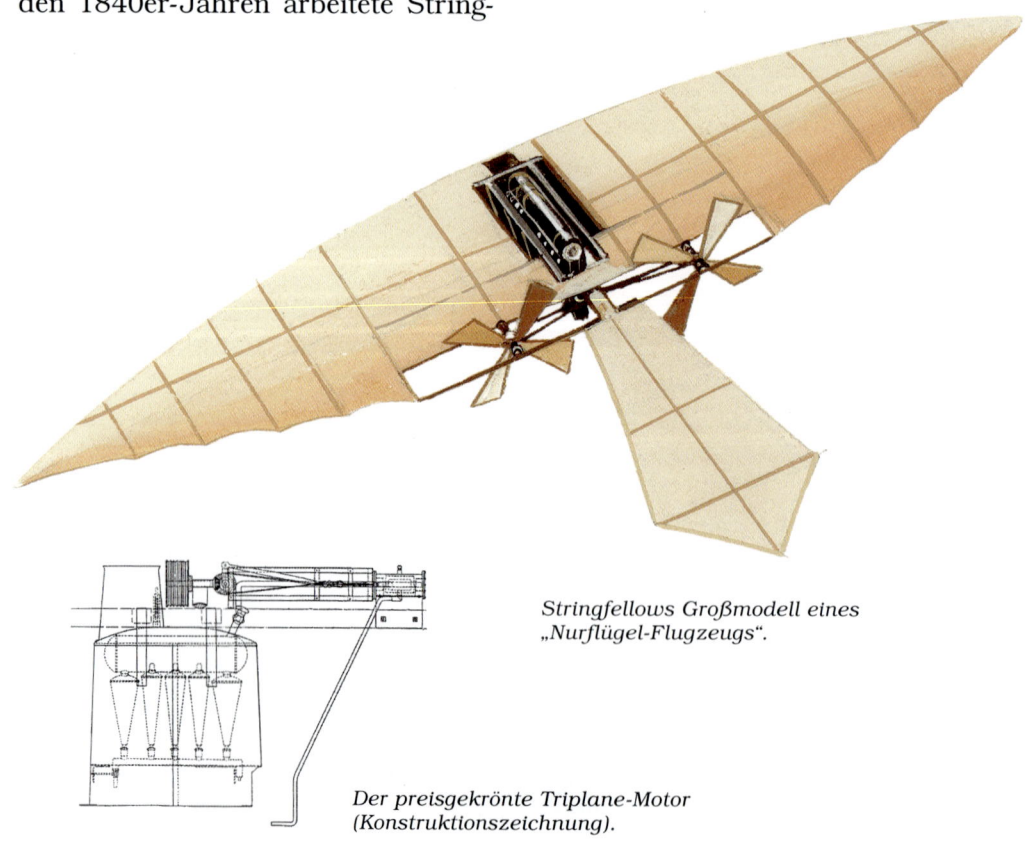

Stringfellows Großmodell eines „Nurflügel-Flugzeugs".

Der preisgekrönte Triplane-Motor (Konstruktionszeichnung).

John Stringfellow (Porträt in seinen späten Fünfzigern). Foto: Courtesy of Chard Museum.

erfolgreich geflogen sein soll. Damit handelte es sich weltweit um den erfolgreichsten bis dahin unternommenen Motorflug. Zur Anwendung kam ein 1-PS-Motor von eigenartiger Konstruktion, der im Kristallpalast einen Spezialpreis gewann. Allerdings stieg auch diesmal kein Mensch mit Stringfellows Apparat in die Lüfte. Obwohl seine Arbeit die Möglichkeit des Baus einer brauchbaren Personenflugmaschine weit voranbrachte, erreichte er dieses Ziel nicht persönlich. Er sollte auch die Früchte seiner Pionierarbeit nicht mehr miterleben, denn er starb 20 Jahre vor dem motorgetriebenen und gelenkten Flug der Gebrüder Wright im Jahre 1903.

Stringfellows Dreidecker von 1868.

Sir George Cayley

Sir George Cayley (1773-1857), der vielen als „Vater der Fliegerei" galt, gelangte zu dem für seine Zeit gründlichsten Verständnis der Aerodynamik, aber er setzte seine Ideen auch in die Tat um und erzielte wichtige Erfolge. Er war ein Aristokrat aus Nordengland und verwandte viel Zeit auf Theorie und Praxis einer damals ganz neuen Disziplin, der Aerodynamik. Im Jahre 1799 ließ er den Entwurf eines Flugzeugs auf eine Silberplatte gravieren: das erste praktikable Konzept für eine Flugmaschine mit dynamischem Auftrieb. Die Fehler in Leonardo da Vincis Beobachtungen zum Vogelflug waren ihm wohl bewusst, und er interpretierte dessen Mechanik erstmals korrekt. Cayley war in der Tat der Erste, der erkannte, dass ein funktionsfähiges Flugzeug starre Tragflächen (und keine schlagenden wie die der Vögel oder jener seltsamen „Ornithopteren" früherer Exzentriker) sowie eine eigenständige Antriebskraft (d. h. einen Motor) benötigte. Dabei stand er (anders als Pioniere wie Stringfellow) der Dampfkraft wegen des unbefriedigenden Leistungs-Gewicht-Verhältnisses von Dampfmaschinen und ihrer mangelnden Eignung für Flugmaschinen skeptisch gegenüber. Leider existierte zu Cayleys Lebzeiten jedoch keine alternative Antriebskraft für die von ihm entworfenen Flugapparate. Dennoch gelangen ihm mehrere Pionierleistungen: So baute und startete er 1804 als erster Mensch einen erfolgreichen Modellgleiter mit voller Richtungsstabilität, der über so moderne Eigenschaften wie eine starre Tragfläche und bewegliche Steuerflächen am Heck verfügte. 1849 ließ er einen Jungen in einem Dreidecker fliegen, und im Jahre 1853 stieg ein ausgewachsener Eindecker-Gleiter mit seinem erschrockenen Kutscher in die Lüfte: dieses Ereignis gilt heute als erster echter Menschenflug in einer Art Flugapparat. Die Maschine besaß jedoch keinen Antrieb und ließ sich von ihrem weitgehend sich selbst überlassenen Insassen nicht

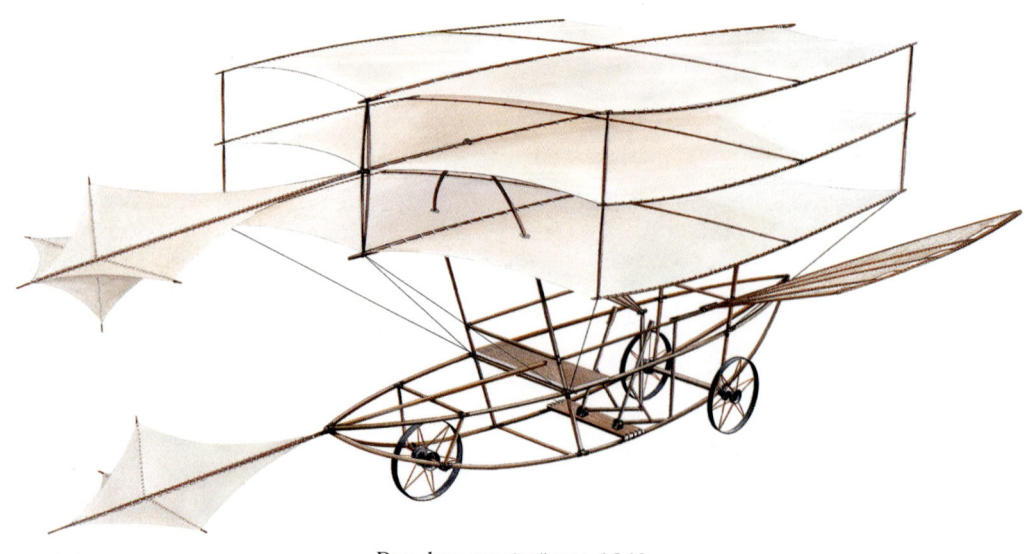

Der „boy-carrier" von 1849.

vollständig steuern. Cayley erkannte ferner als Erster die wahre Bedeutung von Tragflächenprofilen für das Flügeldesign sowie die Notwendigkeit gewinkelter Flügel und eines Fahrwerks, welches das Flugzeug beim Start schneller werden ließ.

Sir George Cayley, Bart. (1773–1857). Dieses Porträt von Henry Perronet Briggs hängt heute in der National Portrait Gallery.

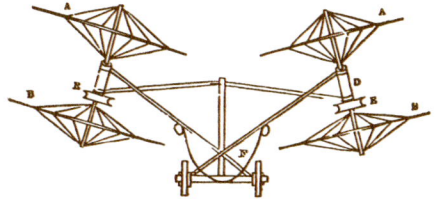

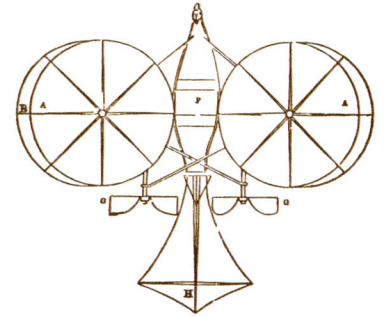

Entwurf eines Umwandlungsflugzeugs von 1843

Links oben: Vorderansicht (ohne Luftschrauben).
Links: Draufsicht mit den Zwillings-Druckschrauben.
Oben: Seitenriss.

Rotor mit für den Vertikalflug geöffneten Blättern.

Lobpreisungen von Sir George Cayley:

„Vor etwa 100 Jahren brachte ein Engländer, Sir George Cayley, die Wissenschaft vom Fliegen auf einen nie zuvor erreichten Stand, der im letzten Jahrhundert kaum je wieder erreicht wurde." – Wilbur Wright (berühmt durch den „Wright Flyer") 1909.

„Das Flugzeug ist eine britische Erfindung: all seine wesentlichen Komponenten entwarf George Cayley ... der größte Genius der Luftfahrt." – Charles Dollfus (Frankreich) 1923.

„Der unbestrittene Urvater der Fliegerei war ein Engländer. Der Name Sir George Cayleys verdient daher, in goldenen Lettern auf der ersten Seite der Geschichte des Flugzeugs zu stehen." – Alphonse Berget (Frankreich) 1909.

„Das Prinzip des uns heute vertrauten Flugzeugs, die starre Tragfläche, wurde erstmals von Cayley verkündet." – Théodore von Kármán (USA) 1954).

Félix du Temple

Félix du Temple de la Croix war ein französischer Marineoffizier, der zu neuen Ufern aufbrach, indem er als Erster ein motorgetriebenes Flugzeug baute und mit einem Menschen an Bord fliegen ließ. Einen entsprechenden Entwurf hatte er schon 1857 patentieren lassen, und er schuf das erste motorgetriebene Flugzeugmodell, das aus eigener Kraft abhob und flog. Er experimentierte überdies eine Zeit lang mit von Dampf oder Uhrwerken angetriebenen Modellen. 1874 baute er ein ausgewachsenes Flugzeug mit etwa 17 m Flügelspannweite (nach einigen Quellen waren es noch mehr), das von einem Heißluft-Kolbenmotor angetrieben wurde. Nachdem es mit einem jungen Matrosen an Bord eine steile Startrampe herabgerollt war, machte es einen kurzen „Satz". Obwohl es über einen Antrieb verfügte, ließ es sich nicht wirklich steuern (nur am Heck gab es rudimentäre Steuerelemente), und der Insasse flog praktisch nur als Passagier mit. Dennoch war dieser Flug einer Motormaschine mit einem Menschen ein wichtiger Erfolg, und in diesem Sinne schritt du Temple voran, wo Stringfellow einige Jahre zuvor aufgeben musste. Überdies war du Temple mit dem Einbau eines Zugschrauben-Motors anderen Franzosen wie Louis Blériot und Léon Levasseur um mehrere Jahrzehnte voraus. Diese Anordnung sollte schließlich bei den meisten erfolgreichen Flugzeugentwürfen zur Regel werden. Du Temples Flugapparat war überdies ein Eindecker, und auch dieser Typ sollte sich in den Jahren nach dem erfolgreichen Erstflug der Gebrüder Wright (1903) bei Flugzeugkonstrukteuren dauerhafter Beliebtheit erfreuen. Gelegentlich wurde behauptet, dass du Temples Flugzeug auch mit einem einziehbaren Fahrwerk ausgestattet werden sollte – für diese Zeit ein erstaunlich weitsichtiges Konzept.

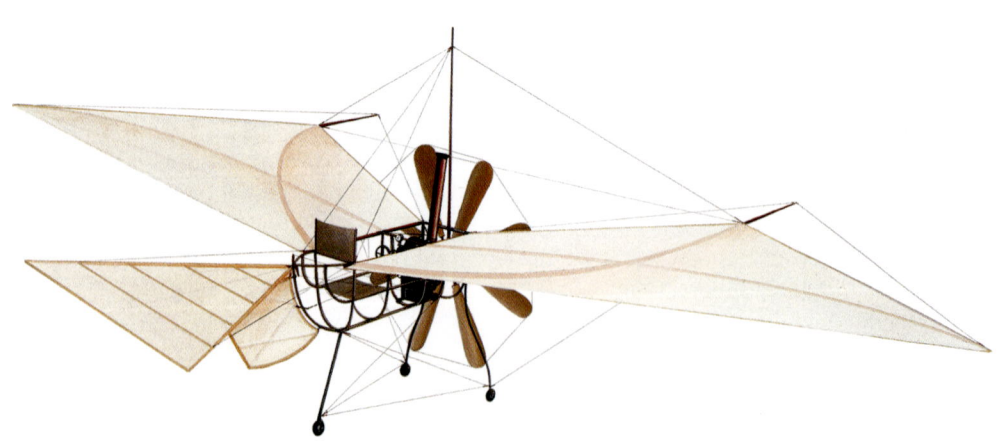

Dem noch konventioneller als der Wright-Apparat von 1903 konzipierten Flugzeug von du Temple fehlten nur noch „seitliche" Steuerelemente wie Querruder oder Tragflächenverwindung – sonst wäre den Franzosen (und nicht den Amerikanern) der erste wirkliche Motorflug geglückt.

Otto Lilienthal

Der deutsche Flugpionier Otto Lilienthal flog als Erster Maschinen, die schwerer als Luft waren; er war auch der bis dahin erfolgreichste Konstrukteur und Anwender bemannter Gleiter. Dennoch sprach er sich für den Motorflug nach dem Vorbild des Vogelflugs aus – also für ein Konzept, das Sir George Cayley bereits Jahrzehnte zuvor verworfen hatte. Nichtsdestotrotz war Lilienthals Arbeit mit Gleitflugzeugen bahnbrechend: Er entwarf und baute nicht nur brauchbare Typen, sondern erkannte auch, wie notwendig es war, Flug und Steuerung derselben zu erlernen. Deshalb unternahm er die ersten bemannten Gleitflüge der Geschichte. Er konstruierte eine Reihe verschiedener Typen und unternahm Hunderte erfolgreicher Flüge. In seinen Modellen hing der Pilot ziemlich labil im Rahmen des Gleiters, der eher einem modernen Hängegleiter ähnelte; er steuerte und lenkte das Fahrzeug durch Verlagerung seines Körpergewichts. Der Start erfolgte, indem der Pilot losrannte, bis sich der Gleiter in die Lüfte erhob. Lilienthal verunglückte 1896, als er von einer Windbö erfasst wurde und abstürzte.

Oben:
Rumänische Briefmarke von 1978 (Entwurf: John Batchelor). Sie wurde auch für das Buch „History of Transport" gedruckt.

Rechts:
Otto Lilienthal hebt mit seinem Eindecker-Hängegleiter von der Gollenburg in den Stöllner Hügeln ab.

Samuel Langley

In den USA gehörte Samuel P. Langley zu den wichtigsten Flugpionieren. Als Sekretär der Smithsonian Institution widmete sich Langley viele Jahre der Erforschung der Aeronautik, und 1896 ließ er erfolgreich ein dampfgetriebenes Modellflugzeug fliegen. Die US-Regierung beauftragte ihn später mit dem Bau eines echten Personenflugzeugs. Damit wurde zum zweiten Mal ein derartiges Unternehmen amtlich gefördert (der erste Begünstigte war 1892 der Franzose Clément Ader). Danach arbeitete Langley unermüdlich am Entwurf eines brauchbaren Personenflugzeugs; anderen (etwa Orville und Wilbur Wright) war er eine große Inspiration. Seine Flugmaschinen nannte Langley „Aerodrome" (heute verbindet man diesen Begriff eher mit Flugfeldern). Obwohl er zunächst Dampfkraft verwendete, überbrückte Langley erfolgreich die Entwicklungslücke zwischen dem überholten Dampfantrieb und der atemberaubend neuen Technologie des Benzinverbrennungsmotors. Er arbeitete mit mehreren Pionieren zusammen, die derartige Motoren für Flugzeuge entwickelten (u. a. mit Charles Manly und Stephen Balzer), und seine späteren Flugmaschinen waren bereits mit solchen ausgestattet. Schließlich konstruierte Langley einen Eindecker mit Tandem-Flügeln, und die Testflüge starteten bizarrerweise vom Dach eines Hausbootes auf dem Potomac. 1901 ließ er erfolgreich ein benzinbetriebenes Flugzeug starten: Das

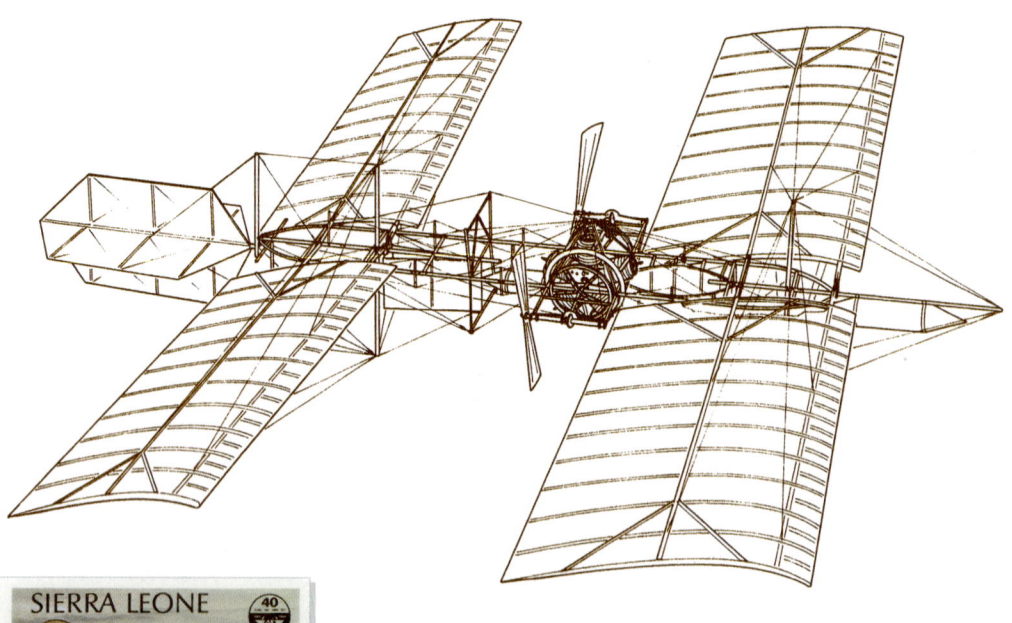

Oben:
Das „Langley Aerodrome" war eine Konstruktion aus Lattenwerk und Stoff.

Links:
Briefmarke der Post von Sierra Leone (1985, Entwurf: John Batchelor).

Dieses Bild zeigt das „Aerodrome" auf dem Dach des Hausboots.

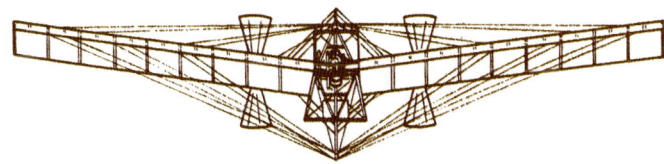

Vorderansicht des „Aerodrome". Der Curtiss-Nachbau dieses Flugzeugs (1914) hatte eine Spannweite von 14,76 m und war 15,98 m lang.

war möglicherweise der erste derartige Flug. Allerdings musste sein Entwurf noch erheblich überarbeitet werden, um gut fliegen zu können: Ein verbessertes Modell flog im August 1903. Langleys Versuche mit einem „lebensgroßen" Aerodrom scheiterten hingegen. Das von einem 52-PS-Motor des Typs Manly-Balzer angetriebene Aerodrom A stürzte im Oktober 1903 in den Potomac. Ein weiterer Anlauf Anfang Dezember (mit Manly als Pilot) verlief ebenso.

Das Aerodrom besaß keine wirksamen Steuerungselemente, und Langley gab seine vielversprechenden Versuche auf. Nun war der Weg für den ersten gelenkten Motorflug der Gebrüder Wright frei. Interessanterweise stellte Glenn Curtiss Langleys Aerodrom 1914 in verbesserter Form wieder her. In der überarbeiteten Fassung hob es ohne große Zwischenfälle erfolgreich auf dem Lake Keuka im Staat New York ab.

Der „Wright Flyer"

Am Donnerstag, dem 17. Dezember 1903, änderte die Geschichte um 10:35 Uhr für immer ihren Lauf. Damals gelang Orville Wright der erste bemannte, motorgetriebene und gelenkte Flug mit einer Maschine, die schwerer als Luft war. Der Wright Flyer No. 1 hob erfolgreich von einer waagerechten Startschiene ab, flog gesteuert weiter und landete etwa in der gleichen Höhe, in der er gestartet war. Das unterschied ihn von allen vorausgegangenen Versuchen. Obwohl der Flug nur 12 Sekunden dauerte und etwa 37 m zurücklegte, war er ein grundlegender Erfolg. Am gleichen Tag führten Orville und sein Bruder Wilbur noch drei weitere erfolgreiche Flüge durch. Diese epochalen Ereignisse fanden in der Nähe von Kitty Hawk (North Carolina) statt. In den folgenden Monaten und Jahren verfeinerten die Gebrüder Wright ihren Entwurf ständig weiter: So bekam der zuerst auf dem Bauch liegende Pilot einen normalen Sitz, und das Flugzeug erhielt ein konventionelles Räderfahrgestell. Allerdings wurden die Wrights in Patentstreitigkeiten mit mehreren Zeitgenossen verwickelt. Der historische Erstflug des Wright Flyers war dennoch der Höhepunkt aller Pionierarbeit, die zahlreiche Männer im vorausgegangenen Jahrhundert auf dem Gebiet der Aerodynamik, des

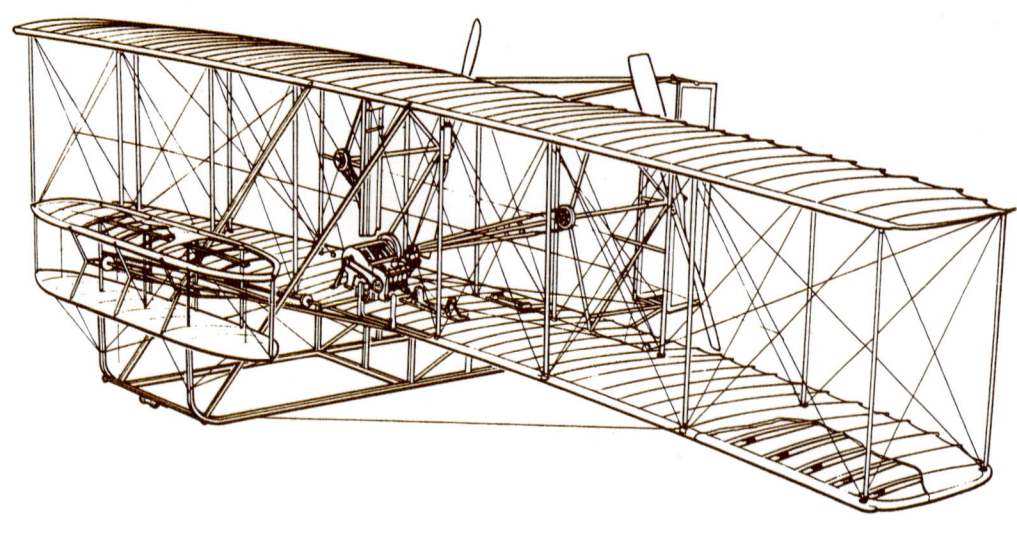

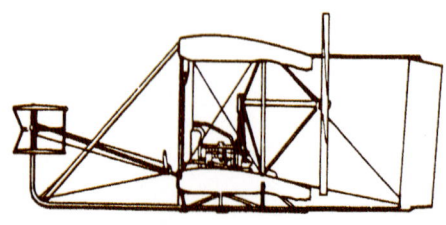

Flugzeugbaus und der für einen erfolgreichen Motorflug erforderlichen Komponenten geleistet hatten. Die Gebrüder Wright waren bereits erfolgreiche Fahrradhändler in Dayton (Ohio) und hatten mehrere Jahre auf das Studium der bisherigen Erfolge der Aeronautik verwandt. Die Entwicklung des (Benzin-)Verbrennungsmotors war eine wichtige Voraussetzung für ihren Erfolg – endlich konnte man beim Flugzeugbau auf die Dampfmaschine mit ihrem schlechten Leistungs-Gewicht-Verhältnis verzichten. Sie verfügten über das Talent und die Möglichkeiten (einschließlich einer Werkstatt) zum Bau eines eigenen Motors (etwa 12 PS) für ihren „Flyer". Mit dem Erfolg der Gebrüder Wright öffneten sich buchstäblich die Schleusentore, und das lenkbare Personen-Motorflugzeug wurde bald ebenso selbstverständlich wie andere Verkehrsmittel.

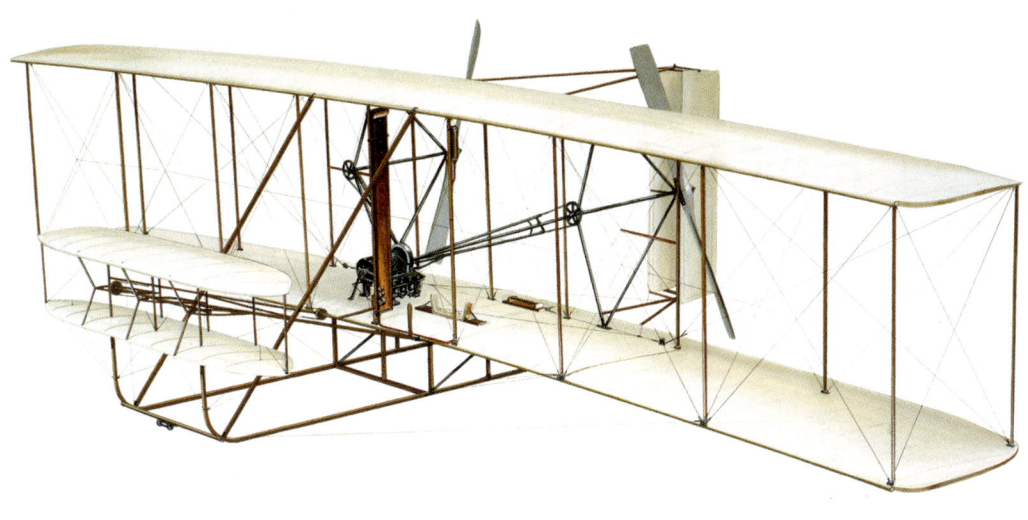

Das Flugzeug der Gebrüder Wright – man beachte den exzentrischen Motor: Der Pilot musste sich zum Gewichtsausgleich daneben legen.

Technische Daten – Wright Flyer No. 1

Spannweite	12,3 m
Länge	6,43 m
Längste Flugstrecke	260 m (am ersten Flugtag)
Längste Flugdauer	59 Sekunden (am ersten Flugtag)
Antrieb	1 Reihenmotor (12 PS), Wright-Eigenbau
Besatzung	1 Mann

Levavasseur Antoinette VII

Zu den großen Pionieren der frühen europäischen Luftfahrt zählt der Franzose Léon Levavasseur. Er war ein Wegbereiter des Verbrennungsmotors im Flugzeug und hatte diesen bereits erfolgreich in Rennbooten eingesetzt. Seine beiden Grundmodelle mit 24 bzw. 50 PS dienten bis etwa 1910 vielen wichtigen europäischen Flugzeugtypen als Antrieb; danach wurden sie als wichtigster Motorentyp in zahlreichen Ländern vom Gnome-Sternmotor und seinen Weiterentwicklungen abgelöst. Levavasseur war überdies ein erfolgreicher früher Flugzeugbauer, dessen wichtigster Beitrag die Antoinette-Serie mit ihren eleganten, von Zug- statt Druckschrauben angetriebenen Eindeckern bildete. Zusammen mit Louis Blériot war Levavasseur ein wahrer Pionier dieses Entwurfskonzepts, das sich in späteren Jahren als klassische Lösung für viele Flugzeuge mit Kolbenmotoren bewähren sollte. Die Antoinette IV, deren Erstflug im Oktober 1908 erfolgte, verwendete zur Seitensteuerung recht primitive Querruder und gilt allgemein als erster wirklich brauchbarer Eindecker der Welt. Dennoch griff man bei späteren Antoinette-Typen zur Seitensteuerung auf die Flügelverwindung zurück. Die eleganteste Version war die Antoinette VII, die von einem der klassischen frühen V-8-Kolbenmotoren angetrieben wurde. Ihr Rumpf besaß einen länglichen, umgekehrt dreieckigen Querschnitt, und der mächtige Motor vom Typ V-8 Antoinette saß gut sichtbar in der Nase. Einer der berühmtesten Antoinette-Piloten war der Franzose Hubert Latham. Im Juni versuchte er (erfolglos), als erster mit einer Antoinette IV über den Ärmelkanal zu fliegen – nur

Hubert Latham fliegt in seiner Antoinette Ralph Johnstones Wright Model B voraus. Belmont Park, New York, Oktober 1910.

Postkarte zur Erinnerung an Robert Thomas' Flug in seiner Antoinette (1910).

wenige Tage vor Louis Bleriots geglücktem Versuch –, doch unternahm er mit Antoinette-Flugzeugen weitere, viel erfolgreichere (Schau-)Flüge. Benannt war dieser Flugzeugtyp nach Antoinette Gastambide, der Tochter eines Förderers und Kollegen von Levavasseur.

Technische Daten – Levavasseur Antoinette VII

Spannweite	12,8 m
Länge	11,5 m
Höchstgeschwindigkeit	70 km/h (in etwa 100 m Höhe)
Wichtige Flugdauer	1 Stunde und 7 Minuten
Antrieb	1 Reihenmotor Levavasseur Antoinette V-8 (50, evtl. 60, PS)
Besatzung	1 Mann

Santos-Dumont No. 14-bis

Dass die Fliegerei von Anfang an eine internationale Brüderschaft war, belegt der erste wirklich erfolgreiche Flugpionier Europas – ein Brasilianer: Alberto Santos-Dumont gehörte überdies zu den ersten wirklich populären Piloten, ganz im Gegensatz zu den eher abgeschotteten und reservierten Gebrüdern Wright. Spross einer wohlhabenden Familie, interessierte er sich seit einem Europaaufenthalt in den 1890er-Jahren für die Fliegerei. Zunächst dem Ballon zugewandt, erlangte er durch den Bau eines benzinbetriebenen Luftschiffs (No. 6) Berühmtheit, das zu den ersten wirklich brauchbaren Lenkluftschiffen zählte. 1901 brachte ihm ein erfolgreicher Lenkflug rund um den Pariser Eiffelturm das stattliche Preisgeld von 100 000 Franc ein. Luftfahrzeuge mit dynamischem Auftrieb machten Santos-Dumont berühmt, als er in Europa den ersten amtlich anerkannten Flug mit einem lenkbaren Motorflugzeug durchführte. Dieser gelang ihm in seinem Doppeldecker No. 14-bis, einem Modell in „Entenbauweise" mit kastendrachenartigen Flügeln und einem ebensolchen Höhen-/Seitenruder am Bug. Die No. 14-bis war eine auffällig unkonventionelle Maschine, die nur primitive Steuerungselemente besaß, aber dank ihres kurzen „Hüpfers" am 13. September 1906 als erstes „dynamisches" Flugzeug Europas gelten darf. Danach flog Santos-Dumont am 23. Oktober 1906 mit der No. 14-bis in Bagatelle (am damaligen Stadtrand von Paris) 60 m weit: So gewann er einen Preis für den ersten europäischen Flug über mehr als 25 m. Am 12. November des gleichen Jahres erwarb er im gleichen, aber leicht abgeänderten Flugzeug bleibenden Ruhm. Beim verheißungsvollsten Flug jenes Tages gelang ihm der erste in Europa amtlich registrierte Lenkflug mit einer bemannten Maschine: dabei legte er in einer Flugzeit von etwas mehr als 21 Sekunden über 100

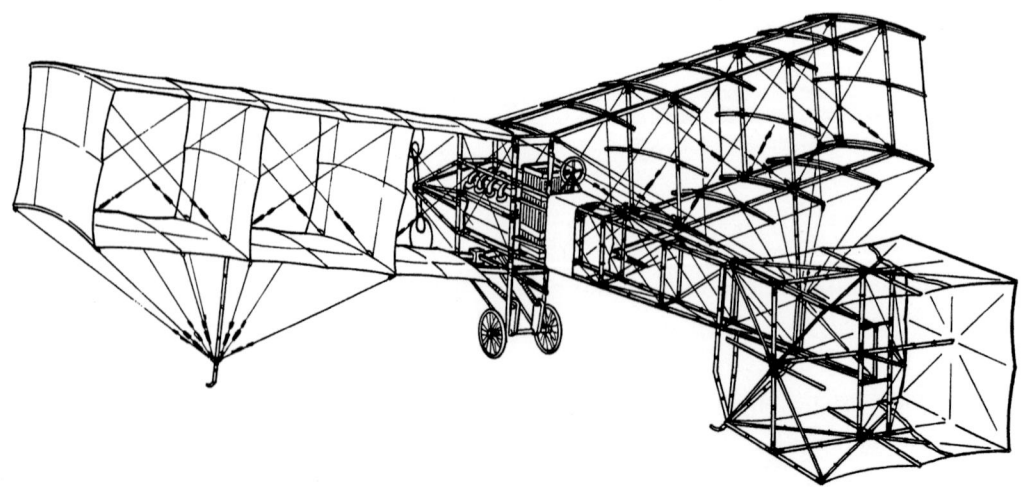

m zurück. So gewann er den vom Aéro-Club de France ausgelobten Preis für den ersten Flug über mehr als 100 m in einer „dynamischen" Maschine. Santos-Dumont war in Frankreich überaus populär und trug viel dazu bei, das Interesse an bzw. das Vertrauen in die Fliegerei selbst bei eher skeptischen Zeitgenossen zu steigern.

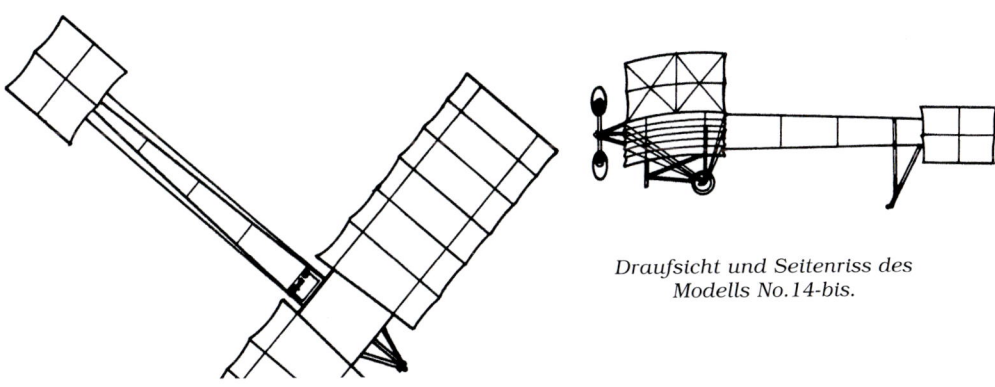

Draufsicht und Seitenriss des Modells No.14-bis.

Technische Daten – Santos-Dumont No. 14-bis

Spannweite	11,2 m
Länge	9,7 m
Rekordstrecke	220 m
Rekordflugdauer	gut 21 Sekunden
Antrieb	1 Reihenmotor Antoinette (50 PS)
Besatzung	1 Mann

AEA Aerodrome No. 3 June Bug („Junikäfer")

Schon bald nach dem ersten Erfolg der Gebrüder Wright begannen sich viele andere Möchtegernflieger und Konstrukteure in die Lüfte zu erheben. In den USA entbrannten bald Auseinandersetzungen um Patente, da die Wrights ihre Entwürfe sicherstellen wollten, während andere versuchten, brauchbare Maschinen eigener Bauart zu konstruieren. In den USA existierte eine wichtige, wenn auch kurzlebige Gesellschaft zur Förderung des Fluggedankens, die Aerial Experiment Association (AEA). Ihr gehörten so bedeutende Mitglieder an wie Dr. Alexander Graham Bell (Miterfinder des Telefons) und Glenn Curtiss (der sich rühmen konnte, Amerikas erste leistungsfähige Flugzeugfabrik – die Curtiss Aerial Company – gegründet zu haben). Die AEA entwarf, baute und flog 1908 mehrere vielversprechende Typen. Einer davon, das Aerodrome No. 2 „White Wing" besaß an den Flügelenden bewegliche Steuerflächen – ein großer Fortschritt gegenüber der archaischen Flügelverwindung der Gebrüder Wright. Ihm folgte das Aerodrome No. 3 namens „June Bug", das erstmals im Juni 1908 flog. Dieser frühe erfolgreiche Flugapparat war eine Entwicklung von Glenn Curtiss. Am 4. Juli 1908 gewann jener in diesem Flugzeug für den ersten Geradeausflug über mehr als 1 km die Scientific American Trophy. Diese Leistung brachte die USA im Nu auf das Niveau der frühen französischen Flugpioniere, die ihrerseits die Grenzen des motorisierten, lenkbaren Personenflugs immer weiter hinausschoben.

Technische Daten – Aerodrome No. 3 June Bug („Junikäfer")

Spannweite	12,95 m
Länge	8,38 m
Längste Flugstrecke	1830 m
Längste Flugdauer	102 Sekunden
Antrieb	1 invertierter 8-Zylinder V-Reihenmotor (Curtiss, 40 PS)
Besatzung	1 Mann

Avro Type F

In den „Gründerjahren" nach dem ersten bemannten und gelenkten Motorflug der Gebrüder Wright fanden die meisten wichtigen Luftfahrtentwicklungen in zwei Ländern statt – Frankreich und den Vereinigten Staaten. Wo es andernorts zu einer großen fliegerischen Tradition kommen sollte – etwa in Großbritannien – verlief dieser Prozess anfangs eher schleppend. Zu den unermüdlichen britischen Flugpionieren gehörte auch A.V. Roe, dessen Firma Avro schließlich zu einem der wirklich großen Flugzeugbauer unseres Planeten werden sollte. Ab 1906 begann die britische Zeitung „Daily Mail" damit, fliegerische Aktivitäten zu fördern; außerdem lobte sie spezielle Preise für bestimmte Wettbewerbe aus. Der erste davon (für Modellflugzeuge) fand in London statt und wurde von Roe gewonnen – mit einem Doppeldecker mit „Gummibandantrieb". Derart ermutigt, verlegte sich Roe auf Entwicklung und Bau echter Flugzeuge. Er führte mehrere Doppel- und Dreideckerprojekte aus – mit jeweils unterschiedlichem Erfolg. Er war zweifellos der erste Brite, der ein im eigenen Land entworfenes und gebautes Flugzeug flog, nämlich seinen Dreidecker von 1909. Bis 1912 hatte die Firma Avro (A.V. Roe & Co.) festen Fuß gefasst und lieferte eine Pionierleistung: Das erste Flugzeug mit rundum verkleidetem Rumpf und geschütztem Pilotensitz. Bis zu diesem Zeitpunkt hatten Pilot bzw. Fahrgäste bei allen flugtauglichen Modellen im Freien gesessen. Die Avro Type F besaß einen voll verkleideten Rumpf mit hölzernem Rahmen, Stoffüberzug und Zelluloidfenstern sowie einer Metallluke an der Oberseite. Sie flog erstmals am 1. Mai 1912, doch wurde nur ein Exemplar gebaut. Auf die Type F, die zu Recht als erster Kabinen-Eindecker gilt, folgte 1912 mit der Avro Type G der erste Kabinen-Doppeldecker. Es dauerte allerdings lange, bis dieser sehr fortschrittliche Rumpfentwurf allgemein übernommen wurde.

Technische Daten – Avro Type F

Spannweite	8,53 m
Länge	7 m
Höchstgeschwindigkeit	105 km/h (auf Meereshöhe)
Höchstes Startgewicht	360 kg
Antrieb	1 Viale-Sternmotor (35 PS)
Besatzung	1 Mann

Blériot XI

Louis Blériot ist wohl der berühmteste Name in der frühen Luftfahrt Europas. Dieser gefeierte Franzose übte als Designer, Pilot und Flugzeugbauer nachhaltigen Einfluss auf die Entwicklung der Fliegerei aus. Mit anderen Pionieren wie Léon Levavasseur sorgte er dafür, dass das Eindeckerflugzeug mit Zugschraubenantrieb (bei dem Motor und Propeller vorn angeordnet waren) seinen Siegeszug antrat – ganz im Gegensatz zur Praxis früherer Flieger (auch der Gebrüder Wright), bei denen der Druckschrauben-Motor hinten saß. In diesem Sinne war Blériot ein weitsichtiger Mann, der mehrere Jahre an der Perfektionierung des Zugschrauben-Konzepts arbeitete. Nach kurzer Zusammenarbeit mit den Brüdern Voisin machte er sich mit größerem Erfolg an den Bau seines eigenen Flugzeugs. Diese Arbeit gipfelte in der weltberühmten Blériot XI, die 1908 ausgestellt wurde und 1909 erstmals flog. Zu einer Zeit, in der die europäische Fliegerei allmählich den Rückstand gegenüber den Flugpionieren aus den USA einholte, sorgte die zunehmend erfolgreiche Blériot XI für echt europäische Fortschritte. Am 25. Juli 1909 erlangte Blériot Unsterblichkeit, indem er als erster mit einem „dynamischen" Flugzeug über den Ärmelkanal flog. Sein Flug von einem Feld bei Calais (Frankreich) glückte nur um Haaresbreite und endete mit einer Bruchlandung, sorgte aber weltweit für Schlagzeilen. Er brachte Blériot überdies die 1000 £ Preisgeld der „Daily Mail" ein. Die massive Publicity und das Lob für seine Leistung sicherten Blériots Erfolg als Flugzeugbauer. Die Blériot XI wurde in großen Stückzahlen bestellt, und der Typ fand – in mehreren verschiedenen Ausführungen – als Zivil- und Militärflugzeug weite Verwendung. Mehrere europäische Staaten erwarben die Blériot XI als Erstausstattung ihrer eben gegründeten Luftstreitkräfte. Der Typ diente als Aufklärer (manchmal mit improvisierter Bewaffnung) und kam vermutlich schon früh (1911) bei den italienischen Streitkräften zum Kampfeinsatz (s. S. 54). Die Blériot XI wurde auch als Schulflugzeug verwendet. Wichtige Luftwaffen – etwa die Frankreichs und Großbritanniens – flogen diesen Typ, als im August 1914 der Erste Weltkrieg ausbrach.

Zu den berühmtesten Flügen der Frühzeit gehört Louis Blériots Kanalüberquerung im Juli 1909; sie erregte öffentliches Aufsehen und trug viel zur Popularisierung der Luftfahrt bei.

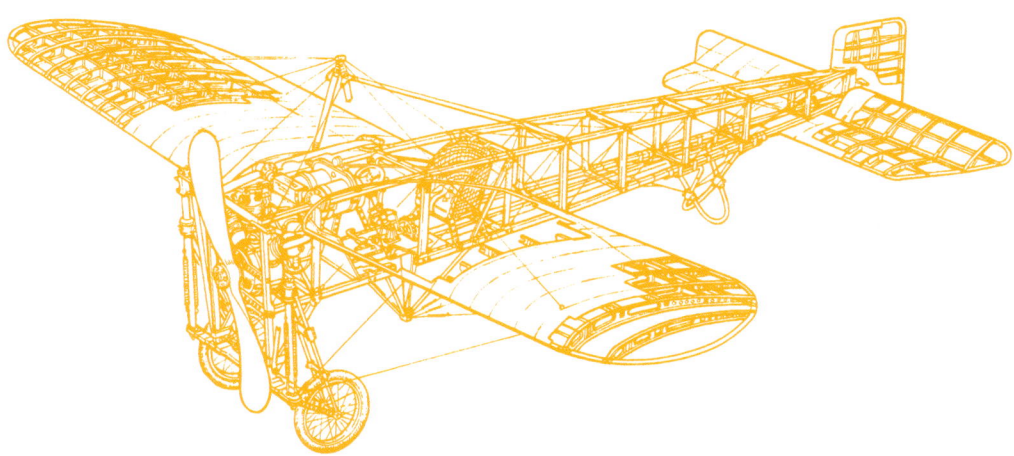

Technische Daten – Blériot XI (das „Kanalflugzeug")

Spannweite	7,8 m
Länge	8 m
Höchstgeschwindigkeit	etwa 74 km/h
Wichtige Flugstrecke	etwa 38 km (Calais-Dover)
Antrieb	1 Anzani-„Fächer"-Kolbenmotor (ca. 25 PS)
Besatzung	1 Mann

Santos-Dumont Demoiselle

Der bedeutende und sehr populäre brasilianische Flugpionier Alberto Santos Dumont errang mit der kastendrachenartigen No. 14-bis (in „Entenbauweise") bleibenden Ruhm (s. S. 38–39). Doch wie erfolgreich die No. 14-bis mit ihren Pionierleistungen und Rekordflügen auch war – im Hinblick auf die langfristige Entwicklung zum Stromlinienflugzeug führte sie doch in eine Sackgasse. Santos-Dumont hatte aber noch andere fliegerische Konzeptionen in petto, und im Jahre 1907 wandte er seine Aufmerksamkeit einem Flugzeug zu, das weithin berühmt werden sollte. Dies war die Demoiselle („Libelle"), die vielen Historikern als weltweit erstes Leichtflugzeug oder gar als Urahnin der bis heute gefertigten „Eigenbauflugzeuge" gilt. Die unmittelbare Vorgängerin der Demoiselle-Baureihe war die Santos-Dumont No. 19, die 1907 erschien und durch Verbesserungen zu einem brauchbaren Leichtflugzeug wurde. Von ihr führte der Weg zur Santos-Dumont No. 20, der bekanntesten Vertreterin dieser Baureihe. Die No. 20 soll erstmals im März 1909 geflogen sein und erregte bei der Pariser Luftfahrtausstellung im Grand Palais (September/Oktober 1909) großes Aufsehen. Santos-Dumont träumte davon, das Fliegen jedermann zugänglich zu machen – daher verzichtete er auf alle Rechte an seinen Plänen. So konnten sich Amateure praktisch weltweit daran machen, ihre eigene Demoiselle zu bauen, manchmal mit Modifikationen oder gar Verbesserungen. Eine begrenzte Serienproduktion erfolgte bei der Pariser Firma Clément-Bayard in Issy-les-Moulineaux. Wegen der gleichzeitig in aller Welt entstehenden Privatbauten lässt sich unmöglich abschätzen, wie viele Demoiselles insgesamt gebaut wurden, aber man kann wohl davon ausgehen, dass die Demoiselle in der Zeit vor dem Ausbruch des Ersten Weltkriegs eines der am weitesten verbreiteten Flugzeuge war. So fortschrittlich ihre Konzeption aber auch anmutet: In wichtigen Punkten war die Demoiselle ein Kind ihrer Zeit, mit später

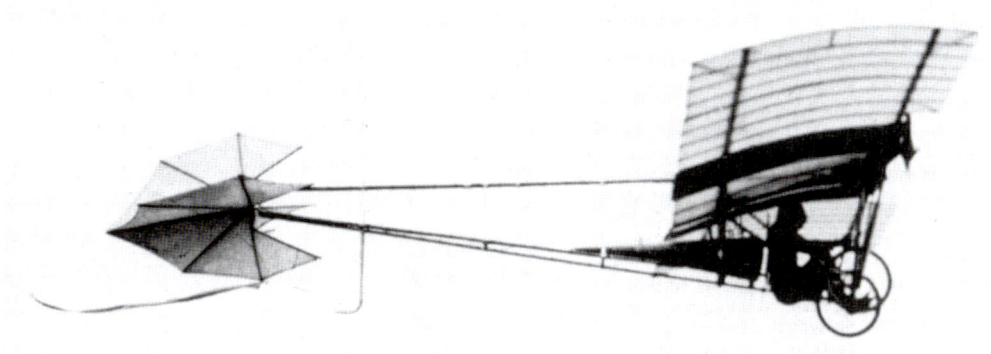

*Santos-Dumont beim Flug über St.-Cyr bei Versailles.
Die kegelförmige Hülle sollte wohl vom Piloten verursachte Turbulenzen vermindern.*

aufgegebenen Elementen wie der Flügelverwindung zur Seitensteuerung. Einige Maschinen wurden in den ersten Flugschulen eingesetzt, aber es gab kaum schwere Unfälle mit diesem Typ – ein wirklich positiver Rekord. Die folgenden technischen Daten beziehen sich auf die „Eigenbau"-Demoiselle.

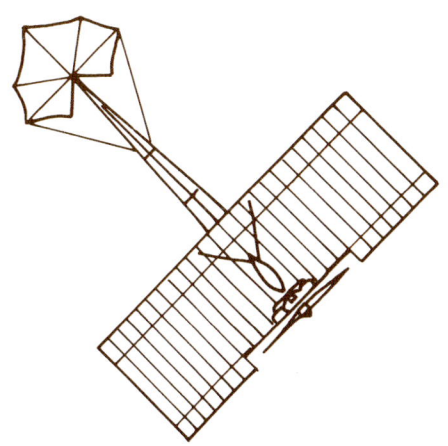

Die Draufsichtskizze der Demoiselle lässt gut die einfachen, aber wirksamen Umrisse dieses Leichtflugzeug-Pioniers erkennen.

Technische Daten – Santos-Dumont Demoiselle

Spannweite	5,5 m
Länge	6,1 m
Höchstes Startgewicht	etwa 110 kg
Antrieb	Ein 2-Zylinder Darraq-Reihenmotor (etwa 25–30 PS) (weitere Optionen verfügbar)
Besatzung	1 Mann

Farman-Doppeldecker

In den Jahren nach 1903 war Frankreich auf dem Gebiet des Flugwesens das aktivste europäische Land. Hier gründeten die Gebrüder Voisin 1906 – nach vorübergehender Kooperation mit Louis Blériot – die erste kommerziell erfolgreiche Flugzeugbaufirma überhaupt. Ein früher Teilhaber dieses Unternehmens war der Engländer Henry Farman (der viel später französischer Staatsbürger wurde, sodass sein Vorname häufig mit „Henri" angegeben wird). Farman bestellte 1907 einen Voisin-Doppeldecker (manchmal als Voisin-Farman No. 1 bezeichnet), den er stark verbesserte. Er benutzte ihn auch für mehrere bahnbrechende Langstrecken- und „Ausdauer"-Flüge. In späteren Jahren (1912) bündelten Henry und sein Bruder Maurice Farman ihre Talente zur Gründung der Firma Farman, aus der eine lange Reihe erfolgreicher Serienmodelle für das Militär hervorging. Beide Brüder wahrten innerhalb der Firma eine gewisse Selbstständigkeit, was sich in einigen Produkten niederschlug. Von besonderer Bedeutung für mehrere junge Luftwaffen der Vorkriegszeit war die Maurice Farman M.F.7. Dieser große, plumpe Rahmendoppeldecker hatte eine Zugschraube und war als „Typ 1913" bekannt, da er in diesem Jahr erstmals in Serie ging. Zu den Besonderheiten der M.F.7 gehörte das auf Streben über der Nase des Flugzeugs montierte Höhenruder (eine von mehreren Pionieren bevorzugte Lösung), das ihr in Großbritannien den Spitznamen „Longhorn" verschaffte. Longhorns standen zu Kriegsbeginn beim französischen und britischen Militär in Dienst und wurden begrenzt zur Aufklärung eingesetzt – eine typische Aufgabe für die noch recht primitiven, begrenzt einsatzfähigen Flugzeuge, mit denen die meisten Armeen in den Ersten Weltkrieg zogen. Der Typ blieb bis 1915 im Fronteinsatz und leistete auch als Schulflugzeug wertvolle Dienste. Die Weiterentwicklung M.F.11 (ebenfalls ein Vorkriegsentwurf) war hingegen ein etwas fortschrittlicheres Modell, das auf das hinderliche Bug-Höhenruder der

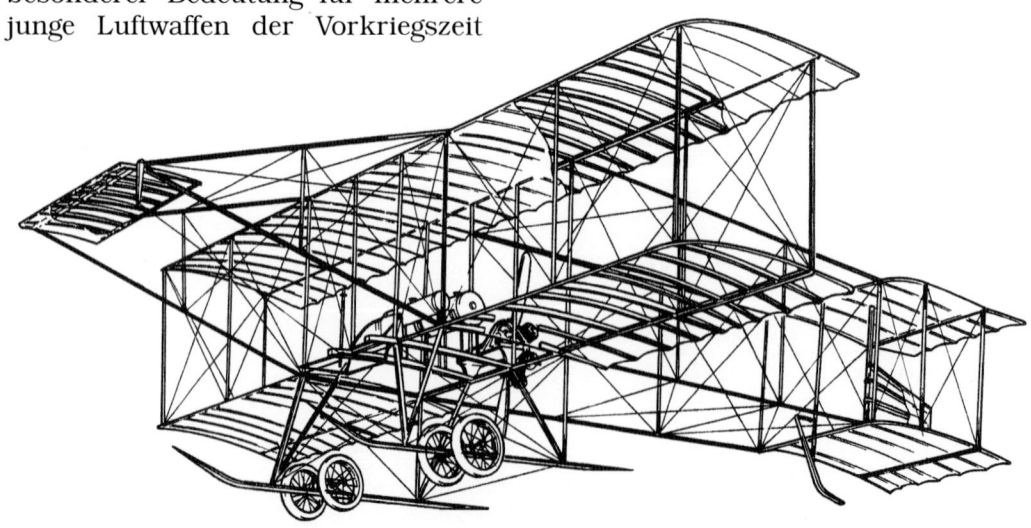

Henry Farmans erster echter Entwurf – die Henry Farman III.

Dieses eindrucksvolle Plakat feiert Henry Farman.

M.F.7 verzichtete und es wie üblich am Heck anbrachte. Den Spitznamen „Shorthorn" verdankte sie den kurzen Kufen am Bug, die verhindern sollten, dass sich das Flugzeug bei einer Bruchlandung überschlug. Die M.F.11 bewährte sich als bewaffneter Aufklärer, der auch Bomben abwerfen konnte. Sie war auch mit einem MG für den Beobachter versehen. Im Gegensatz zur M.F.7 – wo es auf der unteren Tragfläche ruhte – war das Cockpit hinten zwischen den Flügeln des Doppeldeckers montiert. In England wurden sowohl die M.F.7 als auch die M.F.11 in Lizenz gebaut. Neben diesen Typen schufen die Gebrüder Farman eine Reihe von Doppeldecker-Bombern und -Aufklärern, die den alliierten Luftstreitkräften während des Krieges gute Dienste leisteten. Einige waren als „Horace"-Farmans bekannt.

Technische Daten – Maurice Farman M.F.7 Longhorn („Langhorn")

Spannweite	15,54 m
Länge	11,35 m
Höchstgeschwindigkeit	95 km/h (auf Meereshöhe)
Höchstes Startgewicht	855 kg
Bewaffnung	verschiedene improvisierte Waffen (falls vorhanden)
Motor	1 invertierter Renault-Reihenmotor (70 PS) (weitere Optionen verfügbar)
Besatzung	2 Mann

Dunne D.5 und D.8

Obwohl die Entwicklung des Flugwesens in Großbritannien nach 1903 meist weit hinter der in Frankreich und den USA zurücklag, gab es auch dort einige Flugpioniere, die mehrere wichtige Konzepte vorlegten. Den ersten in England amtlich registrierten Personenflug führte 1908 ein Amerikaner namens Samuel Cody durch (dieser Titel wird allerdings von wenigstens einem Konkurrenten angefochten). Damals experimentierte John William Dunne, ein heute fast vergessener Pionier, mit der neuartigen Konzeption eines schwanzlosen, in sich stabilen Knickflügelflugzeugs. Dunnes erste Entwürfe wurden in der HM Ballon Factory (Farnborough) gebaut, in deren Nähe 1908 Codys historischer Flug stattfand. Dunne sorgte zunächst für amtliches Interesse und Förderung für seine Arbeit; damit war er einer der ersten derart begünstigten britischen Pioniere. Seine frühen Experimente mit schwanzlosen Flugzeugen verliefen nicht besonders erfolgreich, aber er blieb standhaft und erzielte später bessere Resultate. 1909 erschien die Dunne D.5, ein „Pfeilflügler" mit Druckschraube. Damit führte er 1910 in Eastchurch (Kent) erfolgreiche Flüge durch. Als Einsitzer (mit der Kanzel auf dem Unterflügel) besaß die D.5 Steuerflächen auf der oberen Tragfläche und vertikale Seitenruder zwischen den Enden der Flügelpaare. Gebaut wurde das Flugzeug von der Firma Short Brothers – diese berühmten englischen Flugzeugbauer sollten später viele weit berühmtere Eigenentwürfe produzieren. Die D.5 spiegelt die hervorragende Verarbeitung dieser Pionierfirma wider. Man hat behauptet, die D.5. sei in sich stabil gewesen, sodass sie ohne Eingriff des Piloten geradeaus und in gleicher Höhe flog – ein Traumziel vieler früher Flugpioniere. Später entwickelte man aus ihr die D.8 mit Gnome-Sternmotor, die 1912/13 recht erfolgreich flog. Dies erregte Aufmerksamkeit – vor allem in den USA, wo die Firma Burgess eine Allianz mit Dunne einging, um aus seinen Entwürfen Wasserflug-

Dunnes „schwanzlose" Modelle mit ihren pfeilartigen Flügeln waren die ersten flugtauglichen v-förmigen Luftfahrzeuge; sie nahmen die britischen V-Bomber der 1950er-Jahre und die Northrop B-2A „Flying Spirit" der 1990er vorweg. Im Bild das Modell Dunne D.8.

John Dunne im „Cockpit" seiner Dunne D.5.

zeuge zu entwickeln. Die daraus hervorgegangenen Burgess-Dunne-Flugboote wurden nur in kleinen Stückzahlen gebaut: die junge US-Marineluftwaffe erhielt etwa 3 Stück. Dunn war mit seinen schwanzlosen Maschinen auf der Höhe der Zeit. Später entwickelte v. a. die Firma Northrop schwanzlose „Nurflügel-Flugzeuge", deren Höhepunkt der „Tarnkappenbomber" Northrop B-2A Spirit der 1990er-Jahre war.

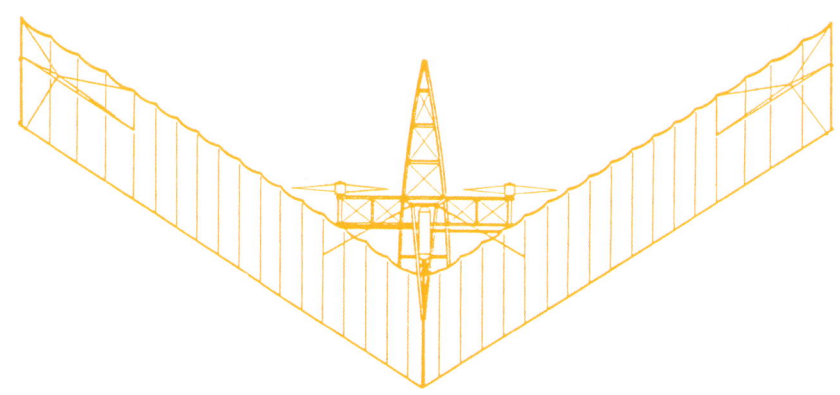

Technische Daten – Dunne D.5

Spannweite	14 m
Rumpflänge	5,5 m
Höchstgeschwindigkeit	etwa 90 km/h (auf Meereshöhe)
Antrieb	1 invertierter Green-Reihenmotor (50–60 PS)
Besatzung	1 Mann

Frühe Hubschrauber-Pioniere

Ein Hubschrauber unterscheidet sich erheblich von einem Flugzeug, und die Entwicklung eines brauchbaren Helikopters erwies sich als ebenso mühselig – wenn nicht schwieriger – wie bspw. die eines motorisierten Personenflugzeugs. Obwohl da Vinci bereits um 1500 Entwürfe für „Hubschrauber" vorgelegt hatte (s. S. 25). hätte sich selbst eines seiner ehrgeizigeren Modelle nur ohne jede Steuermöglichkeit in die Luft empor geschraubt. Es war noch viel Denkarbeit – und die Erfindung des Verbrennungsmotors mit seinem günstigen Leistungs-Gewicht-Verhältnis – nötig, bevor man brauchbare Typen entwickeln konnte, die mit Rotorblättern kontrolliert abhoben. In den Jahrhunderten nach da Vinci versuchten sich viele Erfinder daran, und 1842 baute H.W. Philipps ein dampfgetriebenes Hubschraubermodell mit Rotorblättern und „Düsen" an den Blattenden. Zu Anfang des 20. Jahrhunderts begann man die Prinzipien des Vertikalflugs zu verstehen und löste sogar das dornige Problem, wie man nach dem Vertikalstart horizontal weiterfliegen konnte. Die Lösung lag – wie die Pioniere erkannten – in der zyklischen Kontrolle zur Änderung des Anstellwinkels der Rotorblätter. In Frankreich arbeiteten zahlreiche Erfinder an diesem Problem. Dazu gehörten die Brüder Jacques und Louis Bréguet. Zusammen mit Prof. Charles Richet bauten sie den Bréguet-Richet Gyroplane I – am 29. September 1907 erhob er sich mühsam als erster Helikopter mit Passagier in die Lüfte, wenngleich ihn vier wagemutige Zuschauer vom Boden aus zügeln mussten. Mehr Erfolg hatte der Franzose Paul Cornu, der in seinem „fliegenden Fahrrad" am 13. November 1907 auf atemberaubende 30 cm emporstieg – dies war der erste echte Hubschrauberflug in der Geschichte. Louis Bréguet setzte seine Pionierarbeit später vor und nach dem Ersten Weltkrieg fort. Einer der ersten Hubschrauber, der über eine zyklische Anstellwinkel-Kontrolle verfügte, wurde zwischen 1919 und 1925 in Europa von einem Argentinier, dem Marchese di Pescara, gebaut. Wichtige Arbeit leistete zu dieser Zeit auch der Franzose Etienne Oehmichen. Es sollte allerdings noch

Paul Cornus Helikopter von 1907.

Links:
De Bothezatt – im Dezember 1922 gelang diesem einsitzigen Hubschrauber in den USA ein Flug von 1 Minute und 40 Sekunden.

Unten:
Oehmichen – der französische Luftfahrtpionier Etienne Oehmichen brachte diesen Helikopter mit 4 Rotoren in den frühen 1920er-Jahren zum Fliegen.

bis in die 1930er-Jahre dauern, bevor man in Deutschland und den USA mit wegweisenden Maschinen langfristige Erfolge im Hubschrauberbau erzielte.

Ein früher Hubschrauber mit heftig kreisenden Rotoren wird in der Halle getestet. Es handelt sich höchstwahrscheinlich um eines der Versuchsmodelle von de Pescara aus den frühen 1920er-Jahren (Foto: Archiv John Batchelor).

Technische Daten – Paul Cornus Helikopter

Rotordurchmesser	6 m
Startgewicht	260 kg
Flughöhe	etwa 30 cm
Flugdauer	etwa 20 Sekunden
Antrieb	1 invertierter Levavasseur Antoinette V-8 Reihenmotor (24 PS)
Besatzung	1 Mann

Curtiss Flugboote

In den frühen Tagen der bemannten Luftfahrt waren alle erfolgreichen Motorflugzeuge landgestützte Modelle mit Räderfahrwerken oder Landekufen. Einige Flugpioniere erkannten jedoch die Vorteile des Startens und Landens auf dem Wasser, wenngleich es sich als sehr schwer erwies, brauchbare Rümpfe bzw. Schwimmer zu entwickeln, die Starts von der Wasseroberfläche ermöglichten. Der wahre Vater des motorisierten Wasserflugzeugs war der Franzose Henri Fabre. Sein seltsames Hydravion startete im März 1910 in Südfrankreich als erstes Flugzeug erfolgreich vom Wasser aus. Der große Wegbereiter des Wasserflugzeugs in den Vereinigten Staaten war Glenn Curtiss, der bereits mit seiner landgestützten „June Bug" (s. S. 40) Erfolg hatte. Neben solchen Maschinen experimentierte er auch mit Wasserflugzeugen, deren wichtigster früher Konstrukteur er wurde. Sein erstes erfolgreiches wassergestütztes Modell flog im Januar 1911; anschließend schuf er die „Triad", ein erfolgreiches frühes Amphibienflugzeug (mit gleichermaßen wasser- und landgängigem Fahrwerk). 1912 entwickelte er das erste wirklich brauchbare Flugboot (seine No. 2), dessen untere Rumpfhälfte bootsartig geformt war. Entscheidend für den Erfolg eines Wasserflugzeugs sind das „abgestufte" Profil der unteren Rumpfseiten und der schiffskielartige Querschnitt. Curtiss verfeinerte diese Grundkonzeption in späteren Jahren an zahlreichen beeindruckenden Entwürfen. Seine erfolgreiche Baureihe Model F gehörte zu den frühesten Flugbooten der noch jungen US-Marineluftwaffe. Noch vor Beginn des Ersten Weltkriegs war ein Curtiss-Flugboot wohl das erste Flugzeug mit Autopilot. Sehr großen Erfolg hatte auch die etwas jüngere Serie der HS-Flugboote, die sich besonders gut für den Küstenpatrouillendienst der US Navy eigneten und zu den ersten ihrer Art gehörten, die serienweise in großen Stückzahlen gebaut wurden. Im Ersten Weltkrieg fertigte man weit über 1000 Stück der Typen HS-1L

Die Curtiss Triad von 1911 war ein erfolgreiches frühes Amphibienflugzeug, das dazu beitrug, Curtiss im Wasserflugzeugbau an die Spitze zu bringen.

Die HL-Flugbootserie von Curtiss hat sich bei militärischen und zivilen Einsätzen gut bewährt. Dieses kanadische Zivilflugzeug liegt auf einem Radkarren, damit man es leichter zu Wasser lassen kann.

und HS-2L, von denen eines als erstes Linienflugzeug in Kanada den frühesten „Buschflug" in entlegene Gebiete unternahm.

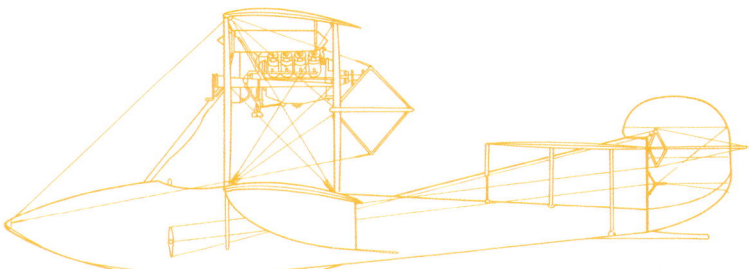

Wohl das wichtigste frühe Flugboot war die Curtiss Model F, die auch als eines der ersten erfolgreich in Produktion ging.

Technische Daten – Curtiss HS-2L

Spannweite	22,58 m
Länge	11,9 m
Höchstgeschwindigkeit	133 km/h (auf Meereshöhe)
Einsatzdauer	4 Stunden 30 Minuten
Bewaffnung	Zwei 7,7-mm-MGs, zwei Wasserbomben à 104 kg (o.ä.)
Dienstgipfelhöhe	1585 m
Antrieb	1 invertierter Liberty-Reihenmotor (360 oder 400 PS)
Besatzung	2–3 Mann

Martin Sonora

Schon wenige Jahre nach den ersten Flügen der Gebrüder Wright im Dezember 1903 begann man weltweit damit, Flugzeuge im Krieg einzusetzen. Ihr Einfluss auf die Kriegsführung wurde bald immer stärker, und nach bescheidenen Anfängen übernahmen sie viele kriegerische Aufgaben. Nachdem sie erst als Beobachter dienten, griffen sie bald aktiv in die Kämpfe ein. Der erste Einsatz von Flugzeugen in einem Konflikt erfolgte wohl 1911, als italienische Militärflieger im Zuge der Annexion Libyens im Oktober/November 1911 die türkischen Streitkräfte angriffen. Schon vorher – im Februar 1911 – hatten Piloten im Sold der Zentralregierung während der damals tobenden Mexikanischen Revolution Rebellenstellungen erkundet. In diesem Konflikt dienten später auf beiden Seiten Söldnerpiloten. Zwei von ihnen fochten im Jahre 1913 angeblich den ersten echten Luftkampf aus, bei dem sie einander – allerdings erfolglos – mit Pistolen beschossen. Zwischen Mai und August 1913 flog der Franzose Didier Masson – anfangs mit einer mexikanischen Crew – in einem speziell dazu umgebauten Flugzeug die ersten echten Bombenangriffe der Geschichte. Dabei warf man ohne großen Erfolg selbst gebaute eiserne Rohrbomben von 45 cm Länge mit einem primitiven Zielgerät auf ein Kanonenboot der mexikanische Regierung. Das von Masson gesteuerte Flugzeug war ein Martin-Doppeldecker. Angetrieben von einem Curtiss-Motor (75 PS) mit Druckschraube, hatte es etwa 15,25 m Spannweite, einen Aktionsradius von etwa 160 km und selbstständige Höhenruder zwischen den Tragflächen. Den Namen „Sonora" bekam es vermutlich nach der gleichnamigen Provinz in Nordmexiko, einer Hochburg der Rebellen.

Aus diesem Flugzeug fiel die erste Bombe – eine selbst gebaute 48-cm-Rohrbombe.

Von der Martin Sonora und ihrem primitiven Abwurfmechanismus sind kaum Details bekannt.

Deperdussin Monocoque Racer

Wichtige Beiträge zum Fortschritt im Flugzeugdesign und -bau lieferte die kurzlebige Flugzeugbaufirma des Franzosen Armand Deperdussin. Das in Frankreich ansässige Unternehmen baute verschiedene zunehmend innovative Typen mit stromlinienförmiger Hülle und hoher Geschwindigkeit. Beste Vertreterin dieser Konzeption war die Deperdussin Monocoque von 1912/13, die mit ihrem Stromlinienrumpf und -fahrwerk dem Flugzeug zu einem völlig neuen Design verhalf. Der Rumpf der Monocoque entstand in der gleichnamigen Bauweise: Man verleimte Tulpenholzlatten über einem entfernbaren Konstruktionsgerüst zu einer schalenartigen Hülle. Die schwere, mit Stoff bespannte Rahmenkonstruktion aus Längs- und Querholmen der meisten zeitgenössischen Typen war bei der Monocoque nicht erforderlich. Die Seitensteuerung erfolgte indes noch durch Verwindung der Tragflächen. Deperdussins erfolgreiche Monocoque-Rennflugzeuge waren die schnellsten Modelle der Vorkriegsperiode; sie erzielten viele Preise und Rekorde. Am 29. September 1913 brach eine Monocoque in Reims mit 204 km/h den Geschwindigkeitsrekord (gültig bis 1920).

Technische Daten – Deperdussin Monocoque Racer

Spannweite	6,65 m
Länge	6,1 m
Höchstgeschwindigkeit	204 km/h
Höchstes Startgewicht	etwa 610 kg
Antrieb	1 Gnome 14-Zylinder-Sternmotor (160 PS)
Besatzung	1 Mann

Bristol Scout

Die frühesten Militärflugzeuge des Ersten Weltkriegs waren noch keineswegs die legendären Kampfmaschinen, die um die Mitte des Krieges erschienen. Es handelte sich um brauchbare, aber unauffällige Typen, die besser zu Luftrennen, einem Vorkriegs-Flugzirkus oder unbewaffneten Aufklärungsflügen gepasst hätten. Zu den ersten echten Kampfflugzeugen auf alliierter Seite gehörte auch ein solcher Typ, die Bristol Scout. Die erste Maschine flog im Februar 1914, und kurz nach Kriegsbeginn wurden zwei Scout B an die Westfront entsandt. Ihnen folgte das erste echte Serienmodell, die für das britische Royal Flying Corps und den Royal Naval Air Service gebaute Scout C. Den Schluss bildete die ebenfalls an beide gelieferte Scout D, deren letzte Exemplare erst 1916 das Werk verließen. Insgesamt entstanden 211 Scout C und 160 Scout D (diese Zahlen sind indes umstritten). Es standen mehrere Motoren zur Auswahl. Frankreich baute etwa 80 Scout-Maschinen für den Kriegseinsatz, und der Typ diente auch im Mittleren Osten. Ihre Erkundungsflüge unternahmen die Scouts mit improvisierten Waffen, und man wies sie einzelnen Kampfeinheiten zu, wo sie oft verwundbarere Typen schützen sollten. Die Scout war ein leistungsfähiges Flugzeug mit guten Manövriereigenschaften, das häufig zur Ausbildung diente. Als sie später – nach Einführung des Unterbrechermechanismus – angemessen bewaffnet wurde, erwies sie sich als potenziell kampfkräftiges Fahrzeug. Schon vorher – im Juli 1915 – wurde Hauptmann Lanoe G. Hawker für erfolgreiche Luftkämpfe mit mehreren deutschen Maschinen (die MGs feuerten seitwärts oder im Winkel nach vorn) als erster „Jagdflieger" mit dem Victoria Cross, der höchsten britischen Tapferkeitsauszeichnung belohnt. Der Royal Naval Air Service setzte einige Scouts vom Flugzeugmutterschiff HMS Vindex aus zur Zeppelinabwehr ein; sie konnten dort allerdings lediglich starten.

Eine Bristol Scout D in Filton.

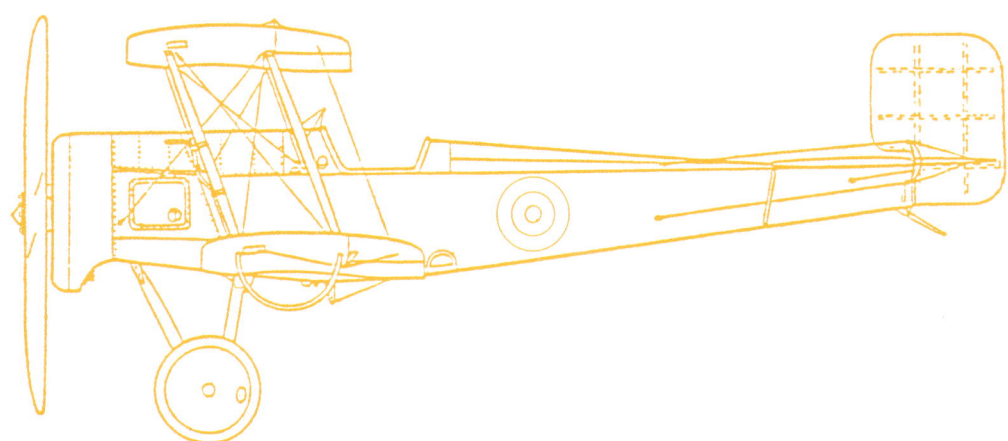

Technische Daten – Bristol Scout C

Spannweite	7,5 m
Länge	6,3 m
Höchstgeschwindigkeit	150 km/h (auf Meershöhe)
Einsatzdauer	2 Stunden 30 Minuten
Bewaffnung	Anfangs improvisiert, später ein 7,7-mm-MG (optional auch Anti-Zeppelin-Pfeile vom Typ Ranken)
Antrieb	1 Sternmotor Gnome- oder Le Rhône (80 PS) (weitere Optionen verfügbar)
Besatzung	1 Mann

Morane-Saulnier (Type L und N)

Gegründet von den Brüdern Morane und ihrem Mitarbeiter Raymond Saulnier im Jahre 1911, war die französische Firma Morane-Saulnier eines unter zahlreichen richtungsweisenden Unternehmen, die damals aus dem gewaltigen Aufschwung von Flugzeugdesign und -bau hervorgingen. Die meisten frühen Flugzeuge von Morane-Saulnier waren Eindecker, für die zivile und militärische Aufträge eingingen. 1913 begann Morane-Saulnier einen Parasolflügel-Eindecker für Aufklärungszwecke zu entwickeln, aus dem die Type L von 1914 hervorging. Darauf folgten einige verwandte Morane-Saulnier-Modelle für die Streitkräfte Frankreichs und Englands. Im Militärdienst wurde die Type L (manchmal auch als „Morane Parasol" bekannt) überwiegend als Zweisitzer geflogen, bei dem der Beobachter improvisierte Waffen bediente. Der bekannte französische Pilot Roland Garros, dessen Karriere in einer Demoiselle von Santos-Dumont begonnen hatte, flog eine Typ L mit primitivem Unterbrechermechanismus, der den Einbau eines starr nach vorn durch den Propellerkreis feuernden MGs und damit gezieltere Luftkämpfe erlaubte. Dieser Unterbrechermechanismus, der die Beschädigung des Propellers verhinderte, bestand aus Ablenkungsplatten an den Propellerblättern, welche aufschlagende Kugeln abprallen ließen. Im April 1915 erzielte er damit Anfangserfolge gegen deutsche Flieger, doch musste er hinter den feindlichen Linien notlanden, wo man ihn gefangen nahm. Dies veranlasste die Deutschen, mit Unterstützung Anthony Fokkers ein verbessertes System für ihre eigenen Maschinen zu entwickeln. Im Juni 1915 warf Flight Sub-Lieutenant R.A.J. Warneford vom britischen Royal Naval Air Service aus einer einsitzigen Type L kleine Bomben auf einen deutschen Zeppelin; da jener anschließend abstürzte, verlieh man ihm dafür das Victoria Cross. Insgesamt wurden von der Type L etwa 600 Stück gebaut, und später entwickelte man daraus die verbesserte Type LA und

Diese Morane-Saulnier Type L flog Flight Sub-Lieutenant Warneford, als ihm der Abschuss eines Zeppelins das Victoria Cross einbrachte.

Der abgebildete Zweisitzer-Aufklärer Morane-Saulnier Type P wurde für die Luftwaffen Frankreichs und Englands gebaut (Foto: Sammlung Philippe Jalabert).

1916 die Type P. Letztere besaß statt des kastenförmigen Rumpfs der Type L einen runden Querschnitt sowie Querruder statt Flügelverwindung. Am bemerkenswertesten war die Morane-Saulnier Type N von 1914/15, ein vielseitiges, einsitziges Eindecker-Jagdflugzeug, das der Deperdussin Monocoque (s. S. 55) ähnelte. Die Type N kam in geringer Stückzahl bei Briten und Franzosen, aber auch (ebenso wie die Type L) im verbündeten Russland zum Einsatz.

In britischen Diensten erhielt die Morane-Saulnier Type N manchmal den Spitznamen „Bullet" (Kugel).

Technische Daten – Morane-Saulnier Type L

Spannweite	10,36 m
Länge	6,32 m
Höchstgeschwindigkeit	122 km/h (auf Meereshöhe)
Höchstes Startgewicht	etwa 380 kg
Bewaffnung	improvisiert (meist Handfeuerwaffen) und kleine Bomben
Antrieb	1 Sternmotor Le Rhône (80 PS)
Besatzung	2 Mann, manchmal nur 1 Pilot (v. a. beim RNAS Service)

Voisin Type III

Als im August 1914 der Erste Weltkrieg ausbrach, war Frankreichs Aviation Militaire eine der am besten ausgestatteten Luftwaffen der Welt. Sie benutzte unter anderem Voisin-Doppeldecker als „Bomber" sowie Blériot- und Morane-Saulnier-Maschinen diverser Ausführungen als Aufklärer und Erkunder (Jäger). Die Gebrüder Voisin – Gabriel und Charles – zählten zu Frankreichs wahren Luftfahrtpionieren (s. S. 46–47), und bei Ausbruch des Ersten Weltkriegs standen einige ihrer Druckschrauben-Doppeldecker bereits im Dienst. Dazu gehörten die Voisin I und II, doch einen Platz in der Geschichte verdient v. a. die Type III. Luftbombardements mit einem speziell dafür konzipierten Flugzeug fanden erstmals 1913 statt (s. S. 54), und die Franzosen flogen schon in den ersten Tagen des Ersten Weltkriegs derartige Einsätze. Obwohl diese Maschinen im Vergleich mit denen der kommenden Jahre ziemlich primitiv und meist dürftig ausgestattet waren, verfügten einige dieser frühen französischen Bomber doch bereits über frei schwenkbare „langsame" Hotchkiss-MGs. Am 5. Oktober 1914 errang eine Voisin (vermutlich die Nr. V 89) mit Feldwebel Joseph Frantz als Pilot und Caporal Louis Quenault am MG den weltweit ersten Sieg in einem Luftkampf zwischen zwei Flugzeugen. Das unglückliche Opfer war eine im Dienst Deutschlands stehende Aufklärungsmaschine der Baureihe Aviatik B. Es gab zahlreiche Abwandlungen der ersten und eher plumpen Voisin-Bomberserie, aber auch einige Abwandlungen infolge der umgekehrten Wirkungsweise des Motors. Wie viele Flugzeuge dieser und späterer Zeiten wurde die Voisin-Serie in großen Stückzahlen an fremde Luftwaffen geliefert, und einige baute man außerhalb Frankreichs in Lizenz. Da die Voisin-Bomber von zahlreichen Herstellern gefertigt wurden, lassen sich die technischen Daten der

einzelnen Baureihen nur schwer ermitteln. Tatsächlich gab es die Voisin Type III in zwei verschiedenen Ausführungen, u. a. mit 16 beziehungsweise 14,8 m Spannweite.

Der erste Luftkampf
Joseph Frantz tötet als erster Pilot nachweislich einen Gegner im Luftkampf (5. Oktober 1914).

Technische Daten – Voisin Type III

Spannweite	(siehe Text)
Länge	9,5 oder 9,6 m
Höchstgeschwindigkeit	105 km/h (auf Meereshöhe)l
Höchstes Startgewicht	1370 kg
Bewaffnung	Manchmal ein schwenkbar montiertes MG; zusätzlich verschiedene Bombenkombinationen (bis zu 60 kg)
Antrieb	1 Sternmotor Salmson 9M (Patent Canton-Unné) (120–130 PS)
Besatzung	2 Mann

Caudron G.3

Die Franzosen Gaston und René Caudron bauten schon mehrere Jahre vor dem Erscheinen der G.3 (1913) Flugzeuge. Wie andere Pioniere dieser Zeit leiteten sie außerdem eine erfolgreiche Flugschule für künftige Piloten. Die direkte Vorgängerin der G.3 war die G.2, die in der Anfangsphase des Ersten Weltkriegs begrenzt als Schulflugzeug und Beobachter zum Einsatz kam. Die erste G.3 flog im Mai 1913; einen ersten Exporterfolg erzielte sie, als die chinesischen Behörden im Laufe dieses Jahres eine Reihe Caudron-Flugzeuge bestellte, darunter auch einige vom Modell G.3. Bei Ausbruch des Ersten Weltkriegs war die Produktion voll angelaufen, und die G.3 diente einigen französischen Einheiten als Aufklärer und Feuerleitflugzeug. Mit manchen warfen die Franzosen auch leichte Bomben ab, bis Spezialtypen verfügbar wurden. Ein weiterer Kunde war Großbritannien, wo man die G.3 nachbaute. Sie diente beim Royal Flying Corps und beim Royal Naval Air Service hauptsächlich als Schulflugzeug, obwohl einige auch zum Kampfeinsatz kamen. Als besonders zukunftweisend erwies sich jedoch, dass einige G.3 in Ostafrika erfolgreich bei der Versenkung des deutschen Leichten Kreuzers „Königsberg" mitwirkten. Sie griffen das Schiff vor allem mit Bomben an, leiteten aber mit größerem Erfolg das Feuer von zwei britischen Monitoren, die den deutschen Kreuzer im Mai 1915 versenkten. Neben Frankreich und Großbritannien setzten auch Italien und Russland (evtl. auch Rumänien) die G.3 im Kampf ein; alle schätzten die guten Flugeigenschaften dieses Typs, der sich aber Jägern gegenüber als zunehmend verwundbarer erwies. So wies man den meisten Schulungsaufgaben zu. Die Expeditionsstreitkräfte der USA verwendeten die G.3 als Schulflugzeug. Insgesamt wurden in Frankreich 2450, in Großbritannien 50 und in Italien 250 Stück gebaut. Eine zweimotorige Version (die G.4) leistete ebenfalls wertvolle Dienste, vor allem als Bomber. Nach dem Krieg baute man in Portugal 50 G.3, und viele junge südamerikanische Luftwaffen setzten den Typ ein. Einige wurden von Privatpiloten für waghalsige Kunststücke (etwa das Unterfliegen von Brücken) benutzt. Der Franzose Jules Védrines erlangte Ruhm (und

Eine Caudron G.3 mit ihrem Piloten auf einem französischen Flugplatz (1916 oder 1917), (Foto: Sammlung Philippe Jalabert).

einen Geldpreis), als er mit einer G.3 im Januar 1919 auf dem Dach des Pariser Warenhauses Galéries Lafayette (bruch-)landete.

Mit den Jahren fanden viele Piloten ein Vergnügen daran, unter Brücken hindurchzufliegen – so auch dieser Franzose in seiner Caudron D.3 (Foto: Sammlung Philippe Jalabert).

Technische Daten – Caudron G.3

Spannweite	13,4 m
Länge	6,4 m
Höchstgeschwindigkeit	110 km/h (auf Meereshöhe)
Höchstes Startgewicht	710 kg
Einsatzdauer	4 Stunden
Bewaffnung	Diverse improvisierte Feuerwaffen, verschiedene Kombinationen kleiner Bomben
Antrieb	1 Anzani-Sternmotor (90 PS) (weitere Optionen verfügbar)
Besatzung	2 Mann

Die Baureihe Fokker Spin („Spinne")

Einer der berühmtesten Flugpioniere Europas war der Niederländer Anthony Fokker. Geboren in Java (Niederländisch-Ostindien), begann Fokker 1910 in Deutschland zu fliegen; schließlich baute er eine der wichtigsten Firmen für die Entwicklung und den Bau von Flugzeugen auf. Fokker begann seine Luftfahrtkarriere mit einer Flugzeugmonteur- und Pilotenlehre in Deutschland, begann aber bald eigene Maschinen zu entwerfen. Trotz anfänglicher Misserfolge zahlte sich seine Beharrlichkeit (wie bei vielen anderen) schließlich aus. 1911 ließ er sich im Berliner Vorort Johannisthal nieder, einem Zentrum der frühen europäischen Fliegerei; dort baute Fokker eine Reihe eleganter Eindecker mit weit ausgreifenden Spanndrähten, die passenderweise den Namen „Spin" (Spinne) erhielten. Sie gingen aus dem „schwanzlosen" ersten Flugzeug von 1910 hervor, und zwar auf dem Weg über eine Reihe immer erfolgreicherer, im Grunde ähnlicher Modelle (darunter die Eindecker-Serie M). Damit schuf Fokker den einmotorigen Zugschrauben-Eindecker, der bis Mitte des Krieges zu einem Wahrzeichen der Fokker-Jäger werden sollte. Seinen Pilotenschein erwarb Fokker im Mai 1911 mit einem eigenen Flugzeug (der zweiten „Spinne"), und 1912 gründete er seine erste Firma. Die Fabrik entstand dann schließlich 1913/14 im mecklenburgischen Schwerin. Wie mancher andere frühe Flugpionier leitete er auch eine bedeutende Pilotenschule. Deutschland besaß bei Ausbruch des Ersten Weltkriegs eine der größten Luftwaffen; wie auf den beiden folgenden Seiten über die Fokker E III zu lesen ist, erlangte Fokkers E-Serie von Eindecker-Jagdflugzeugen mit dem Fortschreiten des Krieges für Deutschland immer größere Bedeutung. Eine wichtige Rolle spielte Fokker auch bei der Entwicklung des „Unterbrechers", der es gestattete,

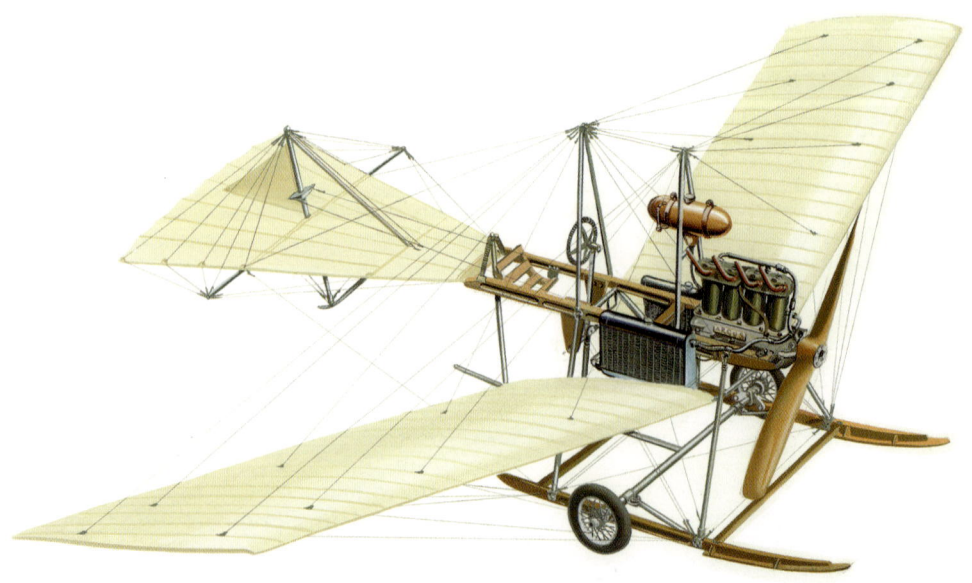

mit einem MG durch den Propellerkreis zu feuern: er ließ diese Einrichtung im Jahre 1915 erfolgreich patentieren.

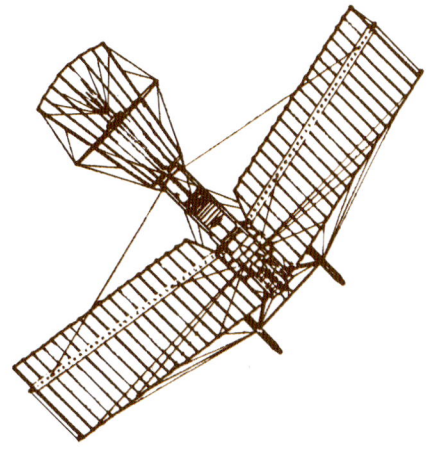

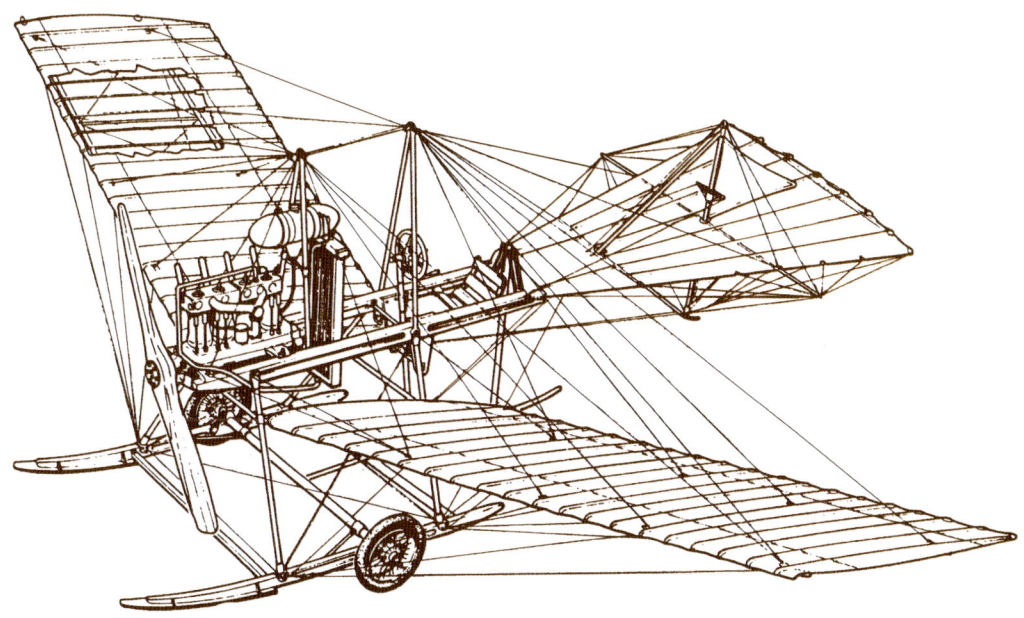

Technische Daten – Fokker Spin („Spinne") III

Spannweite	10,97 m
Länge	7,75 m
Höchstgeschwindigkeit	90 km/h (auf Meereshöhe)
Höchstes Startgewicht	400 kg
Antrieb	1 invertierter Argus-Reihenmotor (50 PS)
Besatzung	1 Pilot, 1 Fluggast

Fokker E III

Die E-Serie der ersten Fokker-Jäger gehörte im Ersten Weltkrieg zu den frühesten echten Eindecker-Kampfflugzeugen, und sie brachten die Technologie der damals neuen, aber sich rasch entwickelnden „Kunst" des Luftkampfs mit ihrer Bewaffnung und Pilotentaktik weit voran. Die ursprüngliche E I trat ihren Dienst im Sommer 1915 an und verfügte über den wichtigen „Unterbrecher-Mechanismus", der es erlaubte, mit dem starren MG sicher durch den rotierenden Flugzeugpropeller zu feuern. Daran schlossen sich mehrere verbesserte Modelle an, u.a. die berühmte E III, die ab 1915/16 zum Einsatz kam. Diese Maschine war eines der ersten bedeutenden Jagdflugzeuge und verschaffte den Deutschen Ende 1915 und Anfang 1916 eine massive Luftüberlegenheit. Sie sorgte für die so genannte „Fokker-Geißel", die viele alliierte Flieger zu „Fokker-Futter" werden ließ. Einige der ersten Flugmanöver für Luftkämpfe wurden von Fokker-Piloten der E- bzw. Eindecker-Serie entwickelt, zu denen auch das bekannte deutsche Jäger-As Max Immelmann gehörte. Die E III verschaffte ihren Piloten unverhältnismäßig großen Erfolg (es wurden nur knapp 150 gebaut), bevor sie durch die immer raschere Entwicklung überholt wurde. Dennoch hatte die E-Serie bis dahin viele der Grundregeln des Luftkampfes festgelegt, und Kriege sollten nie mehr wie

früher verlaufen. Von nun an spielten Flugzeuge in Strategie und Taktik eine zunehmend wichtiger werdende Rolle.

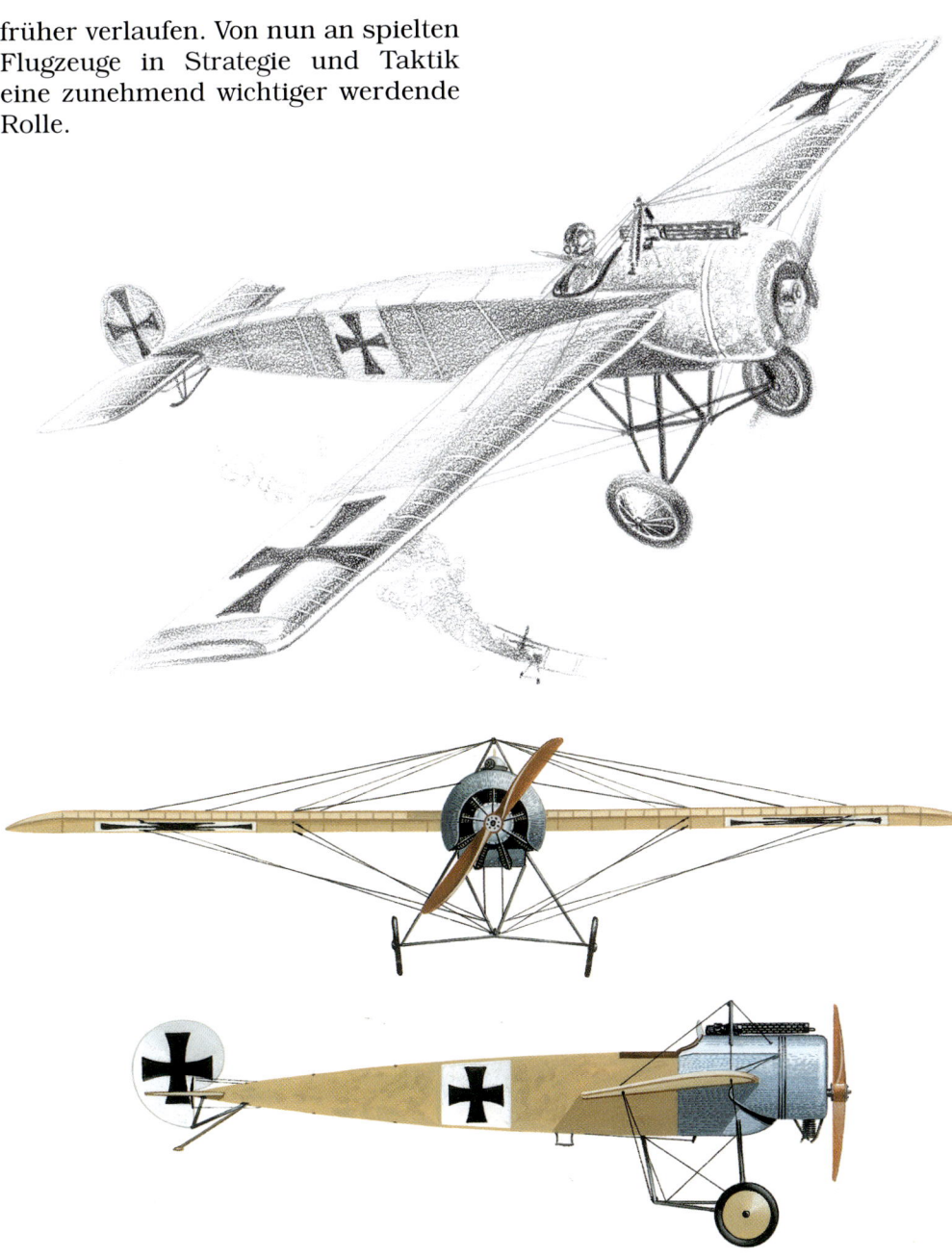

Technische Daten – Fokker E III

Spannweite	9,52 m
Länge	7,2 m
Höchstgeschwindigkeit	140 km/h (auf Meereshöhe)
Einsatzdauer	bis zu 2 Stunden 45 Minuten
Bewaffnung	Ein 7,92-mm-MG
Antrieb	1 Sternmotor Oberursel U I (100 PS)
Besatzung	1 Mann

Airco D.H.4

Im Ersten Weltkrieg baute man zahlreiche klassische Flugzeuge, aber nicht alle waren hochgezüchtete Maschinen wie die der berühmten „Asse". Der wohl beste zweisitzige Bomber dieses Konflikts war die Airco D.H.4. Entworfen von Geoffrey de Havilland und produziert von der Airco (Aircraft Manufacturing Company), flog sie erstmals im August 1916. Ein beachtlicher Teil der Serienmaschinen war mit verschiedenen Versionen des hervorragenden Eagle-Kolbenmotors von Rolls-Royce ausgerüstet, obwohl man auch mit anderen experimentierte. Als zweisitziger Tagbomber leistete die D.H.4 beim britischen Royal Flying Corps und Royal Naval Air Service gute Dienste; zum Einsatz kam sie beim ersteren ab April 1917. Gebaut wurde die D.H.4 von verschiedenen britischen Herstellern, und insgesamt entstanden 1449 Stück. Zwischen den Produkten dieser Firmen gab es manche Unterschiede; einige der besten wurden bei Westland Aircraft gebaut. Großbritannien setzte die D.H.4 erfolgreich als Tagbomber, für Aufklärungsflüge und viele andere Zwecke ein. Die Erfolge der D.H.4 erregten auch in den USA Aufsehen, sodass man sich dort entschloss, die Maschinen für das US-Militär zu bauen. Zu den drei wichtigsten amerikanischen Herstellern des Typs gehörten Dayton-Wright, Standard und Fisher Body. Insgesamt produzierte man von der D.H.4 in den USA mindestens 4844 Stück, und sie war der einzige dort gebaute britische Entwurf, der im Ersten Weltkrieg zum Einsatz kam. In den letzten Kriegsmonaten waren zahlreiche US-Staffeln in Frankreich mit dieser Maschine ausgerüstet. Sie benutzen den allgegenwärtigen Liberty-Reihenmotor (400 PS). Nach dem Krieg ging die Karriere der D.H.4 weiter, und überzählige Stücke wurden an viele neu entstandene Luftwaffen geliefert. In Belgien baute man sie begrenzt in Lizenz. Einige der in den USA produzierten Maschinen wurden als Postflugzeuge umgerüstet und entwickel-

Eine beträchtliche Anzahl von D.H.4 wurde in den USA gebaut und „Liberty Planes" getauft. Der Typ kam mit den US-Streitkräften in Frankreich zum Einsatz – das abgebildete Flugzeug wurde berühmt, weil es ein „verlorenes Bataillon" aufspürte und rettete.

Nicht sonderlich elegant, aber brauchbar – die D.H.4 schlug sich im Ersten Weltkrieg glänzend.

ten sich dort zum wichtigsten Flugzeugtyp des wachsenden Luftpostwesens der Vereinigten Staaten, bis man sie durch speziell dafür entworfene Maschinen wie die Douglas M-2 (s. S. 156–157) ersetzte. In Großbritannien diente die D.H.4 in Gestalt der D.H.4A, die eigens eine verglaste Kabine für 2 Passagiere besaß, auch als Militär- und Zivilpersonenflugzeug.

Eine fabrikneue de Havilland D.H.4 wartet auf ihre Auslieferung.

Technische Daten – Airco D.H.4 (Eagle VIII)

Spannweite	12,92 m
Länge	9,35 m
Höchstgeschwindigkeit	230 km/h (auf Meereshöhe)
Dienstgipfelhöhe	6700 m
Einsatzdauer	3 Stunden 45 Minuten
Bewaffnung	Ein bis zwei starr nach vorn feuernde 0,77-mm-MGs, ein bis zwei ebensolche auf Ringlafette am hinteren Cockpit), bis zu 210 kg Wasser- oder andere Bomben
Antrieb	1 Reihenmotor (Rolls-Royce Eagle VIII, 375 PS) (weitere Optionen verfügbar)
Besatzung	2 Mann

Felixstowe F.2A

Die großen, imposanten Patrouillen- und U-Jagd-Flugboote des Typs Felixstowe waren im Ersten Weltkrieg ein wichtiger Teil der britischen Luftverteidigung. Sie entstanden aus verschiedenen Curtiss-Flugbooten, welche die britische Admiralität in der Frühphase des Konflikts in den USA geordert hatte. Wie auf S. 52–53 geschildert, war der Amerikaner Glenn Curtiss ein Wegbereiter des Flugboots, und schon vor dem Ersten Weltkrieg baute seine Firma immer größere und ehrgeizigere Modelle. Dazu gehörte auch die zweimotorige Curtiss-Wanamaker Model H America, die über den Atlantik fliegen sollte, um das von der „Daily Mail" 1913 ausgelobte Preisgeld von 10 000 £ zu gewinnen. Der schon geplante Flug wurde aber wegen des Kriegsausbruchs abgesagt. Dennoch war die Curtiss-Wanamaker die Vorläuferin der Flugboote Curtiss H-4 Small America und H-12 Large America, die beim britischen Royal Naval Air Service sehr stark zum Einsatz kamen. An ihrer Konzeption war auch John Porte beteiligt gewesen, ein britischer Pilot, der während des Krieges zu einer wichtigen Figur im britischen Flugbootbau wurde und beim RNAS diente. Im ostenglischen Felixstowe verbesserte er die von Curtiss stammenden Grundentwürfe weiter, indem er vor allem den Bootskörper (d. h. den Rumpf) neu gestaltete und so eine Reihe erfolgreicher Felixstowe-Flugboote schuf. Benannt nach der Marinebasis Felixstowe, wurden sie von verschiedenen Firmen gebaut. Das berühmteste war die Felixstowe F.2A, doch gab es auch die F.3 und F.5. Nachdem sie Anfang 1918 ihren Dienst antraten, jagten diese riesigen Flugboote mit Holzrumpf in der Nordsee erfolgreich deutsche U-Boote; als schwere Jäger wehrten sie

Die Felixstowe-Flugboote waren große, imposante Flugzeuge, deren klassische Linien das Bild gut wiedergibt.

Zeppeline ab. Einige starteten dazu von im Meer vertäuten Leichtern. Es wurden etwa 130 F.2A gebaut; eine von Curtiss produzierte Abwandlung, die H-16 Large America, diente ebenfalls beim RNAS.

Zu den buntesten je im Krieg eingesetzten Flugzeugen gehörten die Flugboote vom Typ Felixstowe F.2A. Dank ihrer leuchtenden Farben konnte man sie leichter aufspüren, wenn sie notwassern mussten. N4545 war wohl das bekannteste von allen.

Ein weiterer Schutzanstrich zur besseren Sichtbarkeit.

Technische Daten – Felixstowe F.2A

Spannweite	29,15 m
Länge	14,1 m
Höchstgeschwindigkeit	153 km/h (in 600 m Höhe)
Einsatzdauer	6 Stunden
Dienstgipfelhöhe	2900 m
Bewaffnung	Vier bis sieben oder mehr 7,7-mm-MGs, zwei Bomben à 104 kg
Antrieb	2 invertierte 12-Zylinder-V-Sternmotoren (Rolls-Royce Eagle VIII) (jew. 360 oder 375 PS)
Besatzung	gewöhnlich 4 Mann

Aviatik B-Serie

Zu Beginn des Ersten Weltkriegs besaß Deutschland eine der bedeutendsten Luftwaffen ganz Europas; sie verfügte über Flugzeuge verschiedener Typen und eine Reihe wichtiger Luftschiffe, darunter auch Zeppeline. Zu den Flugzeugtypen, die das Land in der ersten Phase des Krieges verwendete, gehörten auch die eleganten Doppeldecker der Aviatik-Serie. Die Firma Aviatik wurde 1910 gegründet und besaß neben ihren deutschen Produktionsstätten in Form der Österreichisch-Ungarischen Flugzeugfabrik Aviatik auch Beziehungen zum wichtigsten Verbündeten des Reiches, Österreich-Ungarn. Bei Ausbruch des Ersten Weltkriegs flogen deutsche Piloten bereits das Grundmodell, den Aufklärer Aviatik B I, und später baute man in den deutschen und österreichischen Werkstätten der Firma eine Reihe von Flugzeugen der B-Serie. Bei manchen frühen Serienmodellen saß der Beobachter auf dem Vordersitz und der Pilot hinten – damals eine durchaus übliche Anordnung. Spätestens Ende 1916 wies man den meisten – wenn auch nicht allen – „Überlebenden" Schulungsaufgaben zu. Nach Ansicht der meisten Historiker war eine (wohl in Deutschland gebaute) Aviatik B I das erste Flugzeug, das am 5. Oktober 1914 in einem Luftkampf über der Westfront abgeschossen wurde (s. S. 60–61).

Technische Daten – Österreichische Aviatik B II (Serie 32)

Spannweite	14 m
Länge	8 m
Höchstgeschwindigkeit	110 km/h (auf Meereshöhe)
Dienstgipfelhöhe	2500 m
Einsatzdauer	4 Stunden
Bewaffnung	diverse improvisierte Feuerwaffen, zwei 10-kg-Bomben
Antrieb	1 Reihenmotor (Austro-Daimler) (120 PS)
Besatzung	2 Mann

Zwischen in Deutschland und Österreich-Ungarn gebauten Flugzeugen der Baureihe Aviatik B gab es wichtige Unterschiede – im Bild eine „deutsche" Maschine.

Boeing Model C

Die Firma Boeing war – und ist bis zum heutigen Tage – einer der berühmtesten Namen in der US-Luftfahrt. Obwohl sie als eines der weltweit wichtigsten Flugzeugbauunternehmen gilt, wurde Boeing erst relativ spät auf diesem Wirtschaftssektor tätig, jedenfalls im Vergleich mit anderen US-Pionieren wie den Gebrüdern Wright oder Glenn Curtiss. 1916 gründete William E. Boeing die Vorgängerin der heutigen Weltfirma (der Name Boeing wurde erstmals 1917 verwendet), die anfangs kleine, elegante Wasserflugzeuge für militärische und zivile Zwecke baute. Ihr Erstling war die B & W von 1916 (benannt nach Boeing und Westervelt, auch als Model 1 bekannt). Ein erster wichtiger Auftrag an Boeing betraf etwa 50 zweisitzige Doppeldecker mit Schwimmern für die US Navy (Boeing Model C), die allgemein der Model C entsprachen. Diese 1918 gelieferten Maschinen hatten – vor allem wegen ihrer wenig zuverlässigen Motoren – keinen besonderen Erfolg. Sie waren jedoch die Vorläufer der zahlreichen in Massen produzierten Boeing-Flugzeuge, die in den folgenden Jahrzehnten erschienen. Die Bezeichnung C-L4-S (manchmal auch CL-4S geschrieben) wurde auf besondere Varianten der C-Serie angewandt. Boeing selbst soll kurze Zeit eine abgewandelte Model C geflogen haben.

Das hübsche Wasserflugzeug der Model C-Serie von Boeing.

Technische Daten – Boeing Model C

Spannweite	13,36 m
Länge	8,23 m
Höchstgeschwindigkeit	116 km/h (auf Meereshöhe)
Dienstgipfelhöhe	2000 m
Aktionsradius	320 km
Antrieb	1 Reihenmotor (Hall-Scott A-7A) (100 PS)
Besatzung	2 Mann

Gotha (G-Serie)

Unter den berühmtesten Bombern des Ersten Weltkriegs war die G-Serie von Gotha ein brauchbares, wenn auch plump wirkendes Flugzeug mit recht großer Reichweite, das den Bombenkrieg in der Endphase des Konflikts bis nach England trug. Dies wurde erst möglich, nachdem man Maschinen wie die Gotha entwickelt hatte, deren Aktionsradius es erlaubte, von Basen im besetzten Belgien aus über England zu operieren. Die deutsche Firma Gotha (Gothaer Waggonfabrik) begann während des Krieges Bomber zu entwickeln. Von 1914/15 an verband sich der Name „Gotha" mit der damals in Planung befindlichen G-Serie, genauer gesagt der Gotha G I. Darauf folgten die abweichenden Typen G II und G III, die 1916 ihren Dienst antraten. Es waren Bomber mit relativ kurzem Aktionsradius und geringer Ausdauer für taktische Einsätze, aber mit der G IV von 1917 begann man, die Konstruktion an Einsätze über größere Strecken anzupassen. Die G IV wurde im Frühjahr 1917 in Dienst gestellt und bald für Operationen im Luftraum über England verwendet. Solche waren bis dahin vor allem Sache der Zeppeline – sporadisch, aber tödlich. Die Gotha-Bomber verstärkten die Wirkung dieser Angriffe und warfen vom 25. Mai 1917 an Bomben über Südengland ab. Diese forderten sogleich schwere Opfer unter der Zivilbevölkerung. Ein besonders berüchtigter Tagangriff auf London (13. Juni 1917) löste allgemeine Empörung und Furcht aus; er führte dazu, dass die Briten Jägerstaffeln speziell für Einsätze zur Abwehr der Gothas ausrüsteten, damit jene nicht bis zur Hauptstadt durchbrechen konnten. Dies betraf eine Reihe britischer Flugzeugtypen, u.a. die Sopwith Pup (s. S. 86–87). Die Gotha G IV wurde in der Serienfertigung von der G V abgelöst, die im weiteren Verlauf des Jahres 1917 Nachteinsätze gegen England flog. Es gab mehrere Versionen der G V; die späten Modelle besaßen zusätzlich Bugräder, damit sich die Flugzeuge beim Landen nicht überschlugen. Später entwickelte man noch weitere Abwandlungen. Insgesamt wurden von der G IV 230 Stück hergestellt, und dieser Typ symbolisierte mit der G V den Trend der strategischen Luftkriegführung zur Bombardierung

Die Gotha G V war die Krönung der deutschen „G"-Bomber-Serie.

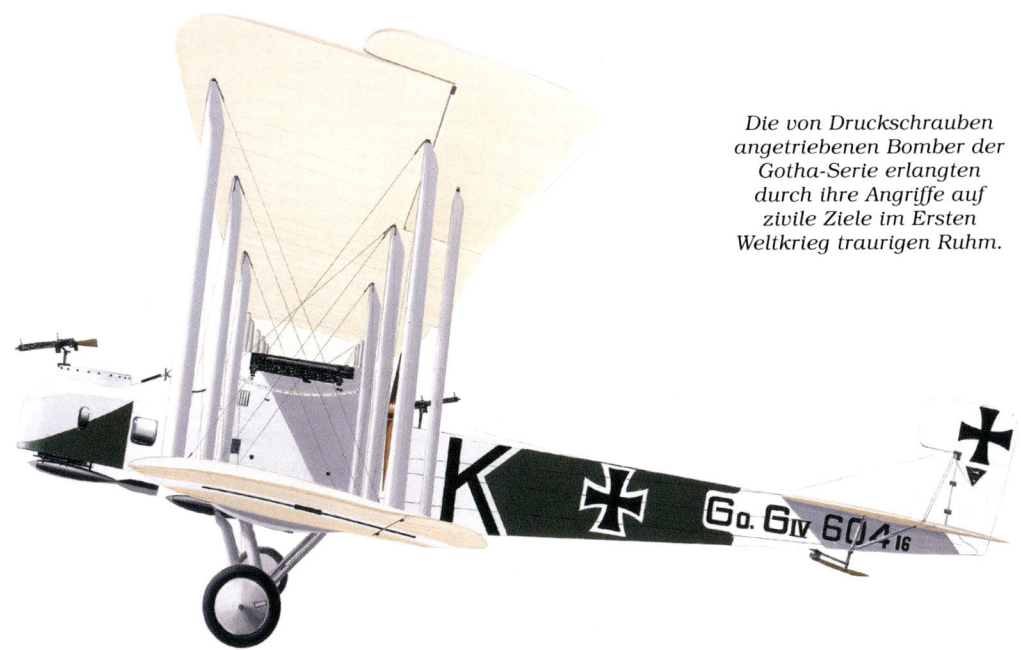

Die von Druckschrauben angetriebenen Bomber der Gotha-Serie erlangten durch ihre Angriffe auf zivile Ziele im Ersten Weltkrieg traurigen Ruhm.

von Zivilisten – eine Entwicklung, die sich viel später im Spanischen Bürgerkrieg und erst recht im Zweiten Weltkrieg ganz erheblich verschärfen sollte.

Die Gotha G IV flog im Mai 1917 verheerende Bombenangriffe auf den Süden Englands.

Technische Daten – Gotha G V

Spannweite	23,7 m
Länge	12,4 m
Höchstgeschwindigkeit	140 km/h (auf Meereshöhe)
Aktionsradius	etwa 840 km
Dienstgipfelhöhe	6500 m
Bewaffnung	Zwei 7,92-mm-MGs, Bomben im Gewicht von 300 bis 500 kg) (je nach Einsatzplan)
Antrieb	2 invertierte Reihenmotoren (Mercedes D IVa) (je 260 PS)
Besatzung	3 Mann

Friedrichshafen (G-Serie)

Die deutsche Flugzeugfirma Friedrichshafen (die, was kaum überraschen dürfte, ihren Sitz beim süddeutschen Friedrichshafen am Bodensee hatte), wurde im Ersten Weltkrieg durch die Konstruktion und den Bau einer Reihe erfolgreicher Wasserflugzeuge für die deutsche Kriegsmarine bekannt. Sie befasste sich jedoch auch mit dem Entwurf einer Serie landgestützter Doppeldecker-Bomber der Spezifikation „G". Diese Reihe begann 1914 mit der zweimotorigen G I und führte schließlich zur G II (FF 38) von 1916. Letztere war ein großer Doppeldecker mit zweiteiligen Flügeln und zwei Druckschraubenmotoren, der Friedrichshafen mit AEG, Gotha und Zeppelin-Staaken zu einem der wichtigsten deutschen Hersteller von großen Langstreckenbombern werden ließ. Die Firma Friedrichshafen unterhielt überdies enge Beziehungen zum Zeppelin-Konzern. Der wichtigste in dieser Fabrik gebaute G-Bomber war die G III mit der Firmenbezeichnung FF 45. Von 1917 bis zum Kriegsende im Einsatz, war die G III ebenfalls ein zweimotoriger Doppeldecker mit Druckschrauben, aber dreiteiligen Flügeln. Er kam vor allem über der Westfront zum Einsatz (auch bei zahlreichen Nachtangriffen). Dieser Typ stand zur gleichen Zeit wie die späte G-Serie der Gotha-Bomber in Dienst (vgl. die beiden vorigen Seiten); der wichtigste Unterschied in der Verwendung dieser Typen lag darin, dass die Gotha-Bomber in stärkerem Maße Langstreckeneinsätze über Südengland flogen. Allerdings wurden auch die Friedrichshafens viel verwendet, u.a. für Angriffe auf Paris. Man geht davon aus, dass etwa 338 Exemplare der G II und der G IIIa (mit anderem Leitwerk) entstanden. Die Bomben wurden sowohl innen wie außen (unter den Flügeln) mitgeführt. Die weitere Entwicklung führte zu einer überarbeiteten G IV-Serie und der G V von 1918. Einige G IV besaßen anstelle des Druckschrauben-Antriebs der gewöhnlichen Friedrichshafen-Bomber zwei Zugschraubenmotoren. Nach dem Krieg wurden einige Friedrichshafen-Maschinen – darunter wenigstens ein umgebauter großer Bomber – von zivilen Piloten geflogen.

Die Friedrichshafen G III.

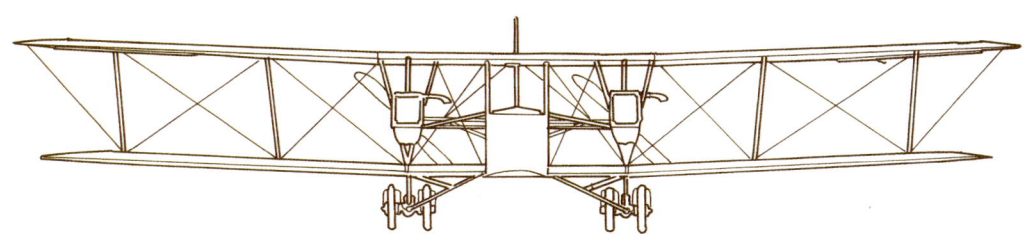

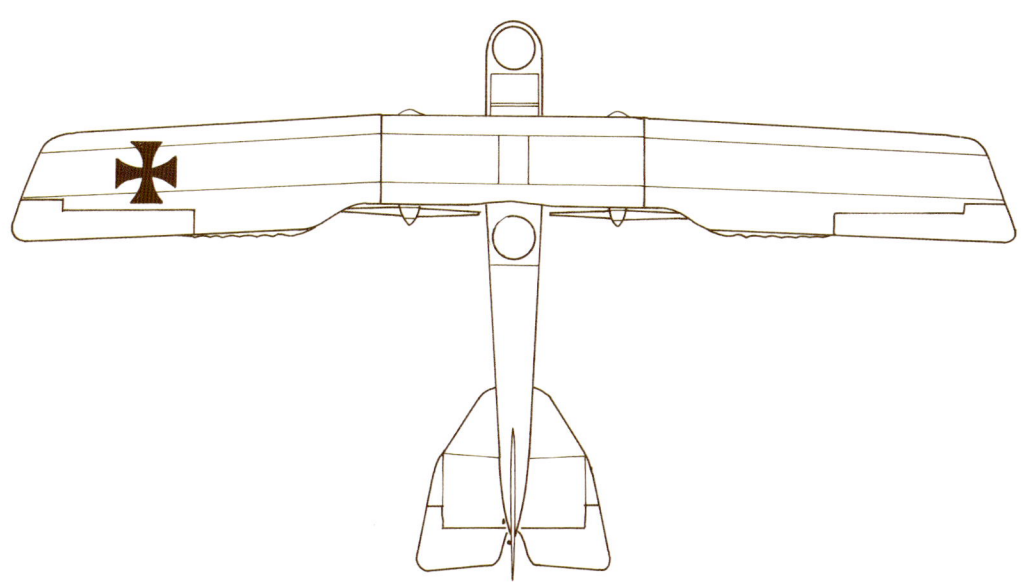

Diese Strichzeichnungen zeigen die Friedrichshafen G II, die Vorgängerin der Friedrichshafen G III.

Technische Daten – Friedrichshafen G III

Spannweite	23,7 m
Länge	12,85 m
Höchstgeschwindigkeit	140 km/h (in 1000 m Höhe)
Einsatzdauer	5 Stunden
Dienstgipfelhöhe	4500 m
Bewaffnung	Zwei bis drei 7,92-mm-MGS, Bombenlast bis zu 1500 kg
Antrieb	2 Sternmotoren Mercedes D IVa (je 260 PS)
Besatzung	3 Mann

Junkers J 1

1910 ließ der Deutsche Hugo Junkers, der in den folgenden Jahrzehnten zu einem der weltweit führenden Flugzeugbauer aufsteigen sollte, einen Entwurf mit „dickem" Flügelprofil patentieren. Die weitere Entwicklung mündete in die bahnbrechende Junkers J 1, das erste wichtige Ganzmetallflugzeug. Schon vorher hatte es in Frankreich wenigstens eines gegeben, das aber – anders als die J 1 – nicht weiterentwickelt wurde. Die J 1 flog erstmals am 12. Dezember 1915 mit einem Kolbenmotor Mercedes D II (120 PS). Sie brachte es trotz ihres recht hohen Gewichts auf etwa 170 km/h und bekam den Spitznamen „Blechesel". Die J 1 wurde danach zum einsitzigen Eindecker-Jagdflugzeug J 2 von 1916 weiterentwickelt, dem weitere Versionen folgten. Die wichtigste darunter war die J 9 (März 1918), die als Junkers D I vom Militär übernommen wurde. Bevor der Erste Weltkrieg zu Ende ging, dürften von der D I noch etwa 41 Stück gebaut worden sein, und 1918 war sie das weltweit erste Ganzmetall-Jagdflugzeug im Frontdienst. Eine andere Weiterentwicklung bildete die Junkers J 10, eine zweisitzige Variante der D I und anderer Modelle, die im militärischen Sprachgebrauch CL I hieß. Dieses Ganzmetallflugzeug kam als Jäger und Aufklärer in kleinen Stückzahlen unmittelbar vor Kriegsende zum Einsatz.

Die Junkers J 1 war das erste erfolgreiche Ganzmetall-Flugzeug; aus ihr ging eine ganze Serie einsitziger Ganzmetall-Jäger hervor.

Technische Daten – Junkers D I (J 9)

Spannweite	9 m
Länge	7,25 m
Höchstgeschwindigkeit	225 km/h (auf Meereshöhe)
Dienstgipfelhöhe	6000 m
Einsatzdauer	1 Stunde 30 Minuten
Bewaffnung	Zwei 7,92-mm-MGs
Antrieb	1 Reihenmotor (BMW IIIa) (185 PS) (weitere Optionen verfügbar)
Besatzung	1 Mann

Junkers J 4 (J I)

Ungefähr zur gleichen Zeit, als Junkers auf der Grundlage der J 1 (s. vorige Seite) die ersten einsitzigen Ganzmetall-Eindeckerjagdflugzeuge entwickelte, schritt auch die Arbeit an einem Entwurf mit zwei Sitzen voran. Diese größere Maschine sollte die mittlerweile entstandene Aufgabe eines Begleitjägers und Erdkampfflugzeugs zur taktischen Nahunterstützung über den Schützengräben der Schlachtfelder übernehmen. Es handelte sich um einen besonders gefährlichen Auftrag, und die von Junkers bevorzugte Ganzmetallbauweise versprach Flugzeug und Insassen verbesserten Schutz. Die Entwicklung erfolgte 1917 unter dem Werksnamen J 4. Dank des Vertrauensvorschusses der Militärführung ging das damals unkonventionelle Flugzeug, das seiner Zeit um Jahre voraus war, in Produktion, und die ersten Serienmodelle verließen in der zweiten Jahreshälfte 1917 das Werk.

Zum Fronteinsatz kam die J I Anfang 1918 – damals war sie das erste Ganzmetallflugzeug im aktiven Dienst. Produziert wurden vermutlich um die 227 Stück. Zu ihrem Bau ging Junkers mit dem niederländischen Luftfahrtpionier Anthony Fokker eine Allianz ein, der allerdings offenbar kein Erfolg beschieden war. Im Einsatz wurde die J 1 jedoch von ihren Besatzungen sehr hoch geschätzt, vor allem weil der gesamte vordere Rumpfteil mit Motor, Treibstofftanks und Pilotenkanzeln schwer gepanzert war. Den passenden Spitznamen „Möbelwagen" bekam die J 1 allem Anschein nach, weil sie etwas plump wirkte, aber brauchbar und unverwüstlich war. Die geriffelte Metallverkleidung wichtiger Bereiche ihrer Hülle war ein Vorläufer der gleichen Bauweise, die Junkers in späteren Jahren bei einigen seiner Modelle anwandte.

Technische Daten – Junkers J I (J 4)

Spannweite	16 m
Länge	9,1 m
Höchstgeschwindigkeit	155 km/h
Aktionsradius	310 km
Einsatzdauer	2 Stunden
Bewaffnung	Drei 7,92-mm-MGs (zwei starr nach vorn feuernd, eins auf Ringlafette)
Antrieb	1 Reihenmotor Benz Bz IV (200 PS)
Besatzung	2 Mann

Fokker Dr I

Die Fokker Dr (Dreidecker) I war zu der Zeit, als Jagdfliegerasse zu Berühmtheiten wurden, ein sehr erfolgreiches Flugzeug; besondere Bekanntheit erlangte es durch die Erfolge des „Roten Barons" Manfred Freiherr von Richthofen. Fokker stellte die in mancher Beziehung von der etwas früheren britischen Sopwith Triplane angeregte Dr I (ursprünglich F I genannt) ab Sommer 1917 her, und insgesamt wurden wohl etwa 320 Stück gebaut. Die Entwicklung der Fokker Dr I lässt erkennen, wie rasch sich das Design und der Bau von Flugzeugen in der kurzen Periode seit dem ersten erfolgreichen Personen-Motorflug der Gebrüder Wright im Jahre 1903 (also vor 14 Jahren) entwickelt hatten. Wendig und von fähigen deutschen Piloten geflogen, trat die Dr I ihren Dienst im August/September 1917 an; hergestellt wurde sie noch Anfang 1918. Bis dahin war sie jedoch von neueren und besseren alliierten Flugzeugen überholt worden. Vor allem im Rahmen von Manfred von Richthofens berühmtem „fliegendem Zirkus" war die überaus wendige Dr I auch die Leibmaschine weiterer bedeutender deutscher Fliegerasse, u. a. von Werner Voss und Hermann Göring (dem späteren Chef der deutschen Luftwaffe im Zweiten Weltkrieg). Heute zählt die Fokker Dr I zu den bekanntesten frühen Kampfflugzeugen aus dem ersten Jahrhundert der Luftfahrt. Zur Legende wurden auch die Erfolge jener Männer, die diese bemerkenswerte kleine Maschine zu einer Zeit flogen, in der Jagdflieger noch als „Ritter der Lüfte" galten.

von Richthofen 1917

Drauf- und Unteransicht einer Fokker Dr 1.

Rittmeister Manfred von Richthofen, fotografiert nach seiner Verwundung am 6. Juli 1917 im Lazarett von Courtrai (Kortrijk).

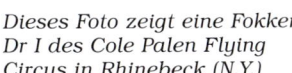

Dieses Foto zeigt eine Fokker Dr I des Cole Palen Flying Circus in Rhinebeck (N.Y.)

Technische Daten – Fokker Dr I

Spannweite	7,19 m
Länge	5,77 m
Höchstgeschwindigkeit	166 km/h (in 4000 m Höhe)
Einsatzdauer	1 Stunde 30 Minuten
Bewafnung	Zwei 7,92-mm-MGs
Antrieb	1 Sternmotor (Oberursel Ur II oder Le Rhône) (110 PS)
Besatzung	1 Mann

Avro 504

Die Avro 504 – zweifellos eines der klassischen Flugzeuge ihrer Zeit – wurde in größeren Stückzahlen als jede andere britische Maschine des Ersten Weltkriegs gebaut und gehörte wegen ihrer langen Dienstkarriere auch zu den bekanntesten Typen der 1920er-Jahre. Die erste Avro 504 flog im Juli 1913, und eine kleine Anzahl war bereits vor dem Ersten Weltkrieg bestellt worden. Nach dem Ausbruch des Krieges kam die Maschine begrenzt auf dem Kontinent zum Einsatz. Dem Royal Naval Air Service leisteten einige davon gute Dienste, als sie am 21. November 1914 den wohl ersten gründlich vorbereiteten Bombenangriff der Geschichte flogen: Er galt den Zeppelin-Luftschiffhallen von Friedrichshafen am Bodensee. Eine Avro 504 „genießt" auch den traurigen Ruhm, am 22. August 1914 als erstes britisches Militärflugzeug dieses Krieges abgeschossen worden zu sein. Nach dem Bau der zugrunde liegenden zweisitzigen Avro 504 ging die ebenfalls zweisitzige Avro 504A in Produktion, die in erheblichen Stückzahlen gefertigt wurde; die meisten dienten als Schulflugzeuge. Die 504B war die Version des RNAS (meist zum gleichen Zweck), die 504C schließlich ein einsitziger Aufklärer des RNAS; ein Zusatztank im Sitz des Beobachters verlängerte ihre Einsatzdauer auf acht Stunden. Auch die 504C flog Einsätze gegen Zeppeline; manche trugen auf der oberen Tragfläche ein im Winkel von etwa 45° montiertes Lewis-MG. Es folgte eine ganze Reihe weiterer Modelle, darunter eine einzige 504H, die bei der Entwicklung früher Katapultflugzeuge Verwendung fand, die von Schiffen abheben sollten. Besonders wichtig war die 504J vom Herbst 1916, die dem Typ seine Rolle als Schulflugzeug für Anfänger verschaffte (zuvor hatte man ihn überwiegend für Fortgeschrittene verwendet) und noch viele Jahre lang einiges zur Etablierung der Pilotenausbildung beitrug. Das letzte Serienmodell des Ersten Weltkriegs war die 504K, deren Antrieb es mit jedem damals verfügbaren Sternmotor aufnehmen konnte. Obwohl der Typ überwiegend als Schulflugzeug diente, entwickelte man auch eine

Die klassischen Linien der Avro 504, einer der Großen in der Geschichte der Luftfahrt.

Einige australische Avro 504 – wie die abgebildete – waren mit Motoren vom Typ Sunbeam Dyak ausgestattet, was eine völlige Neukonstruktion der „Nase" erforderte.

einsitzige K-Version zur Heimatverteidigung gegen deutsche Angriffe. Nach dem Krieg kamen viele der überzähligen 504 in Privathand und dienten zur Pilotenschulung sowie Exkursionen und Schauflügen. Große Stückzahlen gingen auch an fremde Luftwaffen, und eine Lizenzproduktion erfolgte in mehreren Ländern. Zahlreiche illegale Nachbauten entstanden in Sowjetrussland unter dem Namen U-1 (hier mit einem ebenfalls kopierten Sternmotor). In Großbritannien lief die Produktion in den 1920er-Jahren wieder an, nun als Schulflugzeug Avro 504N, zu dessen vielen Verbesserungen ein neues Fahrgestell und ein Sternmotor Armstrong Siddeley Lynx (160 PS) gehörten. Weitere Veränderungen führten u. a. zur Avro 536, deren größerer Rumpf neben dem Piloten vier Passagiere fasste. Es wurden über 10 000 Stück aller Typen gebaut.

In den 1920er-Jahren wurden zahlreiche Avro 504 von Zivilisten eingesetzt, so auch dieses farbenprächtige Exemplar der Cornwall Aviation Co.

Technische Daten – Avro 504K

Spannweite	10,97 m
Länge	8,97 m
Höchstgeschwindigkeit	153 km/h (auf Meereshöhe)
Einsatzdauer	3 Stunden
Dienstgipfelhöhe	4880 m
Bewaffnung	Schulflugzeuge: keine; Heimatverteidigung: ein 7,7-mm-MG
Antrieb	1 Rhône-Sternmotor (110 PS) (weitere Optionen verfügbar)
Besatzung	2 Mann (Heimatverteidigung: 1 Mann)

Short Type 184

Der Einsatz von Lufttorpedos gegen feindliche Schiffe erreichte seinen Höhepunkt im Zweiten Weltkrieg, doch wurde diese Form von Luft-Wasser-Angriffen schon Jahre früher, nämlich vor dem Ersten Weltkrieg vorbereitet. Der erste erfolgreiche Abwurf eines Torpedos von einem Flugzeug (einem Farman-Doppeldecker) soll bereits 1911 stattgefunden haben. In Großbritannien warf eine Short Folder im Juli 1914 mit Erfolg einen Torpedo ab. Als Produkt der berühmten frühen Flugzeugbaufirma der Gebrüder Short nimmt das Folder-Flugboot wegen seiner abklappbaren Flügel (die in Anbetracht der beengten Verhältnisse an Bord sehr nützlich waren) unter den ersten britischen Flugzeugen eine Sonderstellung ein. Nach dem Erfolg der Folder sah sich der Royal Naval Air Service veranlasst, ein Wasserflugzeug als Torpedoträger in Auftrag zu geben: Daraus wurde die Short Type 184. Das erste Exemplar war 1915 fertig, und das Modell wurde in großen Stückzahlen von mehreren Unternehmen (u. a. der Pionierfirma Westland) hergestellt; mit verschiedenen Nebentypen waren es wohl über 650. Die kriegerische Karriere der Short 184 begann mit einem Paukenschlag: Während der Dardanellen-Expedition gegen die Türkei versenkte eine vom Flugzeugmutterschiff HMS „Ben-my-Chree" aus operierende Maschine als erstes Flugzeug der Welt ein feindliches Schiff durch Torpedoabwurf. Fünf Tage später wurden zwei weitere Schiffe durch Flugzeuge des gleichen Trägers ausgeschaltet. Im Jahr darauf war eine Short 184 das einzige Flugzeug, das in der Skagerrak-

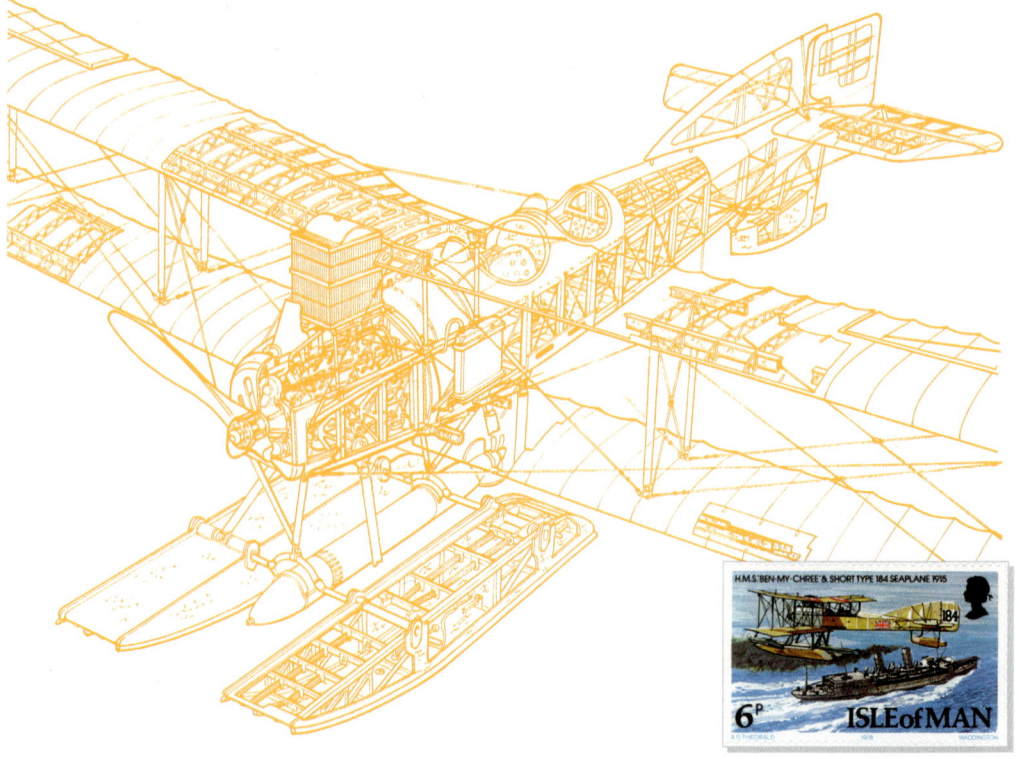

Die Short Folder warf 1914 als erstes englisches Flugzeug erfolgreich einen Torpedo ab. Das war der Beginn einer erfolgreichen Serie von Short-Seeflugzeugen.

Schlacht eine größere Rolle spielte. Trotz dieser wichtigen Einsätze brachte der Typ (vor allem in heißen Klimaten) nur bescheidene Leistungen, und manchmal hatte er Startschwierigkeiten. Dennoch kam er auf zahlreichen Kriegsschauplätzen als Bomber, Aufklärer, Patrouillen- und Feuerleitflugzeug zum Einsatz. Einige blieben auch nach dem Krieg in Dienst. Eine wichtige Weiterentwicklung der Short 184 war der landgestützte Short-Bomber mit konventionellem Fahrwerk, der von Ende 1916 bis 1917 in Frankreich als Bombenflugzeug diente.

Diese Fotos zeigen die Überreste einer Short 84, die man im Fleet Air Arm Museum des RNAS in Yeovilton (Somerset, Südengland) besichtigen kann (Fotos: John Batchelor).

Technische Daten – Short Type 184

Spannweite	19,36 m
Länge	12,38 m
Höchstgeschwindigkeit	142 km/h (in 600 m Höhe)
Einsatzdauer	2 Stunden 45 Minuten
Dienstgipfelhöhe	2700 m
Bewaffnung	Ein 7,7-mm-MG, ein 356-mm-Torpedo, verschiedene Bombenkombinationen (z. B. 4 à 45 kg)
Antrieb	1 Reihenmotor Sunbeam Maori (260 PS) (weitere Optionen verfügbar)
Besatzung	2 Mann

Sopwith Pup

Obwohl es amtlich Sopwith Scout hieß (nicht zu verwechseln mit der Bristol Scout, S. 56–57), passt der Name Pup („Welpe") viel besser zu diesem kleinen Jagdflugzeug, das dem britischen Royal Flying Corps und vor allem dem Royal Naval Air Service so gute Dienste leistete. Die erste Pup flog im Februar 1916 (oder kurz vorher), und das Modell wurde im September 1916 in Dienst gestellt (ein ähnliches Exemplar war schon Monate früher in Frankreich gewesen). Die Pup erzielte ansehnliche Abschussrekorde und war den meisten gleichzeitigen deutschen Maschinen mehr als gewachsen. Von September 1916 bis Mitte 1917 war sie einer der wichtigsten alliierten Jäger. Trotz des eher schwachen Sternmotors wurden die Pups von ihren Piloten sehr geschätzt, da sie leicht zu fliegen, sehr wendig und gute Waffenträger waren.

Insgesamt bauten mehrere britische Hersteller über 1770 Stück. Einige Pups besaßen für Notlandungen auf hoher See aufblasbare Luftkissen, wenn sie als Begleitschutz für Geleitzüge oder Seeaufklärungsflugzeuge eingesetzt wurden. Pups kamen auch bei wichtigen Experimenten zum Einsatz, die der Entwicklung eines Marinekampfflugzeugs dienten. Dazu ließ man sie u. a. von speziell konstruierten Plattformen auf Geschütztürmen starten (für die Landung waren allerdings an Bord keine Vorbereitungen getroffen worden). Im August 1917 gelang es jedoch Geschwaderkommandeur E. H. Dunning vom RNAS, mit einer Pup auf dem Deck des frühen Flugzeugträgers HMS „Furious" zu landen. Das war ein waghalsiges Unterfangen – schließlich gab es noch keine der auf heutigen Trägern verfügbaren Techniken, und

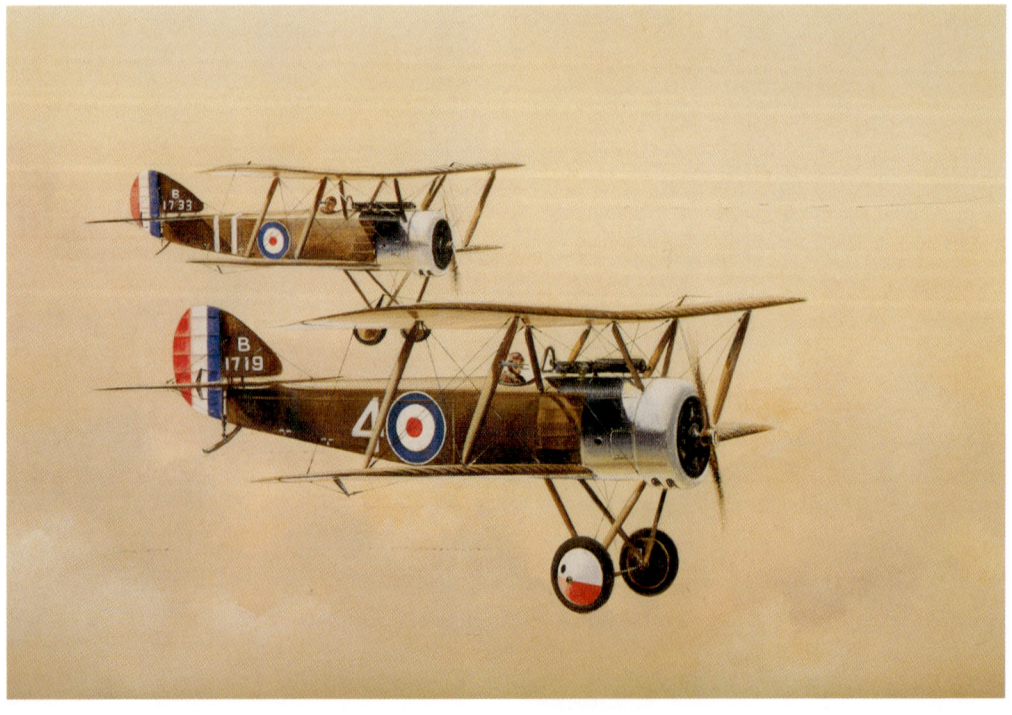

das Deck der „Furious" lag vor der Brücke, sodass man nur schwer darauf manövrieren konnte. Dunnings erste erfolgreiche Landung fand am 2. August 1917 statt, doch starb er später bei einem erneuten Versuch. 1918 versah man die „Furious" achtern mit einem echten Landedeck. Danach testeten mehrere Pups Landemethoden auf ihre Eignung, wozu man sie mit hölzernen Kufen versah.

Die britische Firma Beardmore entwickelte eine trägertaugliche Version der Pup, die W.B. III mit abklappbaren Flügeln und einem frühen „einziehbaren" Fahrwerk. 100 dieser Flugzeuge bekamen Seriennummern zugewiesen. Zu den hervorragenden Leistungen der Pups gehören auch ihre Erfolge bei der Heimatverteidigung gegen deutsche Luftangriffe ab 1917.

Technische Daten – Sopwith Pup („Welpe")

Spannweite	8,08 m
Länge	5,88 m
Höchstgeschwindigkeit	180 km/h (auf Meereshöhe)
Einsatzdauer	3 Stunden
Bewaffnung	Ein 7,7-mm-MG, bis zu 45 kg außen angebrachte Bomben
Antrieb	1 Reihenmotor Le Rhône (80 PS)
Besatzung	1 Mann

Handley Page O/100 und O/400

Die berühmtesten britischen Bomber des Ersten Weltkriegs, die Baureihen Handley Page O/100 und O/400, gingen aus einer Admiralitätsausschreibung für einen Patrouillenbomber vom Dezember 1914 hervor. Dem so entstandenen Flugzeug gaben Marineoffiziere den Spitznamen „Bloody Paralyzer": Er sollte andeuten, welche Wirkung auf den Feind beabsichtigt war. Die erste O/100 flog erfolgreich im Dezember 1915 und war das größte bis dahin in Großbritannien gebaute Flugzeug. Die Auslieferung fronttauglicher Maschinen an den Royal Naval Air Service begann Ende 1916, ihr Einsatz im März/April 1917. Dazu gehörten auch Nachtangriffe – mit diesen Flugzeugen erfolgten die ersten britischen strategischen Bombardements, deren Ziel deutsche Industriezentren bildeten. Die Weiterentwicklung der O/100 mit neuer Treibstoffzuleitung, anders angeordneten Tanks etc. führte zur berühmten O/400. Ein Prototyp der Maschine flog im Herbst 1917, und Serienmodelle erschienen in größerer Anzahl ab Frühjahr 1918. In den letzten drei Kriegsmonaten wurde die O/400 in großem Umfang eingesetzt. Damals existierte bereits die Royal Air Force, und eine eigene strategische Bomberflotte, die Independent Force, war im Aufbau. Im Herbst 1918 begann die RAF mit dem Einsatz einer für damalige Verhältnisse schweren 748-kg-Bombe. Gebaut wurde die O/400 auch von Standard (USA). Die ersten dieser Maschinen flogen im Juli 1918, und insgesamt entstanden dort 107 Stück. Insgesamt fertigte man in Großbritannien etwa 46 O/100 und mindestens 400 O/400 in Serie. Nach dem Krieg wurden einige zu Passagierflugzeugen umgebaut. Außerdem entwickelte man die V/1500, den ersten schweren Viermotor-Bomber der RAF. Er sollte das nächste Rückgrat der Independent Force werden und von

Die Handley Page O/100 und O/400 sorgten bei ihrer Indienststellung für eine deutlich erhöhte Bombenlast. Die O/400 blieb bis Ende 1919 im Einsatz.

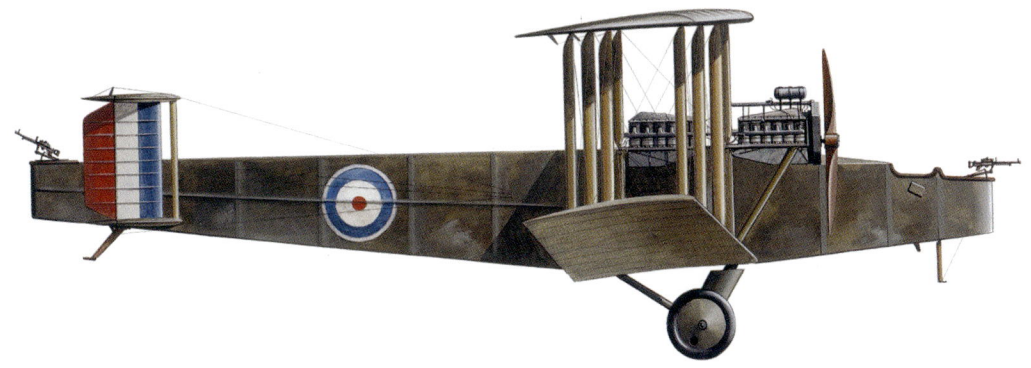

Die Handley Page V/1500 kam für den Einsatz im Ersten Weltkrieg zu spät, stellte aber für England einen wichtigen Schritt auf dem Weg zum schweren Bomber dar. Sie verfügte sogar erstmals über einen MG-Schützen im Heck.

ostenglischen Basen aus Berlin angreifen können. Der Prototyp flog im Mai 1918, aber bis Kriegsende erhielt die RAF nur eine Hand voll.

Wie viele andere Großflugzeuge ihrer Zeit (aber auch kleinere) hatten die O/100 und O/400 (im Bild) anklappbare Flügel, um Hangarplatz zu sparen.

Technische Daten – Handley Page O/400

Spannweite	30,48 m
Länge	19,16 m
Höchstgeschwindigkeit	157 km/h (auf Meereshöhe)
Einsatzdauer	8 Stunden
Höchstes Startgewicht	6060 kg
Dienstgipfelhöhe	2600 m
Bewaffnung	Bis zu fünf 7,7-mm-MGs, unterschiedlich kombinierte Bombenlasten, (z. B. 16 à 50 kg, eine à 750 kg etc.)
Antrieb	2 Reihenmotoren (Rolls-Royce Eagle VIII) (je 360 PS) (weitere Optionen verfügbar)
Besatzung	3–5 Mann

Sopwith 1½ Strutter

Die Sopwith 1½ Strutter verdient aus mehreren Gründen berühmt zu sein – ganz abgesehen von ihrem seltsamen Namen. Sie war eines der frühesten – wenn nicht gar das erste – bedeutende Serienkampfflugzeug der berühmten Firma Sopwith. Wichtiger noch: Sie verfügte als erstes britisches Flugzeug vom ersten Serienexemplar an über einen „Unterbrecher", der es erlaubte, mit einem starr eingebauten MG durch den Propellerkreis zu feuern, ohne dass die Blätter beschädigt wurden. Ihr eigenartiger Name soll sich von der ungewöhnlichen Anordnung der Streben rund um den Pilotensitz herleiten. Die Strutter war eines der ersten echten Mehrzweckflugzeuge: Sie konnte als ein- oder zweisitziger Jäger/Aufklärer operieren, während andere Einsitzer-Ausführungen als Bomber dienten. Die Strutter trug so zur Entwicklung der Einsatztaktiken für zweisitzige Jagd-/Aufklärungsflugzeuge bei, die später so erfolgreich von der Bristol F.2B (s. die folgenden Seiten) angewandt werden sollten. Die erste Strutter flog Ende 1915, und die Auslieferung des Modells an den Royal Naval Service begann im Vorfrühling 1916. Der Typ kam später erfolgreich beim RNAS und dem Royal Flying Corps zum Einsatz und führte zahlreiche wichtige strategische Bombardements gegen deutsche Industriezentren durch. In Großbritannien bauten mehrere Firmen etwa 1513 Stück. Bis zu 4500 weitere wurden in Frankreich gefertigt (ebenfalls von mehreren Herstellern). Zahlreiche 1½ Strutters dienten bei den Streitkräften Großbritanniens und Frankreichs; auch Russland und Belgien setzten diesen Typ ein. Die amerikanische Expeditionsstreitmacht in Frankreich verwendete ihn überwiegend, aber nicht ausschließlich als Schulflugzeug. Die Maschinen der Marine waren vorwiegend landgestützt, doch eine bedeutende Anzahl davon befand sich auch an Bord der ersten echten Flugzeugträger oder dazu umgebauter Schiffe. Obwohl man sie vorwiegend an der Westfront einsetzte, erzielte die 1½ Strutter auch auf anderen Schauplätzen große Erfolge. Sie bewährten sich im

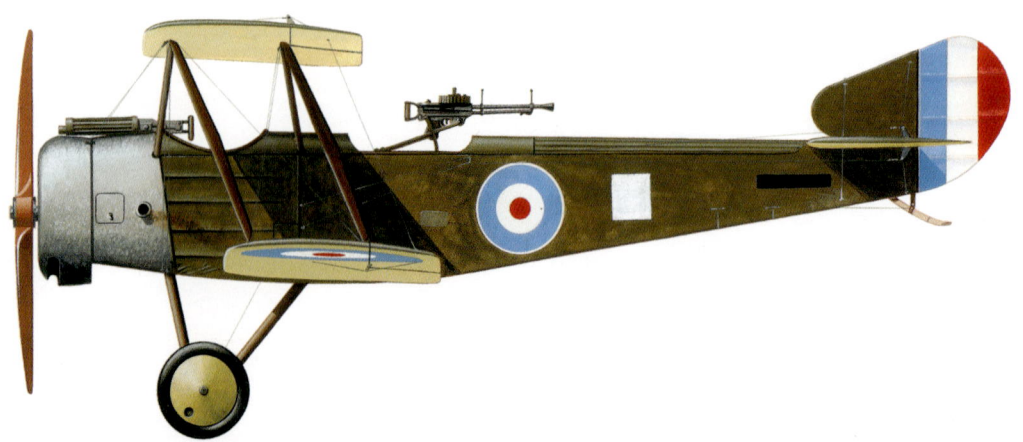

Das Bild zeigt die klassische Zweisitzer-Jägerversion einiger Maschinen des Modells 1½ Strutter, die mit einem nach vorn feuernden synchronisierten Vickers-MG bewaffnet waren.

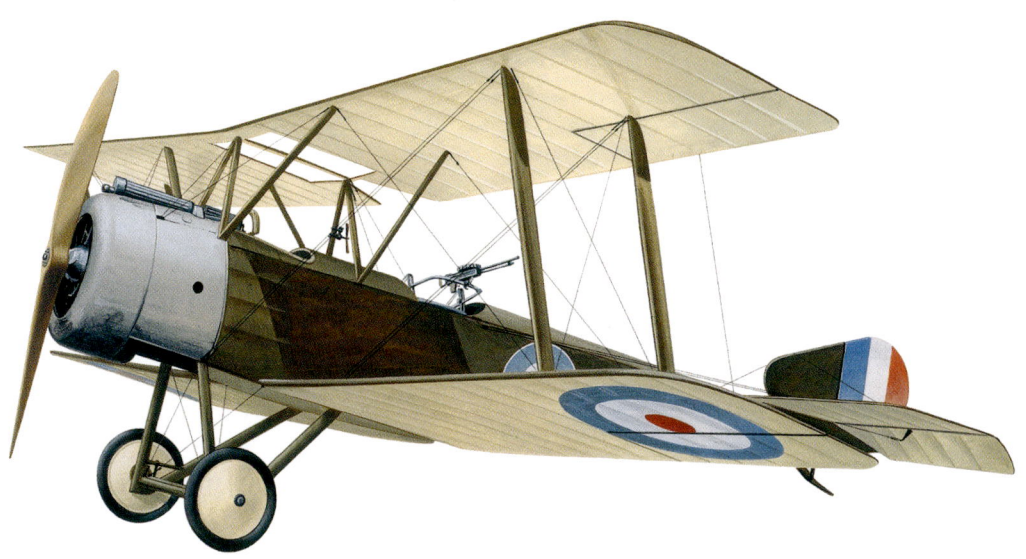

Krieg sehr gut und wurden in manchen Einheiten von der hervorragenden Sopwith Camel abgelöst, welche die beliebte 1½ Strutter noch übertraf.

Die 1½ Strutter verdankt ihren seltsamen Namen angeblich der ungewöhnlichen Anordnung der Streben („struts") auf der Hülle. Dieses Exemplar blieb in Belgien erhalten. (Foto: John Batchelor)

Technische Daten – Sopwith 1½ Strutter (zweisitziger Jäger/Aufklärer)

Spannweite	10,21 m
Länge	7,7 m
Höchstgeschwindigkeit	170 km/h (auf Meereshöhe)
Dienstgipfelhöhe	etwa 4000 m
Einsatzdauer	4 Stunden 15 Minuten
Bewaffnung	Zwei 7,7-mm-MGs (eins starr nach vorn feuernd, eins auf Ringlafette schwenkbar, zwei 29,5-kg-Bomben oder 12 kleinere Bomben
Antrieb	1 Sternmotor Clerget 9 Z (110 PS) (weitere Optionen verfügbar)
Besatzung	2 Mann

Bristol F.2B Fighter

Die überaus erfolgreiche F.2-Serie von Jagd- und Aufklärungsflugzeugen entstand aus der Notwendigkeit, zunehmend veraltende Typen wie die B.E.2 durch ein leistungsfähigeres Modell für Aufklärung und Feuerleitung zu ersetzen. 1916 konzipierte man zunächst einen Doppeldecker mit Beardmore-Motoren namens Bristol R.2A. Dann aber wurde der exzellente neue Falcon-Reihenmotor von Rolls-Royce verfügbar. Verändert und mit einem Falcon-Motor versehen, wurde die R.2A zu einem Mehrzweckflugzeug mit Jägereigenschaften, aus dem die zweisitzige F.2-Serie hervorging. Der erste Prototyp mit Falcon-Antrieb flog im September 1916, und die Auslieferung von Serienmaschinen an das Royal Flying Corps begann im Dezember. Die ersten Kampferfahrungen 1917 waren verheerend, da die Abwehr feindlicher Jäger zunächst allein Sache des Beobachters mit seinem auf einer Ringlafette montierten Lewis-MG war. Sobald man die Maschine jedoch später wirklich als Jäger einsetzte, der sein synchronisiert nach vorn feuerndes MG als Hauptwaffe einsetzte und dem Beobachter den hinteren Sektor überließ, erwiesen sich die F.2A und die spätere F.2B als hervorragende Mehrzweck-Zweisitzer. Leichte Änderungen führten zur viel gebauten F.2B, die zum Standard-Zweisitzjäger des RFC wurde. Viele spätere Serienmaschinen hatten als Antrieb Falcon-III-Reihenmotoren von Rolls-Royce, doch ließ die fast kreisrunde Verkleidung manchen glauben, das Flugzeug besäße einen Sternmotor. Es wurden derart viele Jäger des Typs F.2B bestellt, dass der Bedarf die Produktion an Falcon-Motoren weit übertraf, worauf man mit anderen Typen experimentierte. Bis Anfang 1919 waren etwa 3100 Fighters gebaut worden, und insgesamt belief sich die Produktion wohl auf weit über 5000 Stück. Die F.2B erwies sich im Einsatz auf verschiedenen Kriegsschauplätzen als überaus erfolgreiches Jagd-, Erdkampf-, Aufklärungs- und Nachtjagdflugzeug. Der kanadische Pilot A.E. McKeever errang in ihr (mit verschiedenen Heckschützen) 31 Luftsiege – ein stattliches Ergebnis für einen Zweisitzer. Nach dem Ersten Weltkrieg blieb die liebevoll „Brisfit" genannte Maschine noch bis 1932 im Dienst

Ein Blick ins Innere des Jägers Bristol F.2B.

Prinz Albert von Belgien in seinem Bristol Fighter. Das speziell für VIPs umgebaute Gefährt gilt als erstes „königliches" Personenflugzeug. (Foto von 1921)

der RAF; sie wurde weiter hergestellt, und Weltkriegsveteranen rüstete man um. „Brisfits" wurden auch in anderen Ländern geflogen und produziert – in den Vereinigten Staaten scheiterte dies jedoch daran, dass man einen ungeeigneten Liberty-Motor einbaute.

Dieser in einem Museum „pensionierte" Bristol Fighter lässt gut den fast kreisrunden Kühler erkennen (Foto: John Batchelor).

Technische Daten – Bristol F.2B Fighter

Spannweite	11,96 m
Länge	7,87 m
Höchstgeschwindigkeit	198 km/h (in 1200 m Höhe)
Dienstgipfelhöhe	6400 m
Einsatzdauer	3 Stunden
Bewaffnung	Zwei 7-mm-MGs (eins starr nach vorn feuernd, eins auf Ringlafette), bis zu 12 kg Splitterbomben
Antrieb	1 Reihenmotor (Rolls-Royce Falcon III) (275 PS) (weitere Optionen verfügbar)
Besatzung	2 Mann

B.E.2-Serie

Farnborough im südenglischen Hampshire darf zu Recht als Geburtsstätte der britischen Fliegerei gelten. Hier unternahm der Amerikaner Samuel Cody im Jahre 1908 seine berühmten ersten Flüge in Großbritannien (s. S. 48–49). In späteren Jahren entstand dort als Nachfolger der HM Balloon Factory die Royal Aircraft Factory. Diese Flugzeugfabrik entwarf und produzierte eine Reihe von Maschinen, die im Ersten Weltkrieg von den Streitkräften Großbritanniens eingesetzt wurden, u.a. die B.E.2-Serie von Aufklärern und den hervorragenden Marinejäger S.E.5a (s. S. 102–103). Die allerersten B.E. (= Blériot Experimental) entstanden 1911 aus Wrackteilen einer abgestürzten Voisin. Dies führte zur B.E.2 von 1912, einem eleganten Druckschrauben-Doppeldecker, dem eine Reihe ähnlicher Modelle folgte. Sie waren die ersten Aufklärungsflugzeuge und wurden für diese Aufgabe als stabile Zweisitzer konstruiert. Das erste britische Flugzeug, das bei Ausbruch des Ersten Weltkriegs im August 1914 nach Frankreich flog, war eine B.E.2a vom 2. Geschwader des Royal Flying Corps. 1914 führte man die B.E.2b ein; sie war wie die B.E.2 und die B.E.2a ein unauffälliger und langsamer, aber robuster Aufklärer ohne Bewaffnung. An der Baureihe B.E.2c von 1914 führte man diverse Verbesserungen ein, u.a. standardmäßige Seitenruderflächen. Die B.E.2c gehörte auch zu jenen Maschinen, die von selbst eine stabile Fluglage einnehmen sollten, aber diese bewundernswerte Eigenschaft erwies sich im blutigen Grauen der Luftkämpfe, die im weiteren Kriegsverlauf entbrannten, als wenig praktisch. Alle Flugzeuge, die wie die B.E.2-Serie untermotorisiert und weniger wendig waren, hatten schlechte Chancen, und jene der B.E.2-Serie lieferten zu einem guten Teil das „Fokker-Futter" der Jahreswende 1915/16. Auch sonst kamen sie kaum besser weg. Dennoch wurde die B.E.2 in großen Stückzahlen für die britischen Streitkräfte gebaut,

Dieser von Barclay Curle gebauten B.E.2e war die Seriennummer C7086 zugeordnet.

Die Seriennummer 6478 war ein bei Daimler gebauter Jäger des Typs B.E.12 (Foto: Sammlung Philippe Jalabert).

und der Typ war noch 1918 im Einsatz (wenn auch meist als Schulflugzeug). Bei der Heimatverteidigung erwies sich die B.E.2 als etwas nützlicher, und speziell dazu umgebaute Maschinen schossen fünf deutsche Luftschiffe ab. Die 1916 eingeführte B.E.2e wies mehrere Verbesserungen auf, aber der Beobachter saß abermals im vorderen Cockpit, wo er wenig zum Schutz der Maschine beitragen konnte. Um die B.E.2 im Kampf besser zu schützen, verfiel man auf die bizarre Idee, sie zum Einsitzer-Jäger B.E.12 umzubauen. Er kam im Juli/August 1916 zum Einsatz, war aber wegen seiner schwerfälligen Stabilität als Jäger ein Versager und konnte nicht schnell genug manövrieren – viele dienten daher als leichte Bomber, obwohl es einer B.E.12 im Juni 1917 gelang, einen Zeppelin abzuschießen. Gebaut wurden 1793 B.E.12 der Typen 2a, 2b, 2c und 2d, dazu mindestens 1801 B.E.2e und 583 B.E.12. Das Versagen der B.E.2 im Kampf löste in Großbritannien einen Skandal aus.

Technische Daten – B.E.2e

Spannweite	12,42 m
Länge	8,31 m
Höchstgeschwindigkeit	145 km/h (auf Meereshöhe)
Dienstgipfelhöhe	2740 m
Einsatzdauer	4 Stunden
Bewaffnung	Ein 7,7-mm-MG (manuell versetzbar), verschiedene leichte Bomben
Antrieb	1 Reihenmotor RAF.1a (90 PS) (weitere Optionen verfügbar)
Besatzung	2 Mann

Halberstadt CL II

Als sich Taktik und Bewaffnung im Kriegsverlauf weiterentwickelten, konstruierte man auch Flugzeuge für besondere Aufgaben, an die vor dem Krieg niemand gedacht hatte. Auf deutscher Seite ersetzte man die recht zerbrechlichen Aufklärer vom Typ B, die bei Ausbruch der Kämpfe im Einsatz waren, schließlich durch kriegsmäßigere Aufklärungsflugzeuge, die sich auch viel besser verteidigen konnten. So entwickelte man eine Reihe von zweisitzigen C-Modellen, die sich zu großen Maschinen auswuchsen, die ihrerseits Schutz brauchten. Aus diesem Grund entwickelte man als Begleitschutz für die C-Typen die kleineren CL-Zweisitzer, die auch andere Aufgaben wie Erdkampfangriffe übernahmen. Zu den besten Vertretern dieser Klasse gehörten die Halberstadt CL; als sehr brauchbare Kampfflugzeuge erwiesen sich die CL II und die CL IV. Die CL II ging 1917 in Dienst: Sie war ein robuster Zweisitzer, der in Tragegestellen an den Rumpfseiten kleine Bomben und Granaten mitführte, die der Beobachter abwarf. Beide Besatzungsmitglieder saßen in einem gemeinsamen Cockpit, wobei der Beobachter ein MG auf Ringlafette bediente; hinzu kam bei diesem Typ eine starr nach vorn feuernde Bewaffnung. All dies verlieh der Halberstadt einen sehr guten Schutz, und sie erwies sich bald bei Erdkampfeinsätzen als überaus schlagkräftig. Im September attackierte eine Gruppe CL II erfolgreich alliierte Kräfte beim Übergang über die Somme; außerdem unterstützten sie wirksam einen deutschen Gegenangriff in der Schlacht um Cambrai (November). Einige CL II erhielten eine andere Nase mit einem Motor des Typs BMW IIIa (185 PS); die kürzere CL IV bekam abermals eine veränderte sowie eine neue Heckflosse. Sie spielte bei der Unterstützung der großen Frühjahrsoffensive ab März 1918 eine wichtige Rolle. Dieses robuste, recht gut motorisierte Flugzeug belegte im Ersten Weltkrieg den Wert des Zweisitzer-Erdkampfkonzepts, obwohl es sich gegenüber alliierten Einsitzer-Jägern mit guten Piloten als verwundbar erwies. Einige Maschinen flogen im weiteren Kriegsverlauf Nachtangriffe.

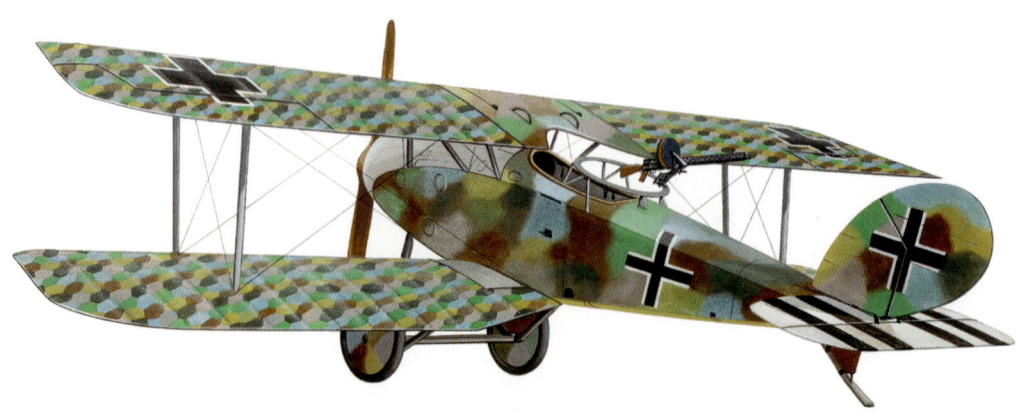

Beachten Sie das komplexe Rauten-Tarnmuster auf den Tragflächen dieser Halberstadt CL.

Die Halberstadt CL IV. (Foto: Sammlung Hans Meier)

Die Halberstadt CL IV gab es mit unterschiedlichen Nasenkonturen.

Technische Daten – Halberstadt CL II

Spannweite	10,77 m
Länge	7,3 m
Höchstgeschwindigkeit	165 km/h (in 5000 m Höhe)
Dienstgipfelhöhe	etwa 5100 m
Einsatzdauer	3 Stunden
Bewaffnung	Ein oder zwei 7,92-mm-MGs (eins starr nach vorn feuernd, eins auf Ringlafette schwenkbar), diverse leichte Bomben und Granaten
Antrieb	1 Reihenmotor Mercedes D III (160 PS)
Besatzung	2 Mann

Sopwith Camel

Eines der ersten wirklich klassischen Kampfflugzeuge im ersten Jahrhundert der Luftfahrt war die berühmte Sopwith Camel, entworfen und gebaut in Großbritannien. Als einer wichtigsten alliierten Jäger des Ersten Weltkriegs verband sie Wendigkeit mit Feuerkraft und war so im Luftkampf sehr erfolgreich, wenn auch schwer zu fliegen. Alliierte Camels sollen bei ihren Einsätzen im Ersten Weltkrieg über 3000 Luftsiege errungen haben, und einige der berühmtesten Fliegerasse dieser Kriegspartei flogen die Maschine, unter ihnen die Kanadier Raymond Collishaw (zweiter auf der Liste von Commonwealth-Assen) und William Barker. Der Originalentwurf nahm 1916 Gestalt an, und ab Juli 1917 trafen die Camels in größerer Zahl bei den Fronteinheiten ein, um sich bis Kriegsende hervorragend zu schlagen. Es wurden 5490 Stück gebaut – damals eine riesige Menge –, und es gab auch eine Marineversion, die 2F.1 Camel mit nur einem MG und anderen Änderungen. Außer in Großbritannien diente die Camel auch mit Erfolg bei anderen Luftwaffen. Sie war zweifellos eines der ersten großen Kampfflugzeuge, die von der damals aufblühenden britischen Luftfahrtindustrie entwickelt und gebaut wurden. Der Typ hat bis heute einen ähnlichen Ruf wie die legendäre Spitfire – ebenfalls ein Produkt der einst so großen und stolzen Luftfahrtindustrie Großbritanniens.

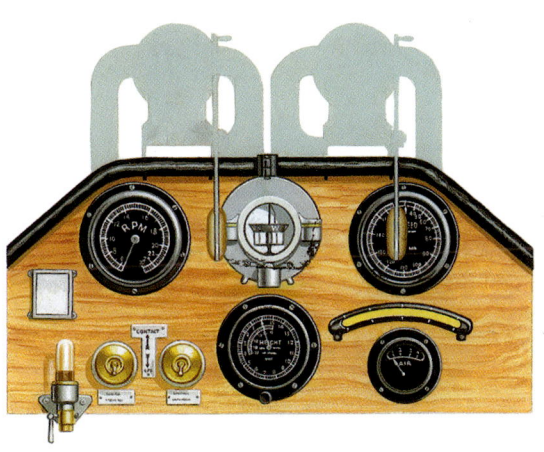

Briefmarke aus Großbritannien (1968).

Blick auf die Steuerarmaturen im Cockpit einer Sopwith Camel. Man beachte die Verschlüsse der 7,7-mm-Zwillings-MGs.

Technische Daten – Sopwith F.1 Camel

Spannweite	8,53 m
Länge	5,72 m
Höchstgeschwindigkeit	185 km/h (in 2000 m Höhe)
Einsatzdauer	2 Stunden 30 Minuten
Bewaffnung	Zwei 7,7-mm-MGs, bis zu 45 kg außen aufgehängter Bomben
Antrieb	1 Sternmotor Clerget 9 B (130 PS) (weitere Optionen verfügbar)
Besatzung	1 Mann

SPAD S.XIII

Die SPAD S.XIII war im Ersten Weltkrieg der Höhepunkt einer überaus erfolgreichen Serie von Jagdflugzeugen der französischen Société Anonyme pour l'Aviation et ses Dérivés (SPAD). Diese Maschinen verwendeten einen hervorragenden neuen Reihenmotor der Serie Hispano-Suiza 8, der wesentlich entwicklungsfähiger als die damals weitverbreiteten Sternmotoren und ein Vorgänger jener Reihenmotoren war, die in den folgenden Jahrzehnten so große Verbreitung finden sollten. Unmittelbarer Vorgänger der SPAD S.XIII als Serienmodell war die S.VII, deren Prototyp im April 1916 flog. Sie erwies sich als klassisches Jagdflugzeug von großer Kraft, Schnelligkeit und Stabilität, das in großen Stückzahlen (wohl über 5600) gebaut wurde. Die weitere Entwicklung führte zur S.XIII (Erstflug April 1917). Diesen robusten und erfolgreichen Jäger fertigte man ebenfalls in großen Mengen (etwa 8472 Stück), und er kam sehr viel bei den Luftwaffen mehrerer Länder zum Einsatz (u. a. in Frankreich und den USA). Verschiedene hoch dekorierte Fliegerasse flogen SPAD-Jäger, darunter die französischen Jagdflieger René Fonck und Georges Guynemer. Edward Rickenbacker, der erfolgreichste amerikanische Jagdflieger des

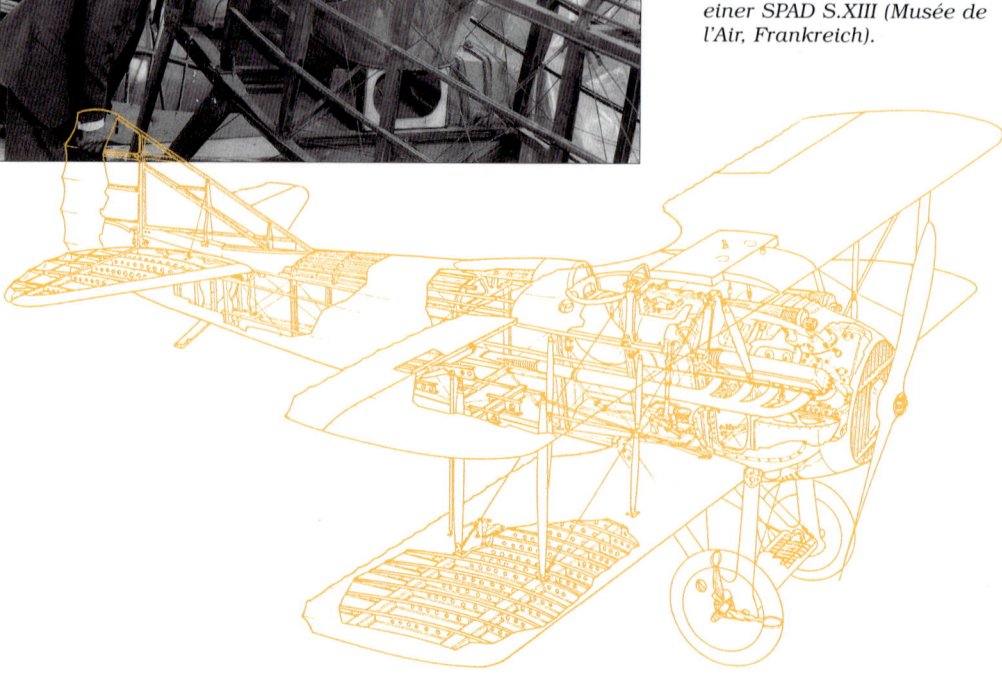

John Batchelor informiert sich über technische Details einer SPAD S.XIII (Musée de l'Air, Frankreich).

Dieses Foto erhielt John Batchelor von Ray Brooks: Es zeigt ihn und seine Crew mit ihrer SPAD S.XIII 1918 in Frankreich. Ray diente bei der 22. Staffel der AEF.

Ersten Weltkriegs, errang in seiner SPAD S.XIII insgesamt 26 Luftsiege. Besonderer Beliebtheit erfreuten sich die SPAD-Jäger bei den Franzosen, da sie zu den ersten klassischen Kampfflugzeugen der leistungsfähigen französischen Luftfahrtindustrie gehörten. Sowohl die SPAD S.VII als auch die S.XIII gelten als wahre „Klassiker" des Ersten Weltkriegs.

Briefmarke der Post von Antigua und Barbuda (1985).

Technische Daten – SPAD S.XIIIC.1

Spannweite	8,2 m
Länge	6,3 m
Höchstgeschwindigkeit	220 km/h (in 2000 m Höhe)
Einsatzdauer	2 Stunden
Bewaffnung	Zwei 7,7-mm-MGs
Antrieb	1 Reihenmotor Hispano-Suiza 8 Be (235 PS)
Besatzung	1 Mann

S.E.5a

In der Spätphase des Ersten Weltkriegs waren vor allem zwei britische Jäger maßgeblich für den Erfolg der Alliierten im Luftkrieg verantwortlich, der seinerseits zu deren Endsieg im November 1918 beitrug. Es handelte sich um die Sopwith Camel und die S.E.5a. Die S.E.5a war ein Produkt des Konstrukteurteams der Royal Aircraft Factory im südenglischen Farnborough. Diese Fabrik war bereits für die B.E.2-Serie von Aufklärungsflugzeugen (s. S. 94–95) verantwortlich und es stellte sich heraus, dass der Entwurf der S.E.5a mit dem potenziell äußerst leistungsfähigen Hispano-Suiza-Motor, den man 1915 entwickelte, bestens bedient war. Der Prototyp E.5 (S.E. = Scout Experimental) flog erstmals Ende 1916, und die ersten Serienflugzeuge trafen im März 1917 bei der 56. Schwadron des RFC ein. Sie kamen im folgenden Monat zum Einsatz und zeigten durch ihre Feuerkraft und Stärke, dass sie wohl erfolgreiche Jäger werden würden. Allerdings führten Probleme mit dem für die S.E.5 vorgesehenen Hispano-Suiza-Motor zum Stocken der Produktion. Schließlich standen jedoch Hispano-Suiza-Motoren ohne Kinderkrankheiten und auf diesen basierende Modelle britischer Bauart vom Typ Wolseley Viper zur Verfügung. Ein leicht verbesserter Typ, die S.E.5a, wurde bald zur wichtigsten Serienversion dieses Jägers; sie wies gegenüber der ursprünglichen S.E.5 viele Änderungen auf. Die erste S.E.5a ging im Juni 1917 an das Geschwader No.56. Die S.E.5a erlangte bald einen sehr guten Ruf als schnelles, zuverlässiges Kampfflugzeug, das es mit den besten damals verfügbaren deutschen (wie der Fokker D VII) aufnehmen konnte. Einige der höchstdekorierten alliierten Fliegerasse des Ersten Weltkriegs flogen die S.E.5a, u.a. James McCudden, Edward „Mick" Mannock und der erfolgreichste von allen, der Kanadier William Avery Bishop. Einige S.E.5a dienten auch als Erdkampfflugzeuge. Die meisten flogen über der Westfront, doch wurden einige auch an andere entsandt. Die bei Curtiss in den USA geplante Produktion belief sich bei Kriegsende gerade einmal auf 1 Exemplar, doch

Nr. B4863 war eine allgemein bekannte S.E.5a, da sie vom berühmten Jäger-As Captain James McCudden von der 56. Staffel des Royal Flying Corps geflogen wurde.

montierte man dort eine Anzahl aus von Großbritannien gelieferten Teilen. Insgesamt wurden in Großbritannien 5205 Stück der S.E.5 und S.E.5a gefertigt. Trotz seiner Erfolge blieb der Typ nach dem Krieg nur noch kurz im Einsatz. Einige Maschinen kamen anschließend in Privathand, wo sie u. a. Werbebanner über den Himmel zogen.

Technische Daten – S.E.5a

Spannweite	8,12 m
Länge	6,38 m
Höchstgeschwindigkeit	222 km/h (auf Meereshöhe)
Einsatzdauer	2 Stunden 30 Minuten
Bewaffnung	Zwei starr nach vorn feuernde 7,7-mm-MGs (eins über der oberen Tragfläche montiert), bis zu 11,3 kg außen aufgehängte Bomben
Antrieb	1 Reihenmotor Wolseley W.4A Viper (200 PS) (weitere Optionen verfügbar)
Besatzung	1 Mann

Breguet 14

Zu den größten Namen der frühen Luftfahrt gehört der des Franzosen Louis Breguet. Wie auf S. 50–51 zu lesen ist, war er ein Wegbereiter des Hubschraubers. Viel bekannter wurde er jedoch für seine Arbeit an Flugzeugen: die Gründung der Firma Breguet erfolgte schon 1911. Im Laufe der Zeit schuf Breguet viele klassische Typen, und sein Unternehmen existierte noch bis in die 1990er-Jahre. Einer von Breguets ersten klassischen Entwürfen war die Breguet 14 – eines der besten französischen Kampfflugzeuge aller Zeiten und eines der bemerkenswertesten ihrer Epoche. Sie flog erstmals im November 1916 und war ein leistungs- und anpassungsfähiger Zugschrauben-Doppeldecker, dessen Markenzeichen allzeit die kantige Nase mit den auffälligen Lüftungsschlitzen bildete. Sie erwies sich sofort als Erfolg und wurde in der Endphase des Krieges zu einem der wichtigsten Kampfflugzeuge Frankreichs. Dort blieb sie sogar bis zum Jahre 1932 im Dienst. Die Breguet 14 hatte im Krieg hauptsächlich zwei Aufgaben: Bewaffnete Aufklärung und Feuerleitung (als 14A2) und leichte Bombardements (als 14B2). In diesem Sinne war sie das Gegenstück zur britischen D.H.4 und D.H.9a. Die ersten Serienmodelle trafen im Sommer 1917 an der Front ein. Historiker streiten darüber, wie viele Breguet 14 gebaut wurden, aber die zuverlässigsten Schätzungen gehen von der Fertigung von mindestens 8000 Stück im und nach dem Krieg aus. An dieser Massenproduktion waren mehrere Firmen beteiligt, und im Laufe der Produktionszeit entstand eine ganze Reihe verschiedener Varianten und Nebentypen. Dazu gehörte ein Ambulanzflugzeug (14S), in dessen Rumpf Verwundete transportiert werden konnten. Die Breguet 14 kam nicht nur an der Westfront zum Einsatz (u. a. als Nachtbomber), sondern auch auf anderen Schauplätzen des Ersten Weltkriegs. Auch die amerikanische Expeditionsstreitmacht in Frankreich und die Belgier verwendeten sie als Jagd- und Schulflugzeug (manchmal mit Fiat-Motoren). Nach dem Krieg fand die Breguet 14 weiterhin ausgiebig Verwendung, vor allem bei lokalen Scharmützeln in den

Diese Farbzeichnung zeigt eine Breguet 14 in amerikanischen Diensten.

Brauchbare Luft-Luft-Aufnahmen aus dem Ersten Weltkrieg sind selten. Dieses technisch perfekte Foto zeigt eine Breguet 14 der USA im Flug.

überseeischen Kolonien Frankreichs. Der Typ wurde überdies weltweit sehr viel von zahlreichen Luftwaffen – darunter jungen bzw. solchen damals neu gegründeter Staaten – eingesetzt. Die Breguet 14 fand nach dem Krieg auch bei zivilen Piloten Verwendung, beispielsweise in den Händen mehrerer Pioniere des Langstreckenflugs, vor allem aber – nach entsprechenden Umbauten – als Passagier- und Postflugzeug zahlreicher ziviler Luftpostlinien dieser Epoche.

Technische Daten – Breguet 14B2

Spannweite	14,36 m
Länge	8,87 m
Höchstgeschwindigkeit	177 km/h (auf Meereshöhe)
Einsatzdauer	2 Stunden 45 Minuten
Dienstgipfelhöhe	5800 m
Bewaffnung	Drei 7,7-mm-MGs (eins starr nach vorn feuernd, zwei auf Ringlafetten, bis zu 250 kg Bomben oder andere Last
Antrieb	1 Reihenmotor Renault 12 Fe oder Fcx (300 PS) (weitere Optionen verfügbar)
Besatzung	2 Mann

Nieuport 11 und 17

Ursprünglich 1910 in Frankreich von Edouard de Niéport gegründet, erhielt die berühmte Firma durch einen Namenswechsel jene Bezeichnung, die im Ersten Weltkrieg zu einem Synonym für kleine, überaus leistungsfähige Jäger wurde. Der beste davon, die Nieuport 17, war eine Weiterentwicklung der Nieuport 11. Diese wiederum basierte auf einem Vorkriegs-Rennflugzeug, das für die Teilnahme am berühmten Rennen um den Bennett Cup entstand (welches 1914 wegen des Kriegsausbruchs entfiel). Das Potenzial der kleinen Nieuport war jedoch anerkannt, und man entwickelte daraus eine Serie sehr erfolgreicher Jagdflugzeuge, die mit der Nieuport 11 Bébé begann. Alle Vertreter dieser Serie fielen insofern aus dem Rahmen, als es sich um „Anderthalbdecker" handelte, deren untere Tragflächen viel kleiner als die oberen waren; für die Verbindung sorgten die v-förmig angeordneten Streben. Die Maschinen der Typen 11 und 17 waren durchweg relativ kleine Flugzeuge mit vergleichsweise schwachen Sternmotoren, aber von rascher Steigfähigkeit und sehr wendig. Die Nieuport 11 wurde ab 1915 von Franzosen, Briten und Belgiern verwendet. Das auf dem Oberflügel montierte MG gab ihr nach vorn eine beachtliche Feuerkraft, die an der Westfront für eine gewisse Überlegenheit sorgte. Damit war sie den bisher gegen die Alliierten so erfolgreichen Fokker-Jägern der E-Serie gewachsen. Die weitere Entwicklung führte über die Type 16 zur klassischen Nieuport 17. Diese besaß leicht vergrößerte Tragflächen und andere Verbesserungen, darunter manchmal ein synchronisiertes MG. Seit Frühjahr/Frühsommer 1916 im Dienst, maß sich die mutige Nieuport über der Westfront mit den besten deutschen Jagdfliegern. Beim britischen Royal Naval Air Service kam sie als Nieuport Scout zum Einsatz. Die Nieuport 17 wurde von mehreren Jägerassen geflogen, u. a. dem berühmten Franzosen Charles Nugesser. Auch der Kanadier William Avery Bishop, der

Diese Fotos zeigen Details der Konstruktion einer stark renovierungsbedürftigen Nieuport Scout.

einer der erfolgreichsten Jagdflieger auf alliierter Seite werden sollte, flog sie eine Zeit lang. Der Grundentwurf der Nieuport 17 wurde immer mehr verfeinert und zu Nachfolgemodellen entwickelt. Dazu gehörten die Type 21 und 23, denen sich die Type 24 und schließlich die Type 27 anschlossen. Insgesamt kamen Nieuport-Jäger bei vergleichsweise vielen Luftwaffen zum Einsatz; die Amerikaner verwendeten einige als Schulflugzeuge. Einige Exemplare der Type 16 und 17 waren mit le-Prieur-Raketen zum Abschuss feindlicher Ballons ausgerüstet.

Die beiden Farbabbildungen zeigen Jäger vom Typ Nieuport 17 mit französischen Hoheitszeichen.

Technische Daten – Nieuport 11

Spannweite	7,55 m
Länge	5,8 m
Höchstgeschwindigkeit	156 km/h (auf Meereshöhe)
Einsatzdauer	2 Stunden 30 Minuten
Bewaffnung	Ein 7,7-mm-MG
Antrieb	1 Sternmotor Le Rhône 9 C (80 PS)
Besatzung	1 Mann

Nieuport 28

Obwohl sich die Nieuport-Jäger der Serien 16 und 17 und ihre Abwandlungen im Luftkampf bewährt hatten, erwies sich das Anderthalbdecker-Konzept mit den v-förmigen Flügelstreben als wenig entwicklungsfähig. Bei seinem nächsten Jäger orientierte sich Nieuport daher an geläufigeren Entwürfen, und so entstand die Nieuport 28. Größer, schneller und dank ihrer in Relation zur oberen Tragfläche „normal" proportionierten Unterflügel wesentlich konventioneller, unterschied sie sich fast in jeder Beziehung von der Nieuport 11 und 17. Das galt leider auch für ihre Kampfeigenschaften als Jäger. Die erste Maschine flog im Juni 1917, aber Vergleichstests mit einigen frühen Prototypen führten später im Jahr zu diversen „Bastelarbeiten" am Entwurf, die vor allem die Form und (Pfeil-)Anordnung der Flügel betrafen. Erst im Vorfrühling 1918 begann man ernsthaft mit der Produktion, und mit befriedigendem Erfolg wurde sie nur von einem Benutzer geflogen: Das war die amerikanische Expeditionsstreitmacht in Frankreich. Die Amerikaner bestellten den Typ im Januar 1918, da es ihnen an fronttauglichen Jägern zu mangeln drohte, und erhielten schließlich zur Ausstattung mehrerer Geschwader etwa 297 Stück. Zum vollen Einsatz kam die Nieuport 28 bei den Amerikanern im April 1918 (die 95. Aero Squadron erhielt ihre ersten Maschinen im März), doch erwies sie sich im Einsatz als störanfällig. Ein Problem war ihr Motor vom Typ Gnome Monosoupape – eine nicht besonders zuverlässige Antriebsquelle. Andere Schwierigkeiten betrafen den Oberflügel der Nieuport 28: Dort lockerte sich beim Aufsteigen nach einem steilen Sturzflug manchmal die Verkleidung der Vorderkante, sodass die Stoffverkleidung der Oberseite (samt dem Sperrholz des Vorderflügels) nach hinten klappte, sobald die Verkleidung nach oben wegknickte. Unter Flügelproblemen – wenngleich anderer Art – litten auch die älteren Modelle Nieuport 11 und 17. Bei diesen Typen tendierte der kleine Unterflügel mit seiner Ein-Holm-Konstruktion bei Belastung zum Bruch. Von

Am häufigsten wurde die Nieuport 28 von den USA eingesetzt.

ihren US-Piloten wurde die Nieuport 28 trotz der Probleme mit dem Oberflügel sehr geschätzt. Einige amerikanische Fliegerasse – etwa Douglas Campbell und Edward Rickenbacker – flogen sie erfolgreich. Im Spätsommer 1918 waren die Amerikaner allerdings glücklich darüber, ihre Nieuports durch die viel bessere SPAD S.XIII ersetzen zu können. Dennoch wurden einige Nieuport 28 später in die Staaten überführt, wo sie auf Schiffen der US Navy zum Einsatz kamen. In sehr begrenztem Maße wurden sie auch von mehreren anderen Luftwaffen verwendet.

Technische Daten – Nieuport 28C.1

Spannweite	8,15 m
Länge	6,4 m
Höchstgeschwindigkeit	196 km/h (auf Meereshöhe)
Einsatzdauer	etwa 2 Stunden
Bewaffnung	Zwei 7,7-mm-MGs
Antrieb	1 Sternmotor Gnome Monosoupape 9 N (160 PS)
Besatzung	1 Mann

Hansa Brandenburg D I

Einer der wichtigsten deutschen Flugzeugkonstrukteure und -bauer war Ernst Heinkel. Obwohl er vor allem durch jene Maschinen berühmt wurde, die in den 1930er-Jahren und im Zweiten Weltkrieg seinen Namen trugen, war er bereits vorher ein erfolgreicher Konstrukteur. Schon im Ersten Weltkrieg betätigte er sich auf diesem Gebiet: Damals schuf er vor allem den Jagddoppeldecker Hansa-Brandenburg D I. Dieser wurde später ein wichtiges Kampfflugzeug der österreichisch-ungarischen Luftwaffe. Die D I entstand aus der Notwendigkeit, Österreich-Ungarn einen modernen Jagdeinsitzer zu verschaffen; entworfen wurde sie im Jahre 1916. Die ersten Serienmaschinen begannen im Herbst und Frühwinter 1916 bei den österreichisch-ungarischen Einheiten einzutreffen. Die D I war ein recht unansehnlich wirkendes Flugzeug, dessen einziges MG in einem „Sarg" auf dem Oberflügel montiert war, da es mangels eines Unterbrechers am Propeller vorbeifeuern musste. Ungewöhnlich war die Maschine auch wegen der Anordnung ihrer Flügelstreben, die ihr den Spitznamen „Sternstrebe" einbrachten, aber die ansonsten bei Flugzeugen des Ersten Weltkriegs üblichen Spanndrähte überflüssig machten. Die Produktion der D I erfolgte bei Hansa-Brandenburg und der österreichischen Firma Phönix. Hansa-Brandenburg baute etwa 50 Exemplare, während es Phönix auf 48 brachte (einige zeitgenössische Quellen sprechen indes von insgesamt 122 Bestellungen). Sie dienten bis zum Herbst oder Winteranfang 1917 bei den Fronteinheiten Österreich-Ungarns; danach wies man ihnen Schulungs- und andere nachgeordnete Aufgaben zu. Die D I wurde von einigen der besten k.u.k. Piloten geflogen, (u.a. von Julius Arigi und Godwin Brumowski), obwohl sie sich nicht gerade leicht fliegen ließ und einige der bei Phönix gebauten Maschinen zur Abhilfe veränderte Flügel bekamen. Dennoch diente die D I als Grundlage für die beträchtlich überarbeitete (und erfolgreichere) D-Serie von Phönix-Jägern.

Hptm. Godwin Brumowski war mit etwa 40 Luftsiegen der erfolgreichste Jagdflieger Österreich-Ungarns. Hier sieht man ihn im Cockpit seiner Hansa-Brandenburg D I (Nr. 65.53). 1936 verunglückte er tragisch bei einem Absturz auf dem Flughafen Schiphol (Niederlande).

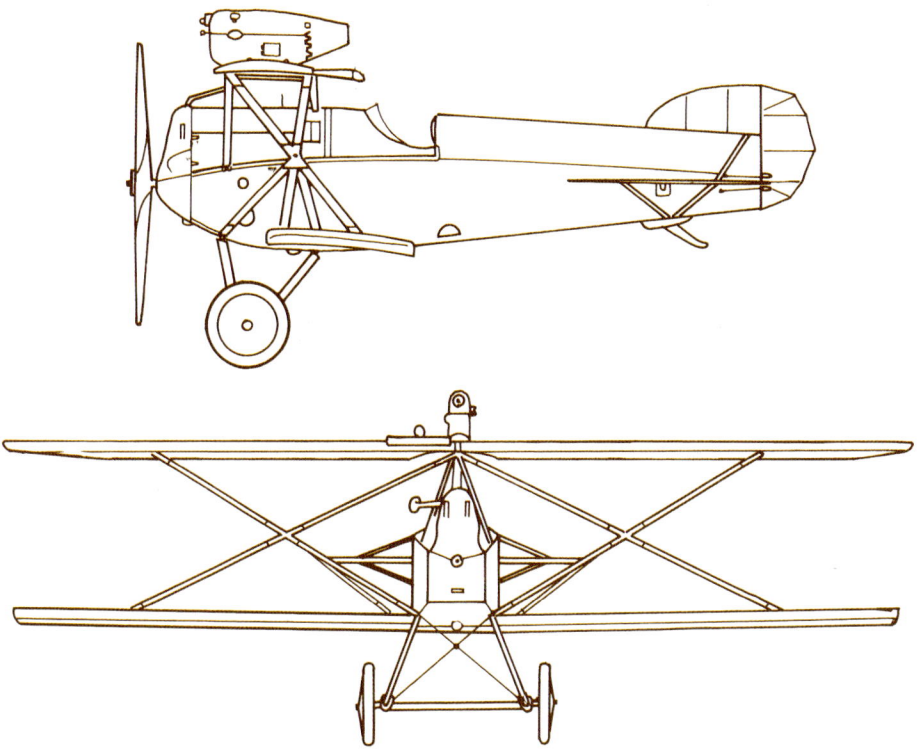

Technische Daten – Hansa-Brandenburg D I

Spannweite	8,5 m
Länge	6,3 m
Höchstgeschwindigkeit	188 km/h (auf Meereshöhe)
Einsatzdauer	etwa 2 Stunden 30 Minuten
Bewaffnung	Ein 8-mm-MG
Antrieb	1 Reihenmotor Austro-Daimler (185 PS) (ein 160-PS-Modell war ebenfalls verfügbar)
Besatzung	1 Mann

Albatros (B- und C-Serie)

Zur Grundausstattung der deutschen Luftstreitkräfte bei Ausbruch des Ersten Weltkriegs gehörte der elegante, aber unbewaffnete Aufklärer Albatros B I. Die berühmte deutsche Firma Albatros war 1909 in Berlin-Johannisthal gegründet worden und hatte dank Kooperation mit dem bekannten Flugzeugkonstrukteur Ernst Heinkel schon vor Kriegsbeginn mit der Produktion der B-Serie begonnen. Diese war eine Zeitgenossin der auf S. 27 beschriebenen Baureihe Aviatik B. Ganz im Gegensatz zu jener entwickelte sich aus der Albatros B eine lange, erfolgreiche Reihe von zweisitzigen Aufklärungs- und Mehrzweckflugzeugen der deutschen Luftstreitkräfte. Erste Kampferfahrungen bestätigten, dass irgendeine Form von Bewaffnung sehr nützlich sein würde, und so sorgte man dafür, dass der Beobachter der B II (der vor dem Piloten saß) eine behelfsmäßige Abwehrwaffe erhielt. Die weitere Entwicklung führte zur B III, die neben stark veränderten Seitenrudern am Heck noch andere Verbesserungen aufwies. Außer in Deutschland kamen einige Albatros der B-Serie auch in Österreich-Ungarn zum Einsatz. Mit Einführung der leistungsstärkeren und bewaffneten C-Serie von Aufklärungs-/Mehrzweckflugzeugen im Jahre 1915 wies man den B-Maschinen Verbindungs- und Schulungsaufgaben zu. Das erste C-Modell der Albatros war die C I, welche den Anfang einer langen Reihe von Aufklärungs-

Oben: Die Albatros B II war ein elegantes Flugzeug, aber den zunehmend heftigeren Luftkämpfen des Ersten Weltkriegs bald nicht mehr gewachsen.

Rechts: Diese frühe Albatros B I vertritt anscheinend den Urtyp dieses Flugzeugs (Foto: Sammlung John Batchelor).

Die Albatros CI erhielt auch ein MG für den Beobachter auf dem Rücksitz. Man beachte die Kühlerfläche auf der Hülle neben dem Pilotensitz (Foto: Sammlung Hans Meier).

und Allzweckflugzeugen der Baureihe Albatros C markierte, die bis zur C XV von 1918 reichte. Die ursprüngliche C I glich manchen B-Modellen (wenngleich es schon bei dieser Serie mehrere Änderungen gegeben hatte), war aber zukunftsweisend als erste mit einem schwenkbaren MG für den Beobachter bewaffnet. Auch die Anordnung der Sitze änderte sich: Von nun an saß der Pilot vorn und der Beobachter hinten, wo er sein MG besser zum Einsatz bringen konnte. Mit der Einführung stärkerer Motoren (und dadurch gegenüber der B-Baureihe verbesserten Flugleistungen) wurde die C-Serie bei ihrer 2-Mann-Besatzung sehr beliebt. Man erteilte Baulizenzen an verschiedene Firmen, und einige Maschinen wurden auch in Österreich-Ungarn gefertigt. Spätere C-Modelle erhielten als zusätzliche Bewaffnung ein starr nach vorn feuerndes Synchron-MG, und einige bekamen als Feuerleitflugzeuge Funkgeräte. Weitere Entwicklungen umfassten auch verschiedene Motoren und Designs, wenngleich einige dieser Maschinen den Trend zu größeren C-Maschinen verrieten, der schließlich in Deutschland zur Einführung der kleineren und leichteren CL-Serie von zweisitzigen Begleitjägern bzw. Erdkampfflugzeugen führte. Die Albatros C XII von Ende 1917/Anfang 1918 hatte als erste einen stromlinienförmigen „Zigarrenrumpf" und ein Leitwerk, das eher an die Einsitzer-Jäger Albatros D III und D V/Va erinnerte.

Technische Daten – Albatros C I

Spannweite	12,9 m
Länge	7,85 m
Höchstgeschwindigkeit	140 km/h (auf Meereshöhe)
Dienstgipfelhöhe	3000 m
Einsatzdauer	2 Stunden 30 Minuten
Bewaffnung	Ein 7,92-mm-MG am Beobachtersitz, diverse improvisierte Bomben oder Granaten
Antrieb	1 Reihenmotor Mercedes D III (160 PS) (weitere Optionen verfügbar)
Besatzung	2 Mann

Albatros D III und D V/Va

Wie auf den beiden vorigen Seiten zu lesen ist, entwickelte die Firma Albatros im Laufe des Ersten Weltkriegs eine ganze Reihe ausgereifter zweisitziger Aufklärungs-/Allzweckflugzeuge. Am bekanntesten wurde sie jedoch durch die verwandte Familie von berühmten Jägern der D-Serie, die im Sommer 1916 erschienen. Der erste davon, die D I, soll erstmals im August 1916 geflogen sein. Einige Details des Flügelentwurfs wurden (wenngleich kleiner) von Flugzeugen der C-Serie übernommen, während der enge, stromlinienförmige Rumpf nur einem Piloten Platz bot. Für den Antrieb sorgte ein 160-PS-Motor des Typs Mercedes D III, der dem neuen Jäger recht gute Flugeigenschaften und die Fähigkeit, zwei starr nach vorn feuernde MGs zu tragen, verlieh. Bei seiner Indienststellung war den Alliierten die Lufthoheit über der Westfront zugefallen, und vor allem die Nieuports hatten die „Fokker-Geißel" von Ende 1915/Anfang 1916 ausgeschaltet. Die neuen Albatros-Jäger machten sich sofort bemerkbar und verschoben das Kräfteverhältnis zugunsten Deutschlands. Die Albatros D II war eine verbesserte Version der D I, bei der man die plumpen seitlichen Kühler vom Rumpf auf die Mitte des Oberflügels verlagerte. Die weitere Entwicklung führte dann zur berühmten D III, die viel wendiger sein sollte: Sie erhielt daher nach dem Muster der Nieuport 11 und 17 (s. S. 106–107) kleine Unterflügel mit nur einem Holm und v-fömig angeordnete Streben zwi-

US-Weltkriegsveteran Dave Fox hebt mit seiner Albatros D Va auf dem Flughafen von Rhinebeck (N.Y.) ab (Foto: Sammlung John Batchelor).

schen den Tragflächen. Der Oberflügel wurde hier gegenüber dem unteren versetzt angeordnet. Der neue Jäger trat seinen Dienst Anfang 1917 an und hatte sogleich Erfolg. Ein nochmals verbesserter Entwurf war die D V/Va, die als erste einen wunderbar stromlinienförmigen Rumpf besaß, der an die Monocoque-Bauweise erinnerte. In größeren Stückzahlen erschien der Typ im Sommer 1917. Er war jedoch den alliierten Jägern – vor allem der Sopwith Camel und der S.E.5a – nicht ganz gewachsen, als diese vermehrt erschienen. Bis Mai 1918 wurden über 1000 Stück gebaut, aber diese hatten – ähnlich wie die Nieuports – Probleme mit den Unterflügeln. Um bei Kriegsende die Waffenstillstandsbedingungen der Alliierten zu umgehen, wurden die Albatros-Jäger in „L-Flugzeuge" umbenannt.

Die Flugzeuge der Baureihe D V/Va waren die elegantesten aller Albatros-Jäger, die vollendete Form des für die späteren Albatros-Flieger so typischen „Zigarrenrumpfs".

Technische Daten – Albatros D V/Va

Spannweite	9,05 m
Länge	7,33 m
Höchstgeschwindigkeit	186 km/h (in 1000 m Höhe)
Dienstgipfelhöhe	5700 m
Einsatzdauer	2 Stunden
Bewaffnung	Zwei starr nach vorn feuernde 7,92-mm-MGs
Antrieb	1 Reihenmotor Mercedes D IIIa (180–200 PS) (weitere Optionen verfügbar)
Besatzung	1 Mann

Fokker D VII

Die E-Serie der Eindecker-Jäger von Fokker hatte den Alliierten Ende 1915 und Anfang 1916 große Sorgen bereitet, bevor jene ihrerseits überlegene Jäger in Dienst stellen konnten. Auch der kompakte kleine Dreidecker Fokker Dr I hatte seinen Anteil am Erfolg, vor allem in der Hand erfahrener oder begabter Piloten. In der späteren Phase des Krieges arbeitete Fokker an zahlreichen Jägerprojekten, u.a. am kleinen Doppeldecker V 11 von 1917. Mit einigen Verbesserungen gewann er Anfang 1918 eine Ausschreibung für ein neues deutsches Jagdflugzeug. Es stellte seine Konkurrenten derart ins Hintertreffen, dass es sofort in Produktion gehen sollte. Sogar die Firma Albatros – deren D V ein wichtiger Mitbewerber gewesen war – erhielt die Anweisung, das hervorragende Modell zu bauen. Wie die Fokker D VII machte sich auch diese Maschine sofort nach ihrem Dienstantritt im April/Mai 1918 bemerkbar. Nur wenige alliierte Jäger waren ihr voll gewachsen, und sie gilt gemeinhin als bestes deutsches Jagdflugzeug des Ersten Weltkriegs. Erst mit der Sopwith Snipe (s. S. 130–131) bekamen die Alliierten einen wirklich überlegenen Jäger, obwohl ihm auch gut geflogene Sopwith Camels, SPAD S.XIII und S.E.5a standhalten konnten. Die D VII war schnell und in großer Höhe besonders wendig; als Antrieb diente der allgegenwärtige (und angemessene) Mercedes D III (160 PS); einige besaßen allerdings einen 185-PS-Motor von BMW, der ihre Leistungen erheblich verbesserte und von den Piloten sehr geschätzt wurde. Bis Kriegsende stellten die Deutschen schätzungsweise etwa 760 D VII in Dienst, obwohl die Gesamtziffer der produzierten Maschinen vermutlich noch höher war. Die D VII

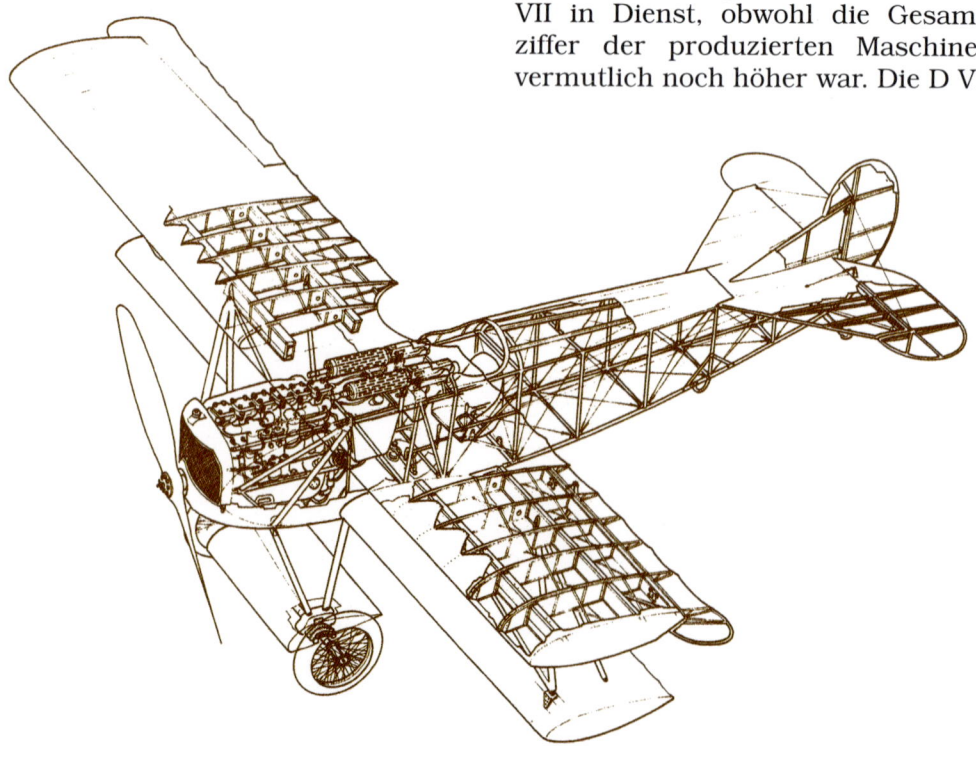

war derart erfolgreich, dass die Alliierten am Ende des Ersten Weltkriegs die Übergabe aller noch vorhandenen Maschinen forderten – was sie nicht bei allen deutschen Jägertypen taten. Diese „Auszeichnung" machte es Fokker unmöglich, den Typ nach dem Krieg in Deutschland weiterzubauen oder seine Tätigkeit dort auf dem gleichen Niveau fortzusetzen. Deshalb schmuggelte er mehrere Hundert Flugzeugmotoren, ganze Maschinen und andere Komponenten seines Konzerns aus Deutschland in die heimatlichen Niederlande, wo er die Firma 1919 neu gründete. Nach dem Krieg diente die D VII beim Militär der Niederlande; auch die Schweiz und Belgien übernahmen den Typ (jedoch als Zweisitzer).

Die Fokker D VII war ein kampfstarker, wendiger Jäger mit praktisch freitragenden Flügeln und geschweißtem Stahlrumpf. (Foto: John Batchelor)

Im Ersten Weltkrieg trugen viele deutsche Jagdflugzeuge einen individuellen Anstrich. Diese Maschine flog Josef Mai von der JaSta 5.

Technische Daten – Fokker D VII

Spannweite	8,9 m
Länge	6,95 m
Höchstgeschwindigkeit	200 km/h (in 1000 m Höhe)
Dienstgipfelhöhe	7000 m
Einsatzdauer	1 Stunde 30 Minuten
Bewaffnung	Zwei starr nach vorn feuernde 7,92-mm-MGs
Antrieb	1 Reihenmotor BMW IIIa (185 PS) (weitere Optionen verfügbar)
Besatzung	1 Mann

Fokker D VIII

Die Fokker D VIII bot eine seltsame Mischung fortschrittlicher und rasch veraltender Züge; ihr Kampfeinsatz dauerte nur kurze Zeit. Sie ging aus einem erfolgreichen Entwurf hervor, der Fokker V 26 (bzw. der nah verwandten V 28), die sich beim zweiten Jägerwettbewerb im Mai 1918 gut schlug (den ersten gewann die Fokker D VII, wie auf den beiden vorigen Seiten zu lesen ist). Die V 26 war ein Parasolflügel-Eindecker mit einer (für seine Zeit) fortschrittlichen freitragenden Flügelstruktur, der aber dennoch auf Elemente der damals bereits überholten Fokker Dr I zurückgriff, etwa den Sternmotor. Der neue Jäger erhielt als Nachfolger der E IV von 1916 zunächst die Bezeichnung E V (E = Eindecker). Wie die Fokker D VII besaßen Serienmodelle eine kräftige Zelle, die im Kern aus geschweißten Stahlrohren bestand.

Der freitragende Flügel bereitete jedoch Probleme: Bei den ersten ab August 1918 in Dienst gestellten Maschinen häuften sich katastrophale Flügelbrüche. Die Produktion wurde angeblich eine Zeit lang eingestellt, um die Ursachen des Problems zu ergründen. Möglicherweise hatte amtliche Einmischung in das Flügeldesign unnötige Modifikationen veranlasst, die zum Bruch führten, obwohl man auch mangelhafte Verarbeitung beklagte. Als die Produktion nach Behebung dieser Probleme im Herbst 1918 wieder anlief, waren die Mängel offenbar beseitigt; man verwendete nun den ursprünglichen Flügel. Mittlerweile hatte man die Maschine in D VIII umbenannt. Sie wurde im Oktober schnellstmöglich ausgeliefert, doch an der Westfront dürften nur wenige Exemplare angekommen sein – und sie hatten dort

Nur sehr wenige Fokker D VIII kamen vor Ende des Ersten Weltkriegs längere Zeit zum Einsatz. Zu ihnen gehörten auch die Maschinen der JaSta 6.

kaum Zeit sich zu bewähren. Manche behaupten, die D VIII würde die D VII bei den Fronteinheiten abgelöst haben, wenn der Krieg noch bis 1919 gedauert hätte. Im Rumpf der D VIII baute man testweise verschiedene Motoren ein. Nach dem Krieg bzw. Fokkers Umzug nach Holland fand die D VIII dort begrenzt Verwendung; einige Maschinen dienten auch in der Luftwaffe Polens.

Technische Daten – Fokker D VIII

Spannweite	8,35 m
Länge	5,85 m
Höchstgeschwindigkeit	204 km/h (auf Meereshöhe)
Dienstgipfelhöhe	6300 m
Einsatzdauer	1 Stunde 30 Minuten
Bewaffnung	Zwei starr nach vorn feuernde 7,92-mm-MGs
Antrieb	1 Sternmotor Oberursel UR II (110 PS) (weitere Optionen verfügbar)
Besatzung	1 Mann

Caproni (Baureihen Ca.1 und Ca.3 Serie)

Es wird oft vergessen, dass auch Italien im Ersten Weltkrieg tapfer und erfolgreich auf Seiten der Alliierten kämpfte – vor allem gegen Österreich-Ungarn. Wie in anderen Ländern Europas entstand auch dort schon vor Ausbruch des Krieges eine einheimische Luftfahrtindustrie. Während des Ersten Weltkriegs wurden in Italien verschiedene Flugzeugtypen entwickelt und produziert, vor allem die Serie der kleinen S.V.A.-Aufklärer bzw. leichten Bomber (s. S. 128–129) und diverse Caproni-Bomber. Außerdem wurden Flugzeuge aus anderen Ländern in bedeutendem Umfang von heimischen Firmen in Lizenz gefertigt. Italien gehörte zu den Wegbereitern des Langstreckenbombers und besaß lange vor den anderen Hauptkriegsparteien eine Flotte großer Flugzeuge dieses Typs, die auch zu strategischen Missionen fähig war. 1908 wurde ein wahrer Pionier der italienischen Luftfahrtindustrie gegründet, die Firma Caproni des Grafen Gianni Caproni. Einer ihrer wichtigsten Beiträge zur Militärfliegerei war jene Serie großer Bomber, die im und nach dem Ersten Weltkrieg entstand. Sie begann 1913/14 mit der Ca.30, deren Konzeption für alle folgenden Typen maßgeblich sein sollte. Es umfasste eine Kabine bzw. Gondel mit hinten eingebautem Druckschraubenmotor zwischen den riesigen Doppelflügeln und einen von den Flügeln nach hinten ragenden Doppelrumpf (mit Zugschrauben an den vorderen Enden), den ein dreiteiliges Seitenleitwerk verband. Obwohl sie wenig einnehmend wirkten, flogen die mit vier Mann besetzten Serienmaschinen nach der Kriegserklärung Italiens im Mai 1915 wichtige Angriffe auf die österreichisch-ungarische Monarchie. Weite Verwendung fand zuerst die Ca.31 (im militärischen Sprachgebrauch Ca.1), von der man etwa 166 Stück baute. Sie kam im August 1915 gegen Ziele in Österreich-Ungarn zum Einsatz. Auf die Ca.1 folgten in geringer Zahl die Ca.32 (Ca.2) und die stärker motori-

Dieses hervorragende Foto zeigt die klobigen Formen der Caproni-Bomber Ca.1, Ca.2 und Ca.3 aus einem vorteilhaften Winkel.

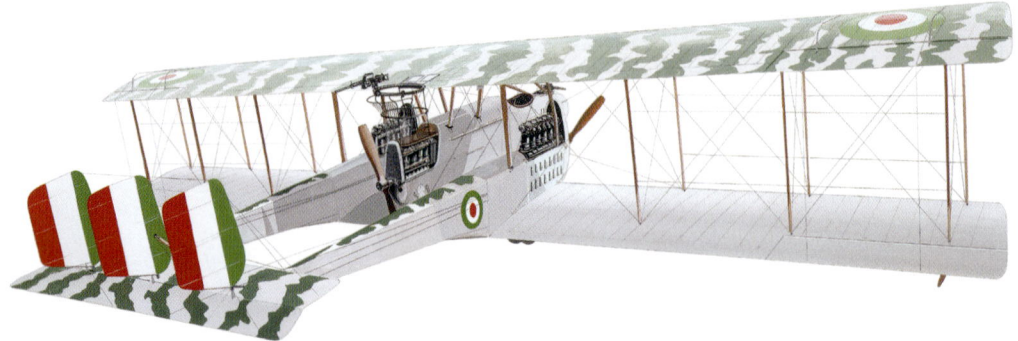

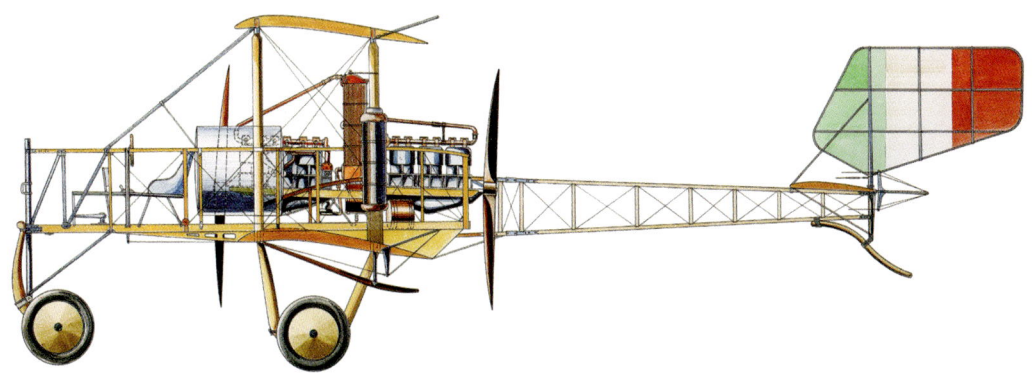

sierte Ca.33 (Ca.3). Von der letzteren fertigte man in Italien weit über 250 Stück. Berühmt wurden sie durch die exponierte und ausgesprochen gefährdete Position des Heckschützen, dessen Sitz sich unweit der Druckschraube am hinteren Ende der Pilotengondel befand. Die Ca.3 wurde von den Italienern viel verwendet und kam auch in Frankreich zum Einsatz. Dort wurde sie überdies in Lizenz gebaut. Es gab auch eine Anzahl nah verwandter Versionen, und einige italienische Maschinen flogen von französischen Basen aus Angriffe auf Ziele in Deutschland.

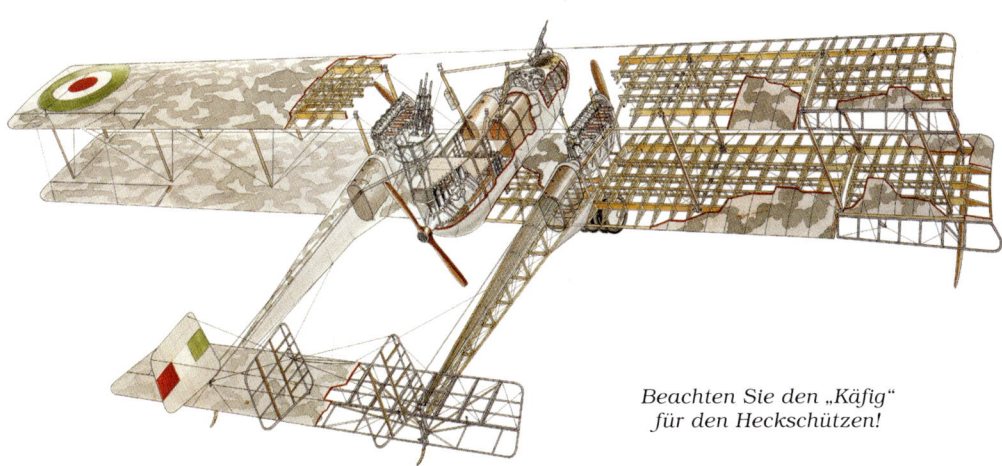

Beachten Sie den „Käfig" für den Heckschützen!

Technische Daten – Caproni Ca.3

Spannweite	22,2 m
Länge	10,9 m
Höchstgeschwindigkeit	140 km/h (auf Meereshöhe)
Aktionsradius	etwa 450 km
Dienstgipfelhöhe	4100 m
Bewaffnung	Zwei oder vier 7,7-mm-MGs, bis zu 450 kg Bomben oder andere Lasten
Antrieb	3 Reihenmotoren Isotta-Fraschini V.4B (je 150 PS)
Besatzung	4 Mann

Vickers Vimy

Zu den am höchsten gefeierten Leistungen der Luftfahrt gehört der erste Nonstopflug eines Flugzeugs über den Atlantik. Dieser gelang zwei britischen Piloten, John Alcock und Arthur Whitten Brown, in einer speziell darauf vorbereiteten Vickers Vimy. Nachdem sie am 14. Juni 1919 auf einem Feld bei St. John's (Neufundland) abgehoben hatten, legten die beiden Wagemutigen über dem Atlantik etwa 3042 km zurück, um dann schließlich (recht unsanft) in den Morgenstunden des 15. Juni bei Clifden (Irland) zu landen. Schon 1913 hatte die britische Zeitung „Daily Mail" ein Preisgeld von 10 000 £ für den ersten Flieger ausgelobt, dem das glückte, und Alcock und Brown erhielten ihn zu Recht. Überdies flog eine andere Vimy im November/Dezember 1919 mit einer australischen Crew von England nach Australien – auch zum ersten Mal. Die Vickers Vimy wurde aufgrund einer Ausschreibung vom Juli

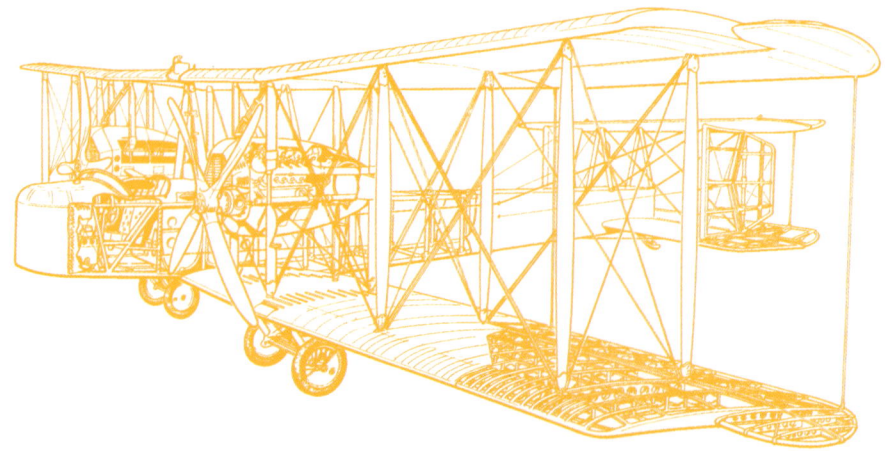

Die Abbildungen auf diesen Seiten geben die Vickers Vimy aus verschiedenen Winkeln wieder; das Foto gegenüber zählt zu den großen historischen Dokumenten: es zeigt, wie die Vimy von Alcock und Brown kurz nach dem Start in Neufundland in den grauen Junihimmel von 1919 aufsteigt – zur ersten Nonstop-Atlantiküberquerung durch ein Flugzeug. (Foto: Vickers Ltd.)

1917 als strategischer Bomber gebaut, der deutsche Industriezentren und andere strategische Ziele bombardieren können sollte. Sie war eine Zeitgenossin der Handley Page V/1500 (s. S. 88–89) und kam wie jene für den Einsatz im Ersten Weltkrieg zu spät. Der Prototyp flog erstmals im Sommer 1917, und die meisten Serienmaschinen erhielten als Vimy Mk.IV den überaus bewährten Eagle-Reihenmotor von Rolls-Royce. Ihre Auslieferung an die RAF begann im Sommer 1919; danach dienten sie in Großbritannien und im Mittleren Osten. Als der Typ 1933 außer Dienst gestellt wurde, betrug die Gesamtproduktion etwa 230 Stück. Einige dienten später als Schulflugzeuge, und die Vimys im Mittleren Osten erhielten neue Sternmotoren, als die alten schließlich wegen Sand und hoher Temperaturen versagten. Eine wichtige Weiterentwicklung war die Vimy Commercial. Der Prototyp flog im April 1919, und es wurden 43 Serienmodelle gebaut, deren mächtiger Rumpf 10 Passagiere fasste. 40 davon gingen nach China. Es gab auch ein Sanitätsflugzeug für die RAF und einen Militärtransporter namens Vernon, von dem man etwa 55 Stück fertigte. Über die Spannweite sind sich die Historiker uneins, die hier angegebene ist nur eine Option.

Technische Daten – Vickers Vimy Mk.IV

Spannweite	20,75 m
Länge	13,27 m
Höchstgeschwindigkeit	166 km/h (auf Meereshöhe)
Dienstgipfelhöhe	2130 m
Aktionsradius	1450 km
Bewaffnung	Zwei bis vier 7,7-mm-MGs auf Ringlafetten, bis zu 1123 kg Bombenlast
Antrieb	2 Reihenmotoren Rolls-Royce Eagle VIII (je 360 PS) (weitere Optionen verfügbar)
Besatzung	3–4 Mann

Curtiss NC-4

Die für immer mit dem ersten Atlantikflug eines Flugzeugs mit dynamischem Auftrieb verbundene Curtiss NC-4 war eines von vier baugleichen Flugbooten, die Curtiss 1917 zusammen mit der US Navy entwarf. Ursprünglich war dieser Typ für Aufgaben wie Langstrecken-Patrouillenflüge vorgesehen, aber die Konstrukteure scheinen von Anfang an die Möglichkeit einer Atlantiküberquerung ins Auge gefasst zu haben. Das erste der vier flog im Oktober 1918 unter dem Namen NC-1, die anderen hingegen erst 1919, da sie nicht mehr als Kampfflugzeuge vorgesehen waren. An allen Vieren wurden kleinere Veränderungen durchgeführt, u.a. bei der Anordnung der Motoren – ursprünglich waren drei vorgesehen, doch schließlich baute man deren vier ein. Der geplante Atlantikflug führte zu einem gewaltigen logistischen Aufwand, bei dem die Navy nichts dem Zufall überließ. Sobald die Route feststand, sorgten die Planer dafür, dass über 50 große und weitere Kriegsschiffe in Abständen längs der Strecke postiert waren, um bei Katastrophen oder Notfällen Hilfe zu leisten. Drei der vier NC-Maschinen machten sich an den Versuch (NC-1, NC-3 und NC-4). Am 16. Mai 1919 verließen sie die Trepassey Bay auf Neufundland mit dem Ziel Horta (Azoren). Nur die NC-4 kam dort am 17. Mai an, während die anderen beiden notwassern mussten; die NC-3 fuhr jedoch auf dem Wasser bis Ponta Delgada. Die NC-4 unter Lieutenant-Commander A.C. Read erreichte nicht nur sicher Horta, sondern flog von dort am 20 Mai nach Ponta Delgada und am 27. weiter nach Lissabon; so vollendete sie den ersten Atlantikflug eines Flugzeugs – wenn auch in Etappen. Anschließend setzte Read seine Fahrt am 31 Mai nach Plymouth (Südengland) fort. Danach kehrte er mit seiner Crew im Triumph in die Vereinigten Staaten zurück.

Der wagemutige Flug hatte insgesamt vom Abflug in den USA an 53 Stunden und 58 Minuten gedauert. So großartig diese Leistung auch war, wurde sie doch binnen kurzem völlig in den Schatten gestellt, als Alcock

Diese Illustration zeigt die Curtiss NC-4 von Read und seiner Crew.

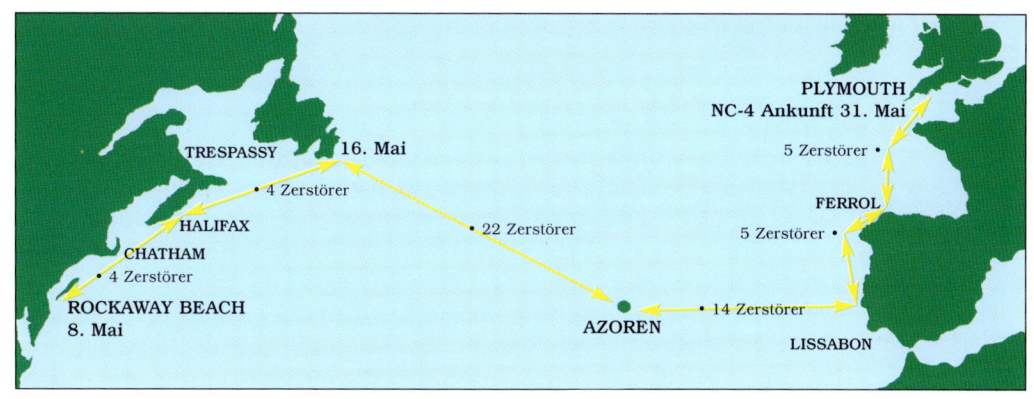

Karte mit der Atlantikroute der NC-4.

und Brown mit ihrer Vickers Vimy – wie auf den beiden vorigen Seiten geschildert – den ersten Nonstopflug über den Atlantik unternahmen.

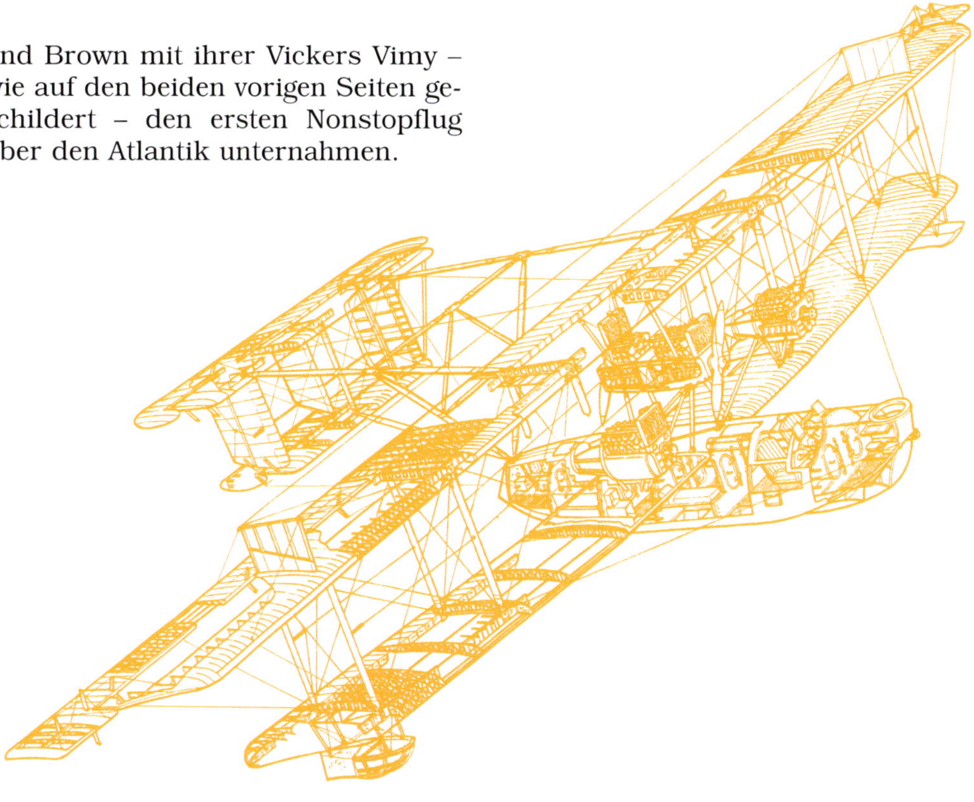

Technische Daten – Curtiss NC-4

Spannweite	38,4 m
Länge	20,87 m
Höchstgeschwindigkeit	147 km/h (auf Meereshöhe)
Dienstgipfelhöhe	1370 m
Aktionsradius	circa 2400 km
Antrieb	4 Reihenmotoren Liberty 12 (jeweils 400 PS)
Besatzung	6 Mann (für Transatlantikflüge)

Curtiss Jenny

Obwohl er vor allem für seine Pionierarbeit an Wasserflugzeugen und Flugbooten berühmt war, schuf der Amerikaner Glenn Curtiss im Ersten Weltkrieg auch eines der klassischen landgestützten Flugzeuge seiner Zeit – das indes ebenfalls einen Wasser-Ableger bekam. Diese Maschine war die Curtiss JN „Jenny", in gewissem Sinne ein Gegenstück zur ähnlich weit verbreiteten britischen Baureihe Avro 504 (s. S. 82–83). 1914 benötigte das US-Militär ein Zugschrauben-Schulflugzeug für Anfänger; zu seiner Entwicklung heuerte die Firma Curtiss den Briten B. Douglas Thomas an, einen Konstrukteur, der bereits erfolgreich bei Sopwith gearbeitet hatte. Das Modell besaß noch eine Besonderheit von Curtiss, ein Seitenrudersystem, das der Pilot mittels eines Schulterjochs bediente, indem er sich in die gewünschte Richtung lehnte. Glücklicherweise verzichtete man später auf diese archaische Einrichtung, um jenes System einzuführen, das sich bis heute bewährt hat: Eine Steuersäule mit Ruderpedalen. Die weitere Entwicklung der Curtiss führte zur Model „N", die ebenfalls noch die rasch veraltenden Seitenruder zwischen den Tragflächen aufwies. Sie verschmolz am Ende mit anderen verwandten Entwürfen zur „JN", aus der eine berühmte Familie von Schulflugzeugen hervorgehen sollte. Die Bezeichnung „JN" war der Grund für ihren Spitznamen „Jenny", der bis heute geläufig blieb. Es folgte zunächst eine Reihe von Anfänger-Schulflugzeugen; außer in den USA wurde die Produktion auch in Kanada aufgenommen, wo eine eigenständige Reihe verwandter Modelle entstand. Einige gingen nach Großbritannien, die Mehrzahl

Das Lächeln des Jungen auf dem Vordersitz dieser Jenny steht für viele Tausende, die ihren ersten Flug als Passagiere dieses berühmten Curtiss-Schulflugzeugs machten. Von der JN wurden vermutlich zwischen 6700 und 7500 Stück gebaut.

In den „wilden Zwanzigern" diente die Jenny als Vehikel für zahlreiche waghalsige Luftstunts wie den auf unserem Foto (Archiv John Batchelor).

jedoch an das US-Militär. Die berühmteste Version des Grundtyps war die ab 1916 in den USA hergestellte JN-4, das wichtigste Serienmodell hingegen die JN-4D. Der US-Prototyp der JN-4D erschien Mitte 1917. Nach Austausch des Motors erhielt sie den bei Wright gebauten Typ Hispano-Suiza (genannt „Hisso"), der es erlaubte, die „Jenny" als Fortgeschrittenen-Schulflugzeug für Heckschützen, Bomber, Aufklärer und sogar Jäger einzusetzen. Es folgten weitere Entwicklungen, u. a. das entsprechende Wasserflugzeug JN-4 (s. S. 132–133). Nach dem Krieg blieben die leistungsfähigeren Jenny-Typen als Schulflugzeuge im Einsatz; weitere wurden zur (standardisierten) JNS umgebaut. Viele der schwächeren Jennys kaufte Curtiss zur „Konversion" zurück, aber die US-Regierung verkaufte später die meisten der übrig gebliebenen Maschinen, die nun dutzendweise von Privatleuten und früheren Militärfliegern erworben wurden. Damit begann die Ära der berühmten „Flugzirkusse", in der die Flugzeuge quer durch die USA zogen und waghalsige Stunts ausführten (etwa Spaziergänge auf den Tragflächen). Andere traten in Filmen auf. Die amtliche Regulierung der Fliegerei entzog 1927/28 vielen die Existenzgrundlage, und die Militärmaschinen wurden 1927 ausgemustert.

Technische Daten – Curtiss JN-4H Jenny

Spannweite	13,29 m
Länge	8,24 m
Höchstgeschwindigkeit	150 km/h (auf Meereshöhe)
Einsatzdauer	2 Stunden 30 Minuten
Dienstgipfelhöhe	5500 m
Antrieb	1 Reihenmotor Hispano-Suiza A von Wright (150 PS)
Besatzung	2 Mann

Ansaldo S.V.A.5

Die leichten Aufklärer und Bomber der Baureihe S.V.A. (Ansaldo) waren neben den auf S. 120–121 bzw. 134–135 beschriebenen Caproni-Bombern die wichtigsten Flugzeuge, die Italien im Ersten Weltkrieg selbst produzierte. S.V.A. stand für Savoia, Verduzzo (zwei der Konstrukteure dieses Typs) und Ansaldo (einen wichtigen italienischen Industriekonzern, der über das S.V.A.-Programm zum Flugzeugbau kam). Die Regierung des Landes investierte beträchtliche Summen in das Projekt sowie in den Bau und Ausbau von Flugzeugfabriken. Die erste S.V.A. flog im März 1917; sie war ein schnelles, jägerähnliches Flugzeug, das aber nie als solcher zum Einsatz kommen sollte. Da sich ergab, dass sie für den Luftkampf nicht wendig genug war, setzte man sie als Langstrecken-Aufklärer und leichten Bomber ein. Mit ihren käfigartigen Tragflächenstreben und dem umgekehrt dreieckigen Rumpfprofil wirkte die S.V.A. unverwechselbar. Als Aufklärungsflugzeug war sie schnell genug, um sich selbst durchzuschlagen, wenn sie einmal von feindlichen Jägern angegriffen wurde. Auch ihre Steigfähigkeit war beachtlich. Die S.V.A.3 und die mit einer Kamera ausgestattete S.V.A.4 waren wichtige frühe Serienmodelle; die erstere besaß kurze Flügel und wurde u.a. als Jäger zur Heimatverteidigung eingesetzt. Das wichtigste Serienmodell war jedoch die S.V.A.5. Sie trat ihren Dienst Anfang 1918 an und führte bis zum Kriegsende wichtige Aufklärungsmissionen durch. Einige davon waren für die damalige Zeit sehr lang; sie führten unter anderem von Italien über die Alpen bis nach Süddeutschland. Im August flog dieser Typ auch einen berühmten „Flugblatt-Angriff" auf die österreichisch-ungarische Hauptstadt Wien, den der berühmte Dichter Gabriele D'Annunzio in einem von mehreren Einsitzern geleiteten Zweisitzer unternahm. Man baute zwei

Die Aufklärer bzw. leichten Bomber S.V.A.5 der 87. italienischen Jagdstaffel trugen einige der schönsten Anstriche des Ersten Weltkriegs.

Zweisitzer-Versionen der S.V.A:, die S.V.A.9 und die S.V.A.10. Außerdem wurde sie auch als Wasserflugzeug hergestellt. Nach dem Krieg blieb sie in Italien bis in die 1930er-Jahre im Dienst, zuletzt vor allem als Schulflugzeug. Der Typ diente auch bei anderen Luftwaffen. Unter anderem verwendete man ihn Anfang der 1920er-Jahre für den berühmten Flug von Italien nach Tokio. Einige wurden in den USA von Privatleuten geflogen. Als die Produktion 1928 auslief, waren insgesamt 2000 Stück aller Typen gebaut worden.

Technische Daten – Ansaldo S.V.A.5

Spannweite	9,1 m
Länge	8,1 m
Höchstgeschwindigkeit	230 km/h (in 2000 m Höhe)
Einsatzdauer	gewöhnlich 3 Stunden (maximal 6 Stunden)
Bewaffnung	Zwei 7,7-mm-MGs, diverse leichte Bomben (außen aufgehängt)
Antrieb	1 Reihenmotor S.P.A. Type 6A (205–220 PS)
Besatzung	1 Mann

Sopwith Snipe

Die berühmte britische Flugzeugfirma Sopwith hatte sich mit dem Bau der hervorragenden Sopwith Camel (s. S. 98–99) als führender Konstrukteur und Hersteller von Jagdflugzeugen profiliert. Als die Regierung einen möglichen Nachfolger für die Camel brauchte, bewarb sich Sopwith mit mehreren anderen Firmen um den Bau dieses Modells. Obgleich viele Camels von Clerget-Sternmotoren angetrieben wurden, besaßen einige stattdessen den Sternmotor Bentley B.R.1. Im April 1917 wurden die ersten Exemplare des neuen und stärkeren Modells B.R.2. bestellt. Dieser neue Motor erwies sich als Erfolg, sodass man offiziell beschloss, ihn als Antrieb für das Nachfolgemodell der Camel zu verwenden. Als Ersatz für das ältere Flugzeug schlug Sopwith die 7.F.1 Snipe vor, die alle Konkurrenten ausstach und Ende 1917/Anfang 1918 offiziell ausgewählt wurde. Anschließend experimentierte man eine Zeit lang mit verschiedenen Prototypen, bis schließlich die Entscheidung für eine Art Serienmodell fiel, das als Snipe Mk.I in Produktion ging. Verschiedene Hersteller sollten es in großen Stückzahlen fertigen, doch am Ende sorgte das Kriegsende dafür, dass die Aufträge stark zusammengestrichen wurden. Nur drei Geschwader (ein australisches, zwei britische) konnten die Snipe über der Westfront einsetzen, nachdem im Sommer 1918 die ersten Maschinen ausgeliefert wurden. Dennoch erwies sich die Snipe als ausgezeichnetes Jagdflugzeug. Sie ließ sich leichter als die etwas „nachtragende" Camel fliegen und war sehr wendig und steigfähig. Als nützlich erwies sie sich auch im Erdkampf. Ein Begleitjäger für Langstreckenbomber wurde ebenfalls entwickelt, aber nur wenig im Kampf eingesetzt. Berühmtheit erlangte die Snipe durch einen Luftkampf am 27. Oktober 1918, bei dem das britische Flieger-As Major William Barker mit seiner Snipe auf sich gestellt gegen eine drückende Übermacht deutscher Jäger focht. Für diese Tat verlieh man ihm das Victoria Cross. Bis Ende 1918 wur-

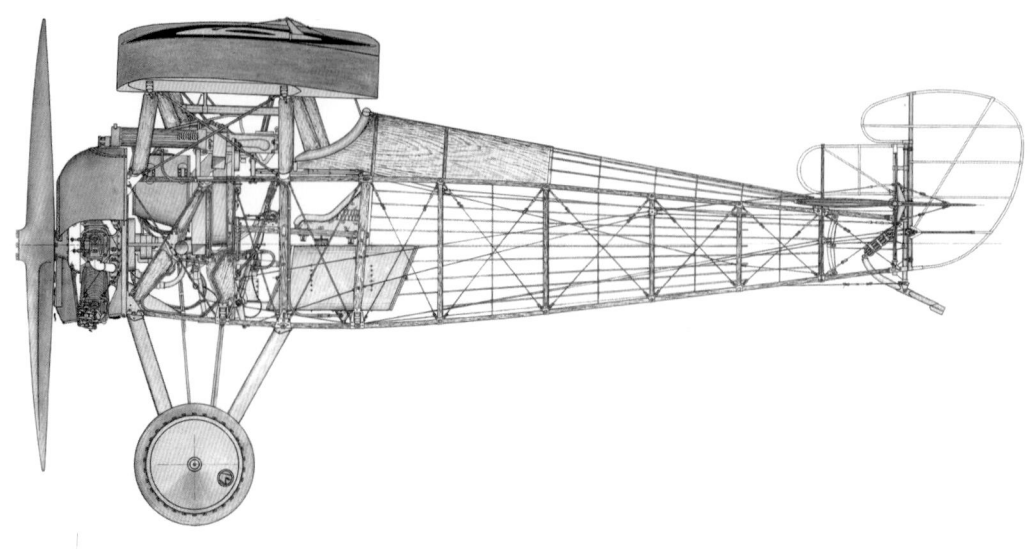

Die Linienführung der Sopwith Snipe verrät deutlich ihre „Herkunft" von der Camel, die als eines der besten Jagdflugzeuge des Ersten Weltkriegs gilt.

den 497 Snipes gebaut, und die Produktion ging nach dem Ende des Krieges weiter. Aus der Snipe ging die Sopwith Dragon hervor, die in kleinen Stückzahlen gebaut wurde und einen Dragonfly-Sternmotor von A.B.C. besaß. Snipes mit Bentley-Motoren blieben bei der RAF bisweit in die 1920er-Jahre hinein im Dienst, zeitweise auch als Nachtjäger.

Technische Daten – Sopwith 7F.1 Snipe („Schnepfe")

Spannweite	9,14 m
Länge	6,05 m
Höchstgeschwindigkeit	195 km/h (in 3000 m Höhe)
Dienstgipfelhöhe	6000 m
Einsatzdauer	3 Stunden
Bewaffnung	Zwei 7,7-mm-MGs, bis zu 45 kg außen aufgehängte Bomben
Antrieb	1 Sternmotor Bentley B.R.2 rotary (230 PS)
Besatzung	1 Mann

Curtiss N-9

Die Curtiss JN „Jenny" (s. S. 126–127) war eines der berühmtesten Flugzeuge ihrer Zeit, während ihre nahe Verwandte, das Wasserflugzeug N-9, nur wenigen in Erinnerung blieb. Die Wahrscheinlichkeit von Amerikas Kriegseintritt (der tatsächlich 1917 erfolgte) veranlasste das US-Militär schon 1916 zum Ausbau der Trainerkapazität. Die Seeflieger der Navy brauchten zahlreiche Schul-Wasserflugzeuge für Anfänger, und mehrere Hersteller bewarben sich mit Modellen. Curtiss verfügte bereits über die Model „N", die bereits zum späteren Jenny-Konglomerat gehört hatte. Mit der für das ganze Jenny-Programm typischen Amalgamierung bildete das Curtiss-Marineschulflugzeug schließlich – zusammen mit dem landgestützten Flugzeug JN-4b – die Grundlage für das Entwicklungsprogramm „N". Es umfasste auch die bereits an der N-8 erprobten langen Flügel. Ein großer Schwimmkörper aus Furnierholz saß unter dem Rumpf, kleinere aus Aluminium unter den Flügelspitzen. Dieses Modell hatte noch weitere Besonderheiten, u. a. eine modifizierte Heckflosse und gegenüber der JN-4B veränderte Flugleitbleche. Den Zuschlag für die Produktion erhielt schließlich Curtiss, und an Serienmodellen der N-9 wurden wenigstens 2 Motoren ausprobiert. Es handelte sich um den Curtiss OX-6 (100 PS), während die spätere N-9H den Reihenmotor Hispano-Suiza (150 PS) von Wright bekam (der wie bei manchen

Serienmodellen der Jenny „Hisso" hieß). Diese unterschiedlichen Motoren erforderten entsprechende Kühlersysteme. Die ersten N-9 wurden noch vor Amerikas Kriegseintritt ausgeliefert und dem wichtigsten Schulungszentrum der US-Navy in Pensacola (Florida) zugewiesen. Über die Zahl der gebauten Exemplare sind sich die Historiker ebenso uneinig wie bei der Jenny, doch waren es vermutlich um die 560. Davon wurden etwa 100 bei Curtiss gefertigt, der Rest bei Burgess. Die letztgenannte Firma wird in unserem Buch bereits auf S. 48–49 erwähnt, und zwar im Zusammenhang mit ihrer Beteiligung an den „schwanzlosen" Entwürfen des Engländers John Dunne. Die meisten Serienmaschinen gingen an die US Navy, aber auch die US Army erhielt einige im Austausch gegen landgestützte JN-4, und Curtiss fertigte überdies 14 neue N-9H für die Army. Anfang der 1920er-Jahre montierte man in Pensacola aus Ersatz- und Wrackteilen weitere 50 N-9. Die N-9 blieb bis zur Ablösung durch Boeing-Typen (ab 1924) das wichtigste Schulflugzeug für Anfänger und MG-Schützen; die letzten wurden 1927 ausgemustert. Erwähnung verdient auch eine völlig eigenständige Wasserflugzeug-Ausführung der Jenny, die frühe Züge der JN aufwies und nicht unmittelbar mit der N-9 zusammenhing.

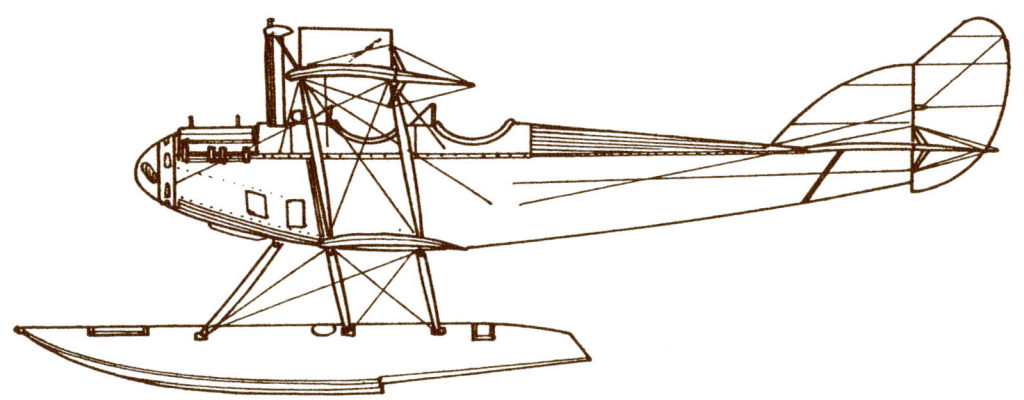

Die Schnittzeichnung gegenüber und der obige Seitenriss zeigen die von Hispano-Suiza-Motoren angetriebene N-9H. Von der N-9 mit Curtiss-Motoren unterschied sie sich durch den „Ofenrohr"-Auspuff vor der oberen Tragfläche.

Technische Daten – Curtiss N-9H

Spannweite	16,26 m
Länge	9,4 m
Höchstgeschwindigkeit	124 km/h (auf Meereshöhe)
Aktionsradius	etwa 320 km
Dienstgipfelhöhe	2700 m
Antrieb	1 Reihenmotor Hispano-Suiza von Wright (150 PS)
Besatzung	2 Mann

Caproni Ca.5

Die schweren dreimotorigen Bomber der Caproni-Serie (Ca.1, Ca.2 und Ca.3, s. S. 120–121) bewährten sich als Langstreckenbomber sehr gut, und sie wurden in zwei völlig unterschiedliche Richtungen weiterentwickelt. Die ersten (Ende 1917) bildeten die Baureihe Ca.40 (militärisch Ca.4). Es handelte sich um gewaltige Dreidecker mit drei Motoren und einem auffälligen Bombenbehälter zwischen den Rädern des mächtigen Fahrwerks. Obwohl die Konfiguration der neuen Maschine jener der Ca.3 entsprach, war die Ca.4 vermutlich einer der plumpsten Entwürfe des gesamten Ersten Weltkriegs. Mit einer Flügelspannweite von 29,9 m war sie wirklich ein Riesenflugzeug. Es wurden etwa 20 Serienmaschinen leicht unterschiedlichen Typs gebaut, von denen einige bei den Italienern dienten, während 6 im Januar 1918 vom britischen Royal Naval Air Service übernommen wurden. Man nimmt an, dass sie dort nicht zum Kampfeinsatz kamen. Nach dem Krieg flog eine zivile Version der Ca.4, und es gab sie auch als Wasserflugzeug. Historisch wichtiger war jedoch die Baureihe Ca.5. Sie stammte in zweiter Generation von der Ca.3 ab und behielt deren drei Motoren bei, war aber größer und schneller und wies zahlreiche Verbesserungen auf. Die erste Maschine flog 1917, und der Typ wurde in großem Stil produziert; man wird davon ausgehen dürfen, dass im und nach dem Krieg etwa 300 Stück entstanden. Daneben entwickelte man mehrere verwandte Typen, u. a. die Ca.45 und Ca.46, während die Ca.5 in Frankreich in Lizenz gefertigt wurde. Eine begrenzte Produktion fand auch in den USA statt (vorgesehen war die Fertigung

großer Stückzahlen bei Fisher Body und Standard, doch das Kriegsende kam dazwischen). Dennoch gelangte der Flugzeugtyp als vollendete Militärversion dieser seltsamen dreimotorigen Konstruktion bei Italienern und Franzosen viel zum Einsatz. Interessanterweise gaben manche Staffeln der Ca.3 gegenüber der Ca.5 den Vorzug, und nach dem Krieg blieb die Ca.3 länger im Dienst als manche Ca.5-Modelle. Piaggio baute sie auch als Wasserflugzeug.

Die Größe dieses Caproni-Bombers lässt sich gut am Mann im Cockpit ablesen. Beachten Sie auch den gefährlich exponierten „Käfig" für den Heckschützen!

Technische Daten – Caproni Ca.5

Spannweite	23,4 m
Länge	12,6 m
Höchstgeschwindigkeit	150 km/h (auf Meereshöhe)
Aktionsradius	etwa 600 km
Dienstgipfelhöhe	4600 m
Bewaffnung	Zwei 7,7-mm-MGs, bis zu 900 kg Bomben oder andere Last
Antrieb	3 Reihenmotoren Fiat A.12 (je 250 PS)
Besatzung	4 Mann

Airco (de Havilland) D.H.9 und D.H.9A

Der verheerende deutsche Luftangriff auf London vom 13. Juni 1917 führte zu einem großen Aufschwung des britischen Militärflugwesens, der sich vor allem auf strategische Bombardements gegen Deutschland auswirkte. Zu den damals entstandenen Flugzeugen gehörte die D.H.9, die zwar äußerlich der D.H.4 (s. S. 68–69) glich, aber eine längere Reichweite besaß, die große Vorteile gegenüber der bewährten D.H.4 versprach. Leider erweis sich die D.H.9 in der vorgesehenen Rolle als Bomber über Nordwesteuropa als Fehlschlag, obgleich ihr auf anderen Schauplätzen mehr Erfolg beschieden war. Die erste D.H.9 – eine umgebaute D.H.4 – flog im Juli 1917. Das größte Problem der neuen Maschine war ihr Motor, der manchmal auch Galloway Adriatic genannte und als Siddeley Puma produzierte B.H.P. (230 PS); dieser erwies sich in der Entwicklung und Fertigung als störanfällig. Aus diesem Grund war die D.H.9 der D.H.4 in fast allen Punkten überlegen – abgesehen davon, dass die beiden Crewmitglieder hier näher beisammen saßen, während sie bei der D.H.4 durch den Benzintank getrennt wurden. Noch vor Erprobung der Maschine hatte man voreilig zahlreiche Exemplare bestellt, die im Allgemeinen der D.H.4 unterlegen waren. Die Geschwader erhielten ihre ersten Maschinen Anfang 1918, und ab April 1918 kamen sie zum Einsatz. Bis Ende 1918 wurden 3204 Stück gebaut. Obwohl der Typ bis Kriegsende Verwendung fand und einige auch an Belgien gingen, war er damals bereits durch eine bedeutend verbesserte Version mit Namen D.H.9A überholt. Die Entwicklung dieser Maschine fand im südenglischen Yeovil statt: Der Typ besaß u. a. einen neuen Motor und zahlreiche Änderungen, z. B. andere Flügel. Die Produktion der von amerikanischen Liberty-Motoren angetriebenen D.H. 9A begann im Sommer 1918, und ihr erster großer Einsatz bei der RAF fand im September dieses Jahres statt. Die Maschine hatte kaum Gelegenheit, ihre Fähigkeiten vor Kriegsende unter Beweis zu stellen, aber sie war ein brauchbares Flugzeug, das

Durch den Einbau des amerikanischen Liberty-Motors bekam die D.H.9A eine völlig andere Nase als die D.H.9.

Die D.H.9 machte mit ihrem teilweise freiliegenden Motor einen beinahe „deutschen" Eindruck. Nach dem Krieg wurde die Maschine sehr stark von Überseereisenden genutzt.

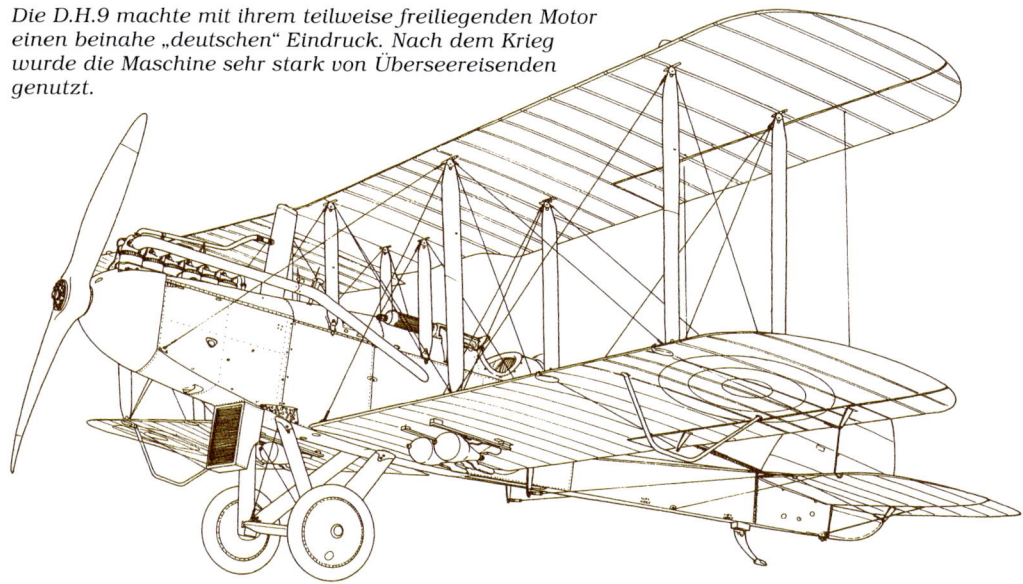

nach dem Krieg zuhause und im übrigen Empire gute Dienste leistete. Bis Ende 1918 produzierte man von der liebevoll „Nine-Ack" genannten Maschine etwa 885 Stück. Insgesamt waren es über 2000, und die RAF verwendete sie bis Anfang der 1930er-Jahre, zuletzt zur Ausbildung und für zweitrangige Aufgaben. Auch in den USA fertigte man eine kleine Anzahl, und in Russland entstand ein illegaler Nachbau, die R-1 mit einer Kopie (M-5) des Liberty-Motors.

Dieses Gemälde zeigt eine D.H.9A bei „Polizei-aufgaben" im Irak (Mitte der 1920er-Jahre).

Technische Daten – Airco (De Havilland) D.H.9A

Flügelspannweite	14 m
Länge	9,22 m
Höchstgeschwindigkeit	198 km/h auf Meereshöhe
Dienstgipfelhöhe	5100 m
Einsatzdauer	5 Stunden 15 Minuten
Bewaffnung	Ein starr nach vorn feuerndes 7,7-mm-MG, ein oder zwei auf Ringlafette schwenkbare 7,7-mm-MGs am Beobachtersitz, bis zu 209 kg Bomben
Antrieb	1 Reihenmotor Liberty 12 (400 PS) (weitere Optionen verfügbar)
Besatzung	2 Mann

Blackburn Kangaroo

Die hässliche, plumpe Blackburn Kangaroo war ein britischer U-Bootjäger aus der Spätphase des Ersten Weltkriegs, der es jedoch nach Kriegsende zu einer zivilen Karriere brachte. Auf der Grundlage der Blackburn-Entwürfe für Patrouillenbomber- und Torpedo-Wasserflugzeuge (G.P. und S.P.) von 1916, die nicht in Produktion gingen, entstand die landgestützte Kangaroo als Bomber für das RFC. Der Prototyp flog im Januar 1918 oder kurz vorher, und es wurden bis zu 24 bestellt, aber nur etwa 16 vollendet. Die Mehrzahl davon diente bei einem einzigen Geschwader (No. 246), das im April 1918 die ersten Maschinen erhielt. Diese Einheit flog die Kangaroo bis zum Kriegsende bei Anti-U-Boot-Patrouillen und unterstützte so Flugzeugtypen wie die Flugboote vom Typ Felixstowe und Curtiss Large America (s. S. 70–71). Eine Kangaroo trug im August 1918 zur Versenkung eines deutschen U-Boots bei. Wegen ihrer für ein so großes Flugzeug recht ansehnlichen Geschwindigkeit neigte die ziemlich dünne Rumpfhülle der Kangaroo bei Flugmanövern zur Verformung. Nach dem Krieg wurden einige zu Linien- oder Ausflugsflugzeugen umgebaut, deren geschlossene „Buckel-Kabine" bis zu 8 Personen einigermaßen bequem Platz bot. Einige Maschinen bedienten 1919/20 die internationale Fluglinie, welche die North Sea Aerial Navigation Co. Ltd. von Leeds nach Hounslow und von dort nach Amsterdam unterhielt. Einige in zivilem Besitz befindliche Kangaroos dienten überdies bis 1929 der Royal Air Force als Schulflugzeuge mit zwei Steuern zur Ausbildung ihrer Besatzungen.

Technische Daten – Blackburn Kangaroo („Känguru")

Spannweite	22,82 m
Länge	14 m
Höchstgeschwindigkeit	160 km/h (auf Meereshöhe)
Einsatzdauer	8 Stunden
Dienstgipfelhöhe	3200 m
Bewaffnung	Zwei 7,7-mm-MGs, vier Bomben à 104,3 kg oder vergleichbare Lasten
Antrieb	2 Reihenmotoren Rolls-Royce Falcon III (je 275 PS)
Besatzung	4 Mann

Aero A-10

Am Ende des Ersten Weltkriegs wurden in Mittel- und Osteuropa aus Teilen der früheren Großreiche mehrere neue Staaten gebildet. Einige der jungen Staaten schufen bald eigene leistungsfähige Luftfahrtindustrien und unterstrichen so nachdrücklich die Bedeutung, die man der Luftfahrt als selbstständigem Industriezweig beimaß. In der neu gegründeten Tschechoslowakei, wo schon vorher auf diesem Gebiet einiges an Pionierarbeit geleistet worden war, entstanden in den ersten Jahren mehrere Flugzeugbaufirmen. Der nach dem Ende des Ersten Weltkriegs entstehende Bedarf an neuen Transportflugzeugen, der durch die Gründung vollkommen neuer Fluglinien für Zivilmaschinen noch angeheizt wurde, führt schließlich in mehreren Ländern zur Entwicklung zahlreicher völlig neuartiger Passagierflugzeugtypen. In der Tschechoslowakei schuf die erst kürzlich gegründete Firma Aero die Aero A-10. Sie war eines der ersten nach dem Ersten Weltkrieg speziell für diesen Zweck entwickelten Linien-Passagierflugzeuge und bildete einen auffälligen Kontrast zu den umgebauten Bombern, die mehrere Luftfahrtgesellschaften in ganz Europa als behelfsmäßige Transportmittel einsetzten. Ähnlich wie einige zeitgenössische Zivilmaschinen besaß die Aero A-10 ein offenes Cockpit für den Piloten (zu dem notfalls ein zweiter kam) und eine geschlossene Rumpfzelle für Passagiere und Gepäck. Der Prototyp flog erstmals 1922, und das Modell wurde bis 1924/25 verwendet. Da nur die wenigsten der neu gegründeten Fluglinien über genug Geld für brandneue Maschinen verfügten, wurden nur wenige Exemplare gebaut.

Technische Daten – Aero A-10

Spannweite	14,2 m
Länge	10,14 m
Höchstgeschwindigkeit	160 km/h
Dienstgipfelhöhe	5800 m
Aktionsradius	520 km
Antrieb	1 Reihenmotor Maybach Mb IVa (240 PS)
Fassungsvermögen	1 Pilot (evtl. 1 Mechaniker), 4–5 Passagiere

Dornier Komet

Nach Deutschlands Niederlage im Ersten Weltkrieg war die dortige Flugzeugindustrie durch ausbleibende Aufträge und alliierte Auflagen zu einem starken Schrumpfungsprozess verurteilt. Zu den wenigen Konstrukteuren, die trotz der mageren Nachkriegszeiten durchhielten, gehörte Claude Dornier. Er hatte während des Krieges bei der Firma Zeppelin gearbeitet, allerdings im Flugzeugzweig dieses Unternehmens, der in Lindau ansässig war. Dornier gehörte überdies zu den Pionieren im Entwurf und Bau von Ganzmetallflugzeugen, und in den frühen 1920er-Jahren schuf er eine Reihe von für ihre Zeit sehr fortschrittlichen Maschinen. Sie waren in der Tat sogar den technisch weiter fortgeschrittenen Zivilflugzeugen voraus, die der Amerikaner John K. Northrop entwickelt hatte (s. S. 162–163). Ein frühes Produkt von Dorniers junger Nachkriegsfirma war die „Libelle", ein Schulterdecker-Amphibienflugzeug bzw. Flugboot in teilweise mit Stoff verkleideter Ganzmetall-Bauweise. Von dort führte der Weg zum ungewöhnlich konzipierten Eindecker „Delphin", einer Serie ziviler Flugboote, und zur gleichen Zeit wurde auch eine Reihe landgestützter Eindecker-Passagierflugzeuge entwickelt. Bei ihrem Erstflug im Jahre 1921 war die Dornier „Komet" ein für seine Zeit revolutionäres Flugzeug. Es handelte sich um eine Ganzmetallkonstruktion mit einem ungewöhnlichen Heckrad-Fahrwerk, bei dem die Haupträder eher neben als unter dem tief liegenden Rumpf

Diese Dornier Komet – ein ganz aus Metall gebauter „Bus der Lüfte" – wurde kurz vor dem Flug Berlin-London fotografiert. (Foto: Sammlung Philippe Jalabert)

Bei den ersten Ausführungen der Dornier Komet saß der Pilot in einer offenen Kanzel an der Oberseite des Rumpfes.

saßen. Der Pilot hockte in einem exponierten Cockpit an der Oberseite, während die vier Passagiere in einer etwas bequemeren Rumpfkabine Platz nahmen. Serienmodelle dienten bei frühen Airlines wie dem Deutschen Aero Lloyd. Die verbesserte Komet II flog erstmals im Oktober 1922; hier war das Cockpit weiter vorn angeordnet als bei der Komet I, um dem Piloten bessere Sicht zu verschaffen. Auch sie konnte vier Passagiere aufnehmen und war in Deutschland und als Export recht erfolgreich. Die Komet III, deren Erstflug im Dezember 1924 erfolgte, war eine größere Version mit zwei Mann Besatzung und Platz für sechs Fluggäste. Darauf folgte die nochmals verbesserte und stärkere Merkur-Serie ziviler Transportflugzeuge, bevor Dornier schließlich an weiteren Projekten wie dem fantastischen Flugboot Do X arbeitete (s. S. 158–159).

Technische Daten – Dornier Komet I

Spannweite	17 m
Länge	9,5 m
Höchstgeschwindigkeit	160 km/h (auf Meereshöhe)
Höchstes Startgewicht	2120 kg
Dienstgipfelhöhe	4000 m
Antrieb	1 Reihenmotor BMW III/IIIa (180/185 PS)
Fassungsvermögen	1 Pilot, 4 Passagiere

de Havilland D.H.50

Die Militärmaschinen, die man nach dem Ende des Ersten Weltkriegs zu Linienflugzeugen umfunktionierte, leisteten als Behelfslösungen vortreffliche Dienste. Viele dieser Typen waren aber für eine derartige Konversion nicht besonders gut geeignet, und auf jeden Fall war ihr Material schon nach wenigen Dienstjahren verschlissen. Die britische Firma de Havilland erkannte, dass wenigstens einige der früheren Militärflugzeuge schließlich durch zweckdienlichere und neukonstruierte Typen ersetzt werden müssten. Als Ergebnis lieferte sie eine Reihe vergleichsweise erfolgreicher Entwürfe; ein wichtiges frühes Beispiel dafür war der Doppeldecker D.H.50. Mit Sitzplätzen für vier Passagiere in einer Kabine zwischen den Flügeln und einem offenen Cockpit für den Piloten wirkte die D.H.50 wie eine verbesserte Zivilversion der D.H.9A. Die erste Maschine flog im August 1923, und die Produktion bei verschiedenen Firmen in mehreren Ländern umfasste etwa 38 Stück. Knapp die Hälfte davon entstand bei de Havilland; nur wenige dienten in Großbritannien, aber die D.H.50 wurde sogar in fernen Ländern wie Australien geflogen (wo man sie ebenfalls in Lizenz baute). In der Tschechoslowakei entstanden bei Aero (neben einer aus Großbritannien gelieferten) 7 Maschinen, die von Walter-Motoren (240 PS) tschechischer Bauart angetrieben wurden – nur eine von mehreren Optionen dieser Baureihe. Am stärksten blieb der Typ durch die Langstreckenflüge des später geadelten britischen Erfinders und Unternehmers Alan Cobham in Erinnerung. Sein Name bleibt für immer mit der Entwicklung des Auftankens in der Luft verbunden. Zwischen dem 16. November 1925 und dem 17. Februar 1926 benutzte Cobham eine spezielle D.H.50J mit Sternmotor vom Typ Armstrong Siddeley Jaguar (380–385 PS) für den

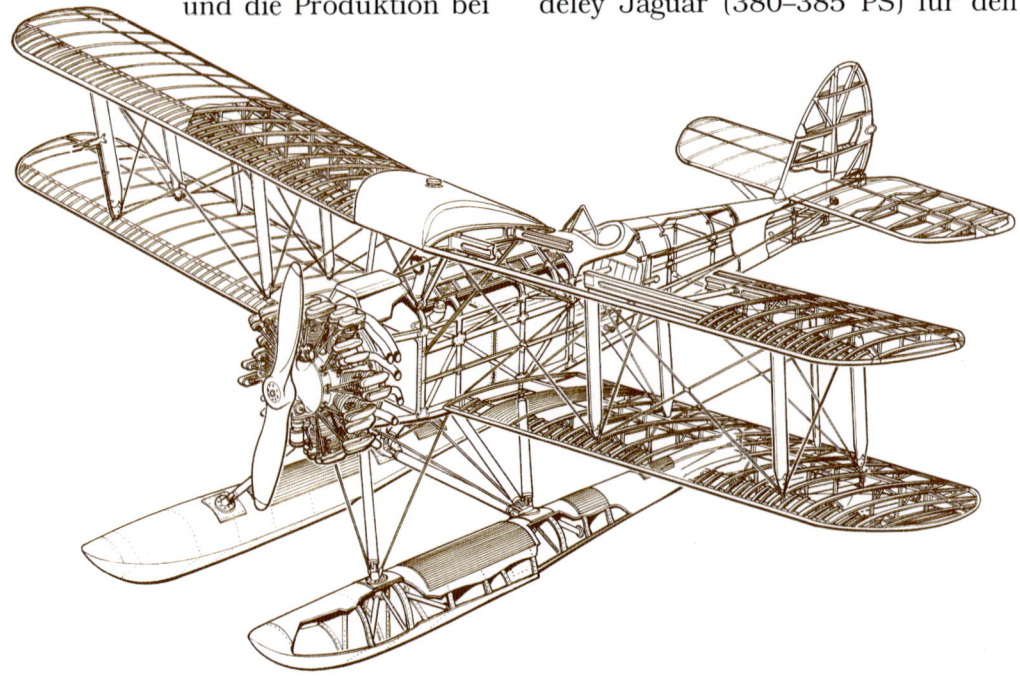

Flug von London-Croydon nach Kapstadt. Flüge wie dieser hatten Afrika für kommerzielle Fluglinien erschlossen. Anschließend flog Cobham auf der gleichen Route heim, um am 13. März 1926 in London einzutreffen. Am 30 Juni 1926 verließ er England in der gleichen Maschine (G-EBFO) für den ebenso abenteuerlichen Forschungs- und Erkundungsflug nach Australien und zurück. Er landete schließlich am 8. August 1926 in Darwin und flog dann quer über den Kontinent. Auf einem Teil des Fluges trug die D.H.50J Schwimmer.

D.H.50J G-EBFO fliegt im Triumph am Londoner Parlamentsgebäude und „Big Ben" vorbei, um auf der Themse zu wassern. Diese Maschine benutzte Alan Cobham 1925/26 auf seinen legendären Flügen nach Kapstadt und Australien (Foto: Flight Refuelling Ltd.).

Auf Testflug für die Zivilluftfahrt über den Pyramiden Ägyptens – dieses eindrucksvolle Gemälde kündet vom Glanz jenes Pionierzeitalters nach dem Ersten Weltkrieg.

Technische Daten – de Havilland D.H.50

Spannweite	13,03 m
Länge	9,07 m
Höchstgeschwindigkeit	180 km/h (auf Meereshöhe)
Dienstgipfelhöhe	4450 m
Aktionsradius	610 km
Antrieb	1 Reihenmotor (Armstrong) Siddeley Puma (230 PS) (weitere Optionen verfügbar)
Besatzung	1 Pilot, bis zu 4 Passagiere

Lockheed Vega

Die Lockheed Vega, Teil einer berühmten Reihe ziviler amerikanischer Transportmaschinen mit zahlreichen Versionen, flog erstmals am 4. Juli 1927. An ihrer Entwicklung waren mehrere US-Luftfahrtpioniere beteiligt, u. a. die Gebrüder Loughead (die – in anderer Schreibweise – der Firma Lockheed ihren Namen gaben) und John K. Northrop (berühmt durch den „fliegenden Flügel"). In den Folgejahren wurde die Vega zu einer berühmten Baureihe, die auch siebensitzige Linienflugzeuge und Spezialversionen für Test- und Erkundungsflüge umfasste. Die Vega besaß eine für ihre Zeit sehr „klare" Linienführung mit freitragenden Flügeln und einem „zigarrenförmigen" Monocoque-Rumpf, der vorwiegend aus Holz bestand (bei der endgültigen Version war er aus Metall). Im Laufe ihrer vor allem bei Lockheed (aber auch Detroit, das zeitweilig zu dieser Firma gehörte) betriebenen Produktion wurde sie mit diversen Motortypen ausgerüstet. Insgesamt baute man etwa 128 Vegas aller Varianten; ein nah verwandtes Modell war das viersitzige Linienflugzeug Model 3 Air Express mit Parasol-Flügeln, das für Western Air Express entstand. Eine berühmte Vega Model B war die „Winnie Mae" (s. S. 168–169). Bekanntheit genoss auch die für den ersten Antarktis-Überflug der Forscher Hubert Wilkins und Carl Eielson (April 1928) umgebaute Vega Model 1.

Die Wilkins-Arktisexpedition benutzte im April 1928 diese speziell umgebaute und unverkennbare Vega Model 1 mit der Reg.-Nr. X3903

Technische Daten – Lockheed Model 1 Vega

Spannweite	12,5 m
Länge	8,43 m
Höchstgeschwindigkeit	222 km/h (auf Meereshöhe)
Dienstgipfelhöhe	4570 m
Aktionsradius	1450 km
Antrieb	1 Sternmotor Wright Whirlwind (Serie J-5) (220–225 PS)
Fassungsvermögen	1 Pilot, bis zu vier Passagiere (spätere Versionen konnten bis zu 7 aufnehmen)

Lockheed Sirius

Lockheed entwickelte die Sirius vornehmlich auf Ersuchen des berühmten Atlantikfliegers Charles Lindbergh. Dieser benötigte für verschiedene von ihm geplante Langstrecken- und Routenerkundungsflüge einen Eindecker mit großer Reichweite und guten Flugeigenschaften. Wie bei der Lockheed Vega (s. vorige Seite) war auch der Entwurf der Sirius von John K. Northrop und Gerald Vultee beinflusst; heraus kam ein fortschrittlich wirkender Tiefdecker mit freitragenden Flügeln und hölzernem Monocoque-Rumpf à la Vega. Die ursprüngliche Sirius war ein Zweisitzer mit offenen Cockpits, doch auf Vorschlag von Lindberghs Frau erhielten diese kleine Schiebekanzeln. Der erste Flug soll Ende 1929 stattgefunden haben, und das Typenzertifikat für die Model 8 Sirius wurde im März 1930 vergeben. Neben der Model 8 entstand die 8-A (mit einem veränderten Leitwerk und abweichendem Einsatzgewicht), während die 8-C im Rumpf eine Kabine für zwei Fluggäste besaß. Es wurden etwa 14 Stück aller Typen gebaut, und manche unternahmen Ausnahmeflüge. Lindberghs persönliche Sirius bekam nachträglich einen Sternmotor des Typs Wright-Cyclone (575 PS) und flog zeitweilig als Wasserflugzeug mit Schwimmern. Später versah man sie mit einer stärkeren Version des Cyclone-Motors. Eine Abwandlung mit einziehbarem Fahrwerk trug den Namen Model 8-D Altair.

NR-211 war Charles Lindberghs persönliche Lockheed Sirius. Mit dieser Maschine unternahm er mehrere Erkundungs- und Testflüge für künftige Luftfahrtunternehmen.

Technische Daten – Lockheed Model 8 Sirius

Spannweite	13,06 m
Länge	8,38 m
Höchstgeschwindigkeit	282 km/h (auf Meereshöhe)
Dienstgipfelhöhe	6100 m
Aktionsradius	1570 km
Antrieb	1 Sternmotor Pratt & Whitney Wasp (420–450 PS)
Fassungsvermögen	2 Mann (bei Model 8-C Sport Cabin Sirius auch 2 Passagiere)

Douglas World Cruiser

In den Jahren nach dem Ersten Weltkrieg kam es in der Luftfahrt zu zahlreichen Hochleistungs- und Langstreckenflügen. Der Ruhm des ersten Fluges rund um die Erde (in vielen Etappen) gebührt dem US Army Air Service und seiner kleinen Flotte von World Cruisers. Die Idee eines derartigen Fluges entstand vermutlich im Jahre 1923, und ihre offizielle Billigung hatte eine gründliche Planung und Organisation zur Folge. Sie war im Prinzip – wenn auch nicht vom Maßstab her – mit den Vorbereitungen für den Atlantikflug der Curtiss NC-4 der US Navy von 1919 vergleichbar (s. S. 124–125). Die Army brauchte für den Flug ein robustes, zuverlässiges Flugzeug mit großer Reichweite, das gleichermaßen mit Rädern und Schwimmern operieren konnte. Die Wahl fiel fast automatisch auf eine Version der Douglas DT-2, welche die junge Firma Douglas für die Navy entwickelt hatte (s. S. 152–153). Noch 1923 wurde ein Prototyp der später so genannten Douglas World Cruiser bestellt, dem sich vier Serienmaschinen anschlossen – No.1 „Seattle", No.2 „Chicago", No.3 „Boston" und No.4 „New Orleans". Sie unterschieden sich in mehreren Punkten von der DT-Serie der Navy, etwa durch sechsmal größere Benzintanks, spezielle Rettungsmittel und andere wichtige Elemente; die Grundausstattung mit Instrumenten war allerdings spärlich. Das Abenteuer begann am 6. April 1924 in Seattle im Nordwesten der USA. Dann führte der Weg westwärts über Westkanada, die Aleuten und Japan quer durch Asien, Indien und den Mittleren Osten nach Mittel- und Westeuropa und Großbritannien, von dort via Island, Grönland und Neufundland über den Nordatlantik nach Ostkanada und quer durch die USA. Ziel des Fluges war Seattle, das man am 28. September 1924 erreichte. Unterwegs raste die No.1 „Seattle" zu Anfang des Fluges in einen Berghang, und beim Überqueren des Atlantik musste die No.3 „Boston" notwassern und ging verloren. Sie wurde auf den letzten Etappen

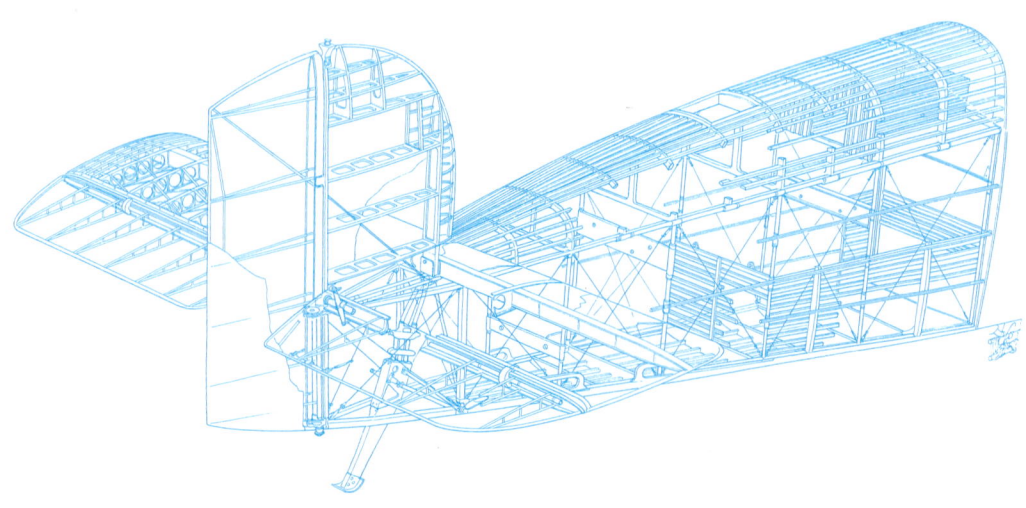

Teil der komplexen Heckkonstruktion einer Douglas World Cruiser (Copyright: Boeing Corporation).

Die Douglas World Cruiser No.4 trug den Namen „New Orleans" und gehörte zu den zwei (von ursprünglich vier) Flugzeugen, die 1924 rund um die Erde flogen. (Copyright: Boeing Corporation)

quer durch die Staaten vom nun „Boston" getauften Prototyp IF ersetzt. Glücklicherweise kamen keine Crewmitglieder zu Schaden, und die Piloten wurden überall herzlich empfangen. Der ganze Flug war eine bemerkenswerte Leistung und erfolgte in 70 Einzeletappen, auf denen insgesamt etwa 45 062 km zurückgelegt wurden. (Im Laufe der Jahre waren die statistischen Angaben immer wieder umstritten – genau wie die technischen Daten der Flugzeuge).

Die Armaturen der Douglas World Cruisers muten eher bescheiden an. Jedes Flugzeug hatte zwei Mann Besatzung in offenen Cockpits. (Foto: Sammlung John Batchelor)

Technische Daten – Douglas World Cruiser (landgestützte Ausführung)

Spannweite	15,24 m
Länge	10,73 m
Höchstgeschwindigkeit	167 km/h (auf Meereshöhe)
Dienstgipfelhöhe	3000 m
Aktionsradius	über 3500 km
Antrieb	1 Reihenmotor Liberty (400–420 PS)
Besatzung	2 Mann

Cierva-Autogyros

Die Entwicklung des Helikopters zu einem brauchbaren Lufttransportmittel erwies sich – wie auf S. 50–51 zu lesen ist – als schwer zu lösendes Problem. Viele frühe Pioniere experimentierten mit dem Senkrechtflug, ohne zu einer brauchbaren Lösung zu kommen. Erst in den 1930er-Jahren konnte man hier die ersten Fortschritte erzielen (vgl. S. 272–273). Einen ganz anderen Weg beschritt damals der spanische Luftfahrtpionier Juan de la Cierva. Er war der Wegbereiter einer völlig neuen Form des Kurzstartflugzeugs, die er Autogiro nannte. Ein Autogiro besitzt gewöhnlich einen Flugzeugrumpf (mit einem normalen Flugzeugmotor in der Nase oder im Heck), aber gewissermaßen keine Flügel; über dem Schwerpunkt des Rumpfes ist dort ein zentraler Rotor angeordnet. Im Gegensatz zu modernen Hubschraubern besitzt dieser Hauptrotor keine eigene Antriebsquelle zum Starten. Das Prinzip des Autogiro besteht im Kern darin, dass der Rotor – der beim Flug frei in der Luft rotiert – für den zum Fliegen nötigen Auftrieb sorgt, dabei aber völlig unabhängig vom Bug- oder Heckmotor ist, der die Maschinen an- bzw. vorantreibt. Dieses Konzept brauchte einige Zeit zum Reifen, nachdem Ciervas Experimente 1920 begonnen hatten. Der Erfolg stellte sich aber bald ein, sodass in Spanien nach einer Reihe von Fehlstarts im Januar 1923 der erste echte Flug eines Autogiros glückte. Mit Unterstützung interessierter Kreise aus mehreren Ländern konnte Cierva den Autogiro zu einer völlig brauchbaren Maschine entwickeln, deren leichte Bedienbarkeit (nach einer kurzen Gewöhnungsphase des Piloten), geringe Ge-

G-ACUU war in Großbritannien offiziell als Cierva C.30A (Avro 671) registriert. Sie wurde 1942 als HM580 für den Dienst bei der RAF requiriert und ist heute in Duxford (nördlich von London) als Eigentum des Imperial War Museum zu besichtigen.

schwindigkeit und sehr kurze Start- und Landemanöver sie zu einem sehr sicheren Verkehrsmittel machten. Ein frühes Modell war die ab 1924 entstehende B-Serie, die den Rumpf der Avro 504 verwendete. Später gründete man auch eine Autogiro-Fabrik namens British Cierva. Es folgten zahlreiche Einzelstücke und Sonderanfertigungen; das erste wirkliche Serienmodell war die C.19. Schließlich perfektionierte Cierva den Antrieb des Hauptrotors vor dem Start, sodass der Autogiro einen „Sprungstart" machen konnte und damit einem echten Senkrechtstart so nah wie nur möglich kam. Das bekannteste Modell war die C.30, die man bei Avro (Großbritannien) als Rota und bei Lioré et Olivier (Frankreich) als LeO C.30 baute. Beide wurden auch vom Militär eingesetzt: Die britischen im Zweiten Weltkrieg zum Kalibrieren von Radars, die französischen vor allem zur Seeaufklärung. Der Autogiro erregte in den 1960er-Jahren erneut Interesse, konnte aber nie wirklich als Massenprodukt „abheben". In den USA war an seiner Entwicklung vor allem die Firma Pitcairn beteiligt (vgl. die folgenden Seiten).

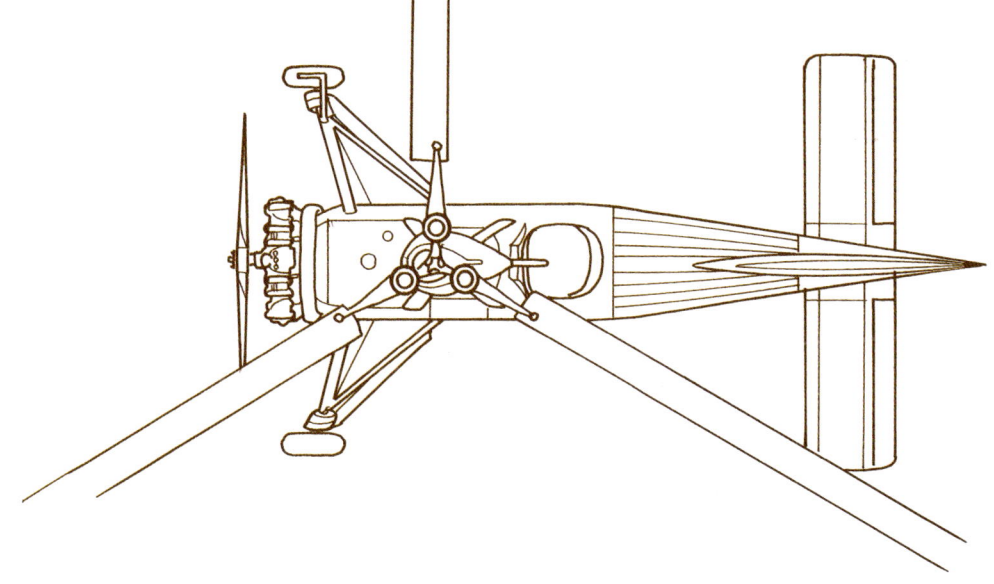

Technische Daten – Avro C.30A Rota Mk.I

Rotordurchmesser	11,28 m
Länge	6.01 m
Höchstgeschwindigkeit	177 km/h (auf Meereshöhe)
Aktionsradius	460 km
Höchstes Startgewicht	820 kg
Antrieb	1 Sternmotor Armstrong Siddeley Genet Major IA (140 PS)
Besatzung	2 Mann

Pitcairn PA-5 Mailwing

Die erste amtliche Luftpostsendung Europas wurde am 9. September 1911 in England befördert. Ebenfalls im September 1911 nahm im Staate New York (USA) ein Luftpostservice seinen Dienst auf. In den folgenden Jahren – vor allem ab 1920 – nahm die Beförderung von Post auf dem Luftweg sprunghaft zu. Neben entsprechend umfunktionierten Maschinen wie der D.H.4 (s. S. 68–69) entwickelte man spezielle Flugzeugtypen für Post und Fracht. In den Vereinigten Staaten war Harold Pitcairn ein früher Exponent des Luftpostwesens. Seine Serie von Mailwing-Doppeldeckern repräsentierte ab 1927 den zu ihrer Zeit verfügbaren Stand der Technik; das Ganze begann mit der PA-5 Mailwing von Mitte 1927. Damals begannen die Postbehörden der USA damit, neue Luftpostrouten einzurichten. Die Mailwing-Serie erwies sich als überaus geeignet für diese Strecken, denn sie verband Motorkraft und Verlässlichkeit mit Reichweite und einer guten Ladekapazität. Der Preis einer fabrikneuen PA-5 betrug 9850 US$, und es wurden etwa 18 gebaut. Auf die PA-5 folgten die PA-6 und die stärkeren Baureihen PA-7 und PA-8; die PA-7M Super Mailwing konnte in einer speziellen feuersicheren Rumpfzelle bis zu 254 kg Post oder Fracht befördern, die PA-5 hingegen nur 227 kg. Mehrere Lufttransportunternehmen und Fluglinien setzten Mailwing-Flugzeuge erfolgreich ein. Man glich sie einer Version der alten landgestützten „Tony Express" aus den späten 1920er-Jahren an und sie halfen (wenigstens zeitweise) dabei, selbst die entferntesten Winkel der USA durch schnelle und effektive Postbeförderung einander näher zu bringen. Pitcairn entwickelte auch eine dreisitzige „Sportversion".

Die Pitcairn Mailwing und Super Mailwing waren klassische Doppeldecker ihrer Zeit.

Dieser Pitcairn-Doppeldecker blieb in den USA erhalten. Dank namenloser Helden auf dem Gebiet der Flugzeugrettung wie dem US-Amerikaner Cole Palen können wir heute noch solche Oldtimer bewundern (Foto: John Batchelor).

Technische Daten – Pitcairn PA-5 Mailwing

Spannweite	10,06 m
Länge	6,68 m
Höchstgeschwindigkeit	209 km/h
Dienstgipfelhöhe	5500 m
Aktionsradius	965 km
Antrieb	1 Sternmotor Wright J-5 Whirlwind (220 PS)
Besatzung	1 Mann

Douglas DT

Die junge Flugzeugbaufirma von Donald Douglas schaffte zur Zeit ihrer Gründung zwei wichtige Durchbrüche: Wie auf S. 146–147 geschildert, bleibt ihr Name auf immer der ersten Erdumrundung durch die Douglas World Cruisers des US Army Air Service verbunden. Mit seinem ersten Militärflugzeugentwurf – dem künftigen Standard-Torpedobomber der US Navy – hatte Douglas ebenfalls einen guten Start. Dies war die DT-Serie, aus der später auch die World Cruisers hervorgingen. Douglas gründete seine Firma im Juli 1921, und bis zu ihrem Aufgehen in Boeing nach 1990 wurde sie zu einem der weltweit führenden Entwickler und Hersteller von Flugzeugen. Die DT-Serie lag bereits zur Zeit der Firmengründung 1921 auf dem Reißbrett, und schon vorher hatte Douglas einen Auftrag über drei Flugzeuge erhalten. Diese trugen die Bezeichnungen DT-1 (= Douglas-Torpedobomber) und zehrten von den Erfahrungen mit der Davis Douglas Cloudster, an deren Entwicklung Douglas vorher beteiligt war. Die DT trat als großer, robuster Doppeldecker mit Liberty-Motor (400 PS) in Erscheinung. Die erste Maschine flog im November 1921, doch dann entschied sich die Navy für eine Zweisitzer-Ausführung, sodass die beiden anderen geplanten DT-1 als solche (DT-2) gebaut wurden. Die Erprobung in der ersten Jahreshälfte 1922 ergab, dass die DT-2 anderen Mitbewerbern überlegen war, sodass man weitere 38 Serienmodelle der DT-2 bestellte. Weitere sechs fertigte die Naval Aircraft Factory und 20 L.W.F. Engineering. Sie traten 1922/23 in Dienst und waren bis 1926 das Standard-Torpedowasserflugzeug der US Navy. Man konnte sie als Wasser- oder auch landgestützte Flugzeuge mit normalem Fahrwerk einsetzen. Eine Reihe späterer DT-Modelle entstand durch Umbauten (v. a. mit anderen Motoren). Es gab auch einen nah verwandten Typ, die SDW-1. Dies war ein bei Dayton-Wright vorgenommener Umbau von drei L.W.F.-DT-2 zu Langstreckenerkundungs- bzw. Aufklärungs-Wasserflugzeugen mit überarbeitetem Rumpf, anderen Crewsitzen und größeren Tanks.

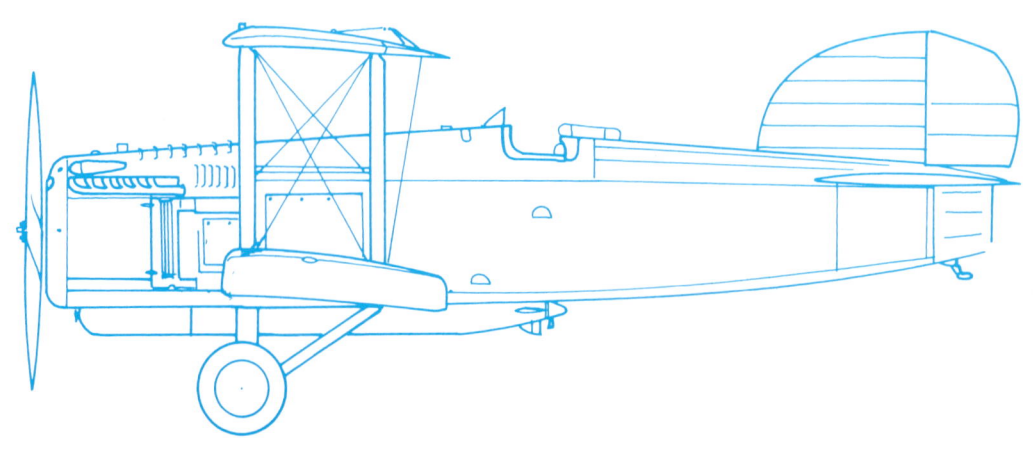

Die Douglas DT-1 von 1921 war ein Einsitzer, von dem nur ein Exemplar gebaut wurde.

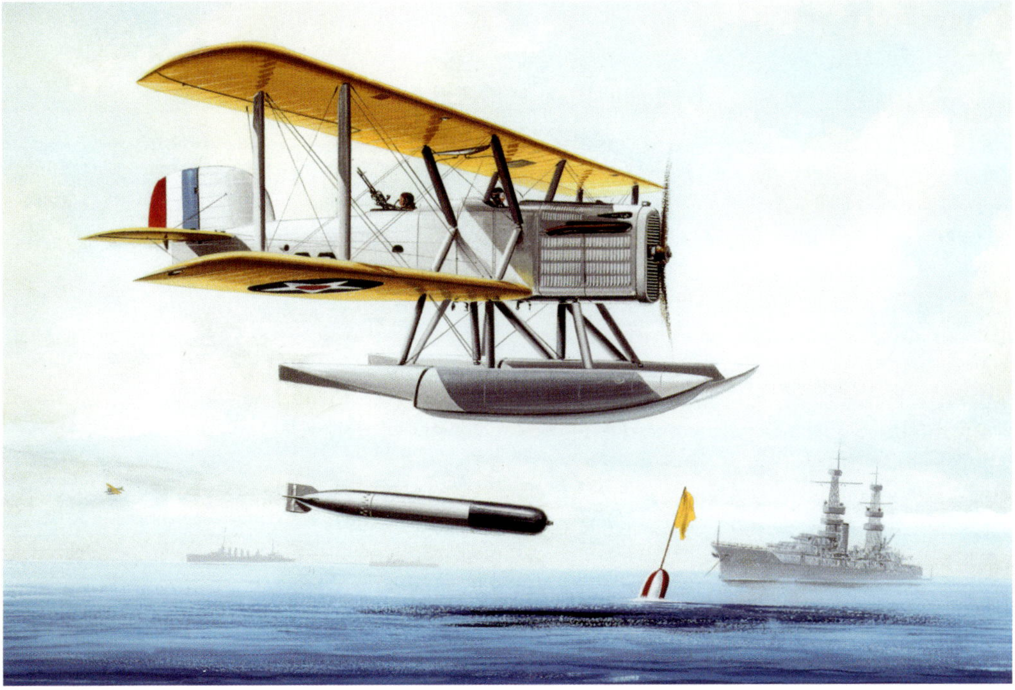

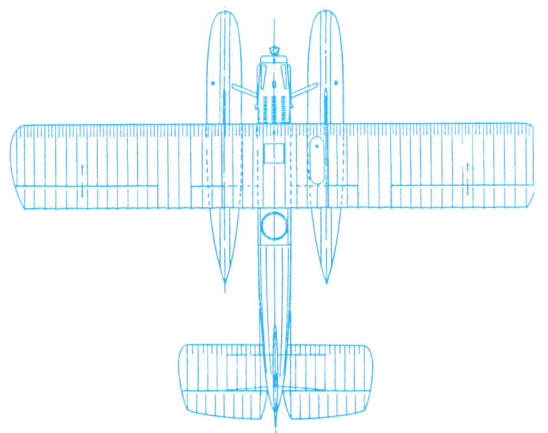

Die Zweisitzer-Version Douglas DT-2 diente der US Navy bis 1926 als Torpedoflugzeug. (Zeichnung: John Batchelor. Bildrechte bei Boeing Corp.)

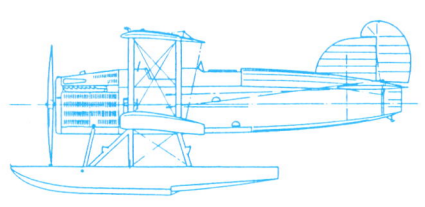

Die Strichzeichnungen zeigen die Produktionsversion der Douglas DT-2.

Technische Daten – Douglas DT-2 (landgestütztes Flugzeug)

Spannweite	15,24 m
Länge	10,41 m
Höchstgeschwindigkeit	163 km/h (auf Meereshöhe)
Aktionsradius	470 km
Dienstgipfelhöhe	2380 m
Bewaffnung	1 Torpedo (832 kg)
Antrieb	1 Reihenmotor Liberty 12A (420 PS)
Besatzung	2 Mann

Junkers F 13

Der deutsche Flugzeugbauer und -pionier Hugo Junkers gehörte schon früh zu den großen Befürwortern des Metalls in der Luftfahrt. Wie auf S. 78–79 geschildert, waren seine frühen Junkers J 1 und J 4 wichtige Beispiele früher Ganzmetall-Serienmaschinen. 1910 ließ er den Entwurf eines „dicken" freitragenden Flügels patentieren, und nach dem Krieg wurde die Firma Junkers auf dieser Basis zu einem der weltweit führenden Hersteller landgestützter Ganzmetall-Linienflugzeuge. Gegen Ende des Ersten Weltkriegs erfolgten Einführung (und Einsatz als CL I) des einmotorigen Zweisitzer Erdkampfflugzeugs J 10, dessen Entwurf die späteren Linienmaschinen beeinflusste. Als nach dem Krieg eine „abgerüstete" J 10 im März zwischen Dessau und Weimar verkehrte, war dies der weltweit erste Linienflug einer Ganzmetallmaschine. Die weitere Entwicklung führte zur J 13 (später F 13 genannt), die erstmals am 25. Juni 1919 flog. Sie war als eines der ersten Ganzmetall-Linienflugzeuge (nach einigen Gewährsleuten sogar als erstes) ein revolutionärer Durchbruch. Die kleine Ganzmetall-Passagiermaschine aus geriffeltem Aluminium mit freitragenden Flügeln spielte im aufblühenden Lufttransportwesen eine wichtige Rolle. Es wurden zahlreiche (möglicherweise bis zu 70) Versionen mit unterschiedlichen Motoren gebaut. Die Gesamtproduktion betrug wohl 328 Stück, doch da wichtige Quellen verloren gingen, lässt sich die genaue Anzahl der Serienmaschinen nur schwer ermitteln (dies betrifft auch zahlreiche andere Flugzeugtypen) – die folgenden technischen Daten sind deshalb eher repräsentativ als spezifisch. Einige F13 flogen mit Schwimmern oder Skikufen, andere hatten geschlossene Cockpits für die 2-Mann-Crew, und die F 13 diente als Ausgangspunkt für viele andere erfolgreiche Ganzmetall-Linienflugzeuge von Junkers. Die weitere Entwicklung führte zur einmotorigen Ganzmetall-Serie W 33 und W 34 von 1926, die (mit Schwimmern oder Landfahrwerk) als Linienmaschinen Verwendung fanden; die W 34 war später ein wichtiges Schul- und Transportflugzeug der deutschen Luftwaffe. In Deutschland und Schweden baute man fast 1800 W 34. Neben diesem einmotorigen Ganzmetallflugzeug entstand

Die Junkers W 34 war ein wichtiges Ganzmetallflugzeug für zivile und militärische Zwecke und konnte mit Schwimmern fliegen. Insgesamt baute man 1791 Stück aller Varianten.

eine Reihe dreimotoriger Ganzmetall-Eindecker; als erster flog im September 1926 die G 31. Es gab nur wenige Exemplare; am bekanntesten wurden sie durch den Einsatz von vier Maschinen in Neuguinea, von denen man einige speziell zum Transport übergroßer Frachtstücke umbaute.

Die Junkers F 13 war ein für ihre Zeit sehr fortschrittliches Flugzeug – die Vorgängerin der schlanken Ganzmetalltransporter der späten Zwischenkriegszeit. Das Foto soll eine nächtliche Szene in Berlin-Tempelhof zeigen (im Vordergrund mehrere F 13). Die F 13 wurde von vielen Piloten in aller Welt geflogen, unter anderem bei der Deutschen Luft Hansa. (Foto: Sammlung Hans Meier)

Das bekannteste Einsatzgebiet der dreimotorigen Junkers G 31 war Neuguinea, wo vor dem Krieg vier Maschinen die örtlichen Goldfelder anflogen. Sie transportierten Lasten, schwere Bauelemente und sogar Autos wie dieses zu schwer zugänglichen Pisten. Die abgebildete Maschine ist vermutlich die VH-UOW der Guinea Airways (Foto: Deutsches Museum, München).

Technische Daten – Junkers F 13a (frühe Baureihen)

Spannweite	14,82 m
Länge	9,59 m
Höchstgeschwindigkeit	170 km/h (auf Meereshöhe)
Dienstgipfelhöhe	4600 m
Aktionsradius	gut 1200 km
Antrieb	1 Reihenmotor BMW III/IIIa (180/185 PS)
Fassungsvermögen	2 Mann Besatzung, bis zu 4 Passagiere

Douglas M-2

Die Beförderung von Post auf dem Luftweg war schon vor dem Ersten Weltkrieg erfolgreich getestet worden (s. S. 150–151). In den Vereinigten Staaten eröffnete die Entwicklung weit reichender Flugzeuge mit großer Nutzlast die Möglichkeit, Postsendungen viel schneller als je zuvor in die entlegensten Winkel Nordamerikas zu transportieren. 1918 wurden die jungen Luftpostrouten in den verschiedenen Teilen der USA dem Post Office Department der US-Regierung unterstellt. Zu den ersten Flugzeugen, die im immer dichter werdenden Routennetz der US-Luftpost zum Einsatz kamen, gehörten „abgerüstete" und entsprechend umgebaute D.H.4 (s. S. 68–69), die in Amerika gefertigt worden waren. Als man diese ab Mitte der 1920er-Jahre ersetzen musste, entstand die M-Serie von Postflugzeugen. Diese von Douglas produzierten Maschinen basierten auf der legendären 0-2-Serie von Beobachtungs-Doppeldeckern, die Douglas für das US-Militär gebaut hatte. Das erste Serienmodell war die M-2, deren Motor und Grundkonzept dem der O-2-Serie ähnelten, während sich im Rumpf anstelle des Pilotensitzes der O-2 ein Stauraum für Post befand; Pilotensitz und Armaturen waren bei der M-2 zum Beobachtersitz verlagert. Mit Einführung der Contract Air Mail-Fluglinien (CAM) übernahm das zivile Unternehmen Western Air Express (ein Vorläufer der berühmten Fluggesellschaft Western Air Lines) die M-2 (der Douglas-Entwurf hatte eine Ausschreibung zum Ersatz der D.H.4-Postflugzeuge gewonnen). Sie besaß eine schnell zu ändernde Innenaufteilung, bei der sich der Frachtraum im vorderen Rumpf zu einer Kabine für zwei unentwegte Passagiere umfunktionieren ließ. Die Frachtkapazität betrug insgesamt etwa 454 kg. Auf die M-2 folgte die in kleinen Details veränderte M-3, an die sich der ebenfalls wenig abgewandelte Untertyp M-4 anschloss, der größere Oberflügel tragen konnte. 1926 lockerte das Post Office seinen Zugriff auf die Luftpostlinien, sodass Unternehmen wie National Air Transport im stetig weiter wachsenden Liniennetz Fuß fassen konnten. Die

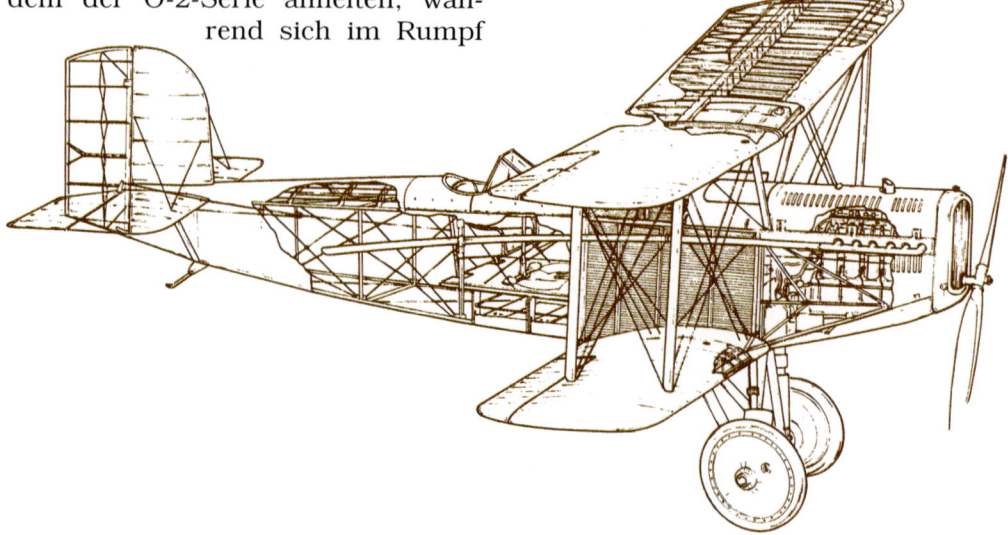

Postflugzeug (Douglas M-Serie) der Western Air Express in den späten 1920er-Jahren.

M-Serie von Douglas blieb so bis 1929/30 im Dienst; es wurden etwa 57 Serienmaschinen aller Typen gebaut.

Technische Daten – Douglas M-2

Spannweite	12,09 m
Länge	8,92 m
Höchstgeschwindigkeit	225 km/h
Dienstgipfelhöhe	5000 m
Aktionsradius	1100 km
Antrieb	1 Reihenmotor Liberty 12 (400 PS)
Besatzung	1 Mann

Dornier Do X

Die Dornier Do X war eines der bemerkenswertesten Flugzeuge aller Zeiten – ein mächtiges Flugboot, das sich leider als ebenso erfolglos erwies wie viele andere „überlebensgroße" Projekte. Die deutsche Firma Dornier hatte nach dem Krieg eine Reihe von Ganzmetallflugzeugen entwickelt. Dazu gehörte u. a. das überaus erfolgreiche Flugboot „Wal" (s. S. 238–239), das sich sehr gut verkaufte und auch bei zahlreichen Langstrecken- und Routentest-Flügen zum Einsatz kam. Der absolute Höhepunkt des der „Wal" zugrunde liegenden Konzepts war jedoch die Do X. Dieses gewaltige Transozean-Flugboot sollte bei seinen Atlantikflügen über 100 Passagieren den gleichen Luxus bieten wie zeitgenössische Ozeandampfer. Die Arbeiten am Entwurf begannen ernsthaft 1927. Die Do X bestand im Kern aus Metall, aber große Teile der Tragflächen und Ruder waren mit Stoff überzogen. Angetrieben werden sollte sie von 12 bei Siemens gebauten Sternmotoren des Typs Bristol Jupiter, die nach dem ursprünglichen Entwurf in sechs Paaren Rücken an Rücken über der Tragfläche saßen; allerdings bereitete vor allem die Kühlung der hinteren Probleme, sodass man als einfachere Lösung 12 amerikanische vom Typ Curtiss Conqueror einbaute (davon abermals sechs als Druckschrauben). Im Inneren des Rumpfes gab es drei Decks mit Schlafkabinen, einer Lounge, einem Rauchsalon, Badezimmern, einer Küche und einem Speisesaal. Der erste Flug des Riesen erfolgte am 25. Juli 1929. Damals war die als D-1929 registrierte DO X das größte Flugzeug der Welt. Ihre Aufnahmefähigkeit demonstrierte sie am 21. Oktober, als sie mit 10 Mann Besatzung, 150 Fluggästen und neun blinden Passagieren abhob. Die normale Kapazität betrug jedoch etwa 72 Passagiere. Am 2. November 1930 startete die Maschine in Konstanz am Bodensee zu einem Vergnügungsflug „rund um die Welt", der indes „nur" über Nordwesteuropa, die Kanaren und verschiedene Stationen am Atlantik wie Brasilien, und Florida nach New York führte das man am 27. August 1931 erreichte. Ein Teil der Zeit wurde mit Reparaturen verbracht, doch nach ihrer Rückkehr

Die Do X D-1929 erhielt schließlich Motoren vom Typ Curtiss Conqueror. Schon der Bau dieses riesenhaften Flugzeugs war eine beachtliche Leistung.

Die DO X D-1929 im Flug; man erkennt die ursprünglich eingebauten zwölf Jupiter-Sternmotoren der Firma Siemens (Foto: Sammlung Hans Meier).

flog die Maschine vorübergehend für die Deutsche Luft Hansa, bis man ihr Entwicklungs- und Testaufgaben zuwies. Im Zweiten Weltkrieg wurde sie im Berliner Luftfahrtmuseum durch alliierte Bomben zerstört. Es entstanden noch zwei weitere Do X, die im zivilen Register Italiens als I-REDI und I-ABBN geführt wurden und Fiat-Motoren besaßen; sie dienten aber nicht zur Passagierbeförderung, sondern führten beim Militär Testflüge durch, bevor man sie abwrackte.

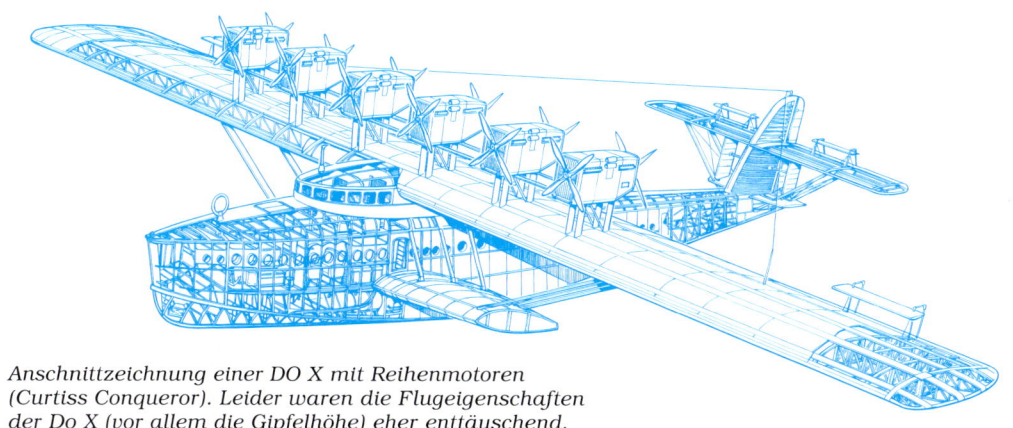

Anschnittzeichnung einer DO X mit Reihenmotoren (Curtiss Conqueror). Leider waren die Flugeigenschaften der Do X (vor allem die Gipfelhöhe) eher enttäuschend.

Technische Daten – Dornier Do X

Spannweite	48 m
Länge	40,05 m
Höchstgeschwindigkeit	216 km/h (auf Meereshöhe)
Höchstes Startgewicht	56 000 kg
Dienstgipfelhöhe	500 m
Aktionsradius	gut 2200 km
Antrieb	12 Reihenmotoren Curtiss Conqueror (je 600 PS)
Fassungsvermögen	bis zu 10 Mann Besatzung, Raum für etwa 72 Passagiere

Potez 25

Die robuste, vielseitige Potez 25 war eines der besten (wenn nicht das beste) in großer Stückzahl produzierten Flugzeuge der Zwischenkriegszeit, das nahezu in aller Welt bei zahlreichen Luftwaffen Verwendung fand. Die französische Firma Potez ging in ihrer Nachkriegsform auf das Jahr 1919 zurück, und die zweisitzige Potez 25 war ein unmittelbarer Ableger der Potez 24 aus den späten 1920er-Jahren. Sie wurde erstmals 1924 auf der Pariser Luftfahrtausstellung (der Vorgängerin des heutigen Salon de l'Aéronautique et de l'Espace) präsentiert. Diese Maschine war möglicherweise vorher nie geflogen, aber bis zum 10. August 1925 verliefen die Testflüge so erfolgreich, dass der Prototyp eine zermürbende, aber erfolgreiche Tour durch west- und nordeuropäische Hauptstädte unternehmen konnte. Im nächsten Jahr fand ein ähnlicher Etappenflug durch einige Städte in Südeuropa und Nordafrika statt. Er begründete den Ruhm der Potez 25, und in den Folgejahren gingen neben den Großaufträgen des französischen Militärs auch viele ausländische ein. Man entwickelte sehr viele Abwandlungen (insgesamt angeblich 87) mit unterschiedlichen Motoren.

Außer Reihenmotoren wurden mehrfach versuchsweise Sternmotoren eingebaut, darunter in Frankreich gebaute britische des Typs Bristol Jupiter. Besonders zahlreich fertigte man den Aufklärer Potez 25A.2 und den Bomber Potez 25B.2, aber das am häufigsten produzierte Modell war die 25TOE mit ihren Nebentypen, die vor allem in den Kolonien zum Einsatz kam. Neben diesen und weiteren Militäroptionen gab es auch eine Reihe ziviler Ausführungen der Potez 25, wenngleich zwei geplante Transatlantikflüge (vielleicht wohlweislich) gestrichen wurden. Einschließlich der Lizenzbauten betrug die Zahl der von mehreren französischen Firmen gefertigten Potez 25 wohl über 4000 Stück – für die 1920er- und 1930er-Jahre eine gewaltige Menge. Die wohl bekanntesten aller Potez 25 waren die Maschinen der französischen Aéropostale, die Luftpost beförderten und neue Flugrouten erkundeten. Dieses Unternehmen flog auch die auf S. 170–171 beschriebene Latécoère 28. Die Aéropostale erhielt

Mit diesem einsitzigen Postflugzeug Potez 25A.2 (22/55) machte der französische Flugpionier Henri Guillaumet im Juni 1930 in den Anden eine Bruchlandung. Flugzeug und Pilot konnten später erneut starten – ein Beweis für ihre Robustheit.

Das Foto zeigt die als Potez 25TOE bekannte Militärversion vieler Maschinen der Baureihe Potez 25 mit einer MG-Lafette für den Beobachter/Heckschützen und einer Art Bombenhalterung unter dem Rumpfboden (Foto: E.C.P.-Armées).

1929/30 fünf Potez 25A.2. Sie gingen schließlich nach Auflösung der Aéropostale 1931/32 an Air France, waren aber bis dahin für ihre Unverwüstlichkeit berühmt geworden. In Südamerika beförderten sie unter den schwierigsten Flugbedingungen Luftpost über das ungemein zerklüftete Gebiet der Andenkette, wobei sie von mehreren berühmten französischen Piloten geflogen wurden.

Die meisten militärischen Potez 25 und ihre Verwandten waren Zweisitzer-Modelle. Einige kamen auch zum Kampfeinsatz, u. a. im Zweiten Weltkrieg.

Technische Daten – Potez 25TOE

Spannweite	14,14 m
Länge	9,1 m
Höchstgeschwindigkeit	210 km/h (auf Meereshöhe)
Dienstgipfelhöhe	5800 m
Aktionsradius	gut 1260 km
Bewaffnung	Ein starr nach vorn feuerndes und zwei auf Ringlafette schwenkbare 7,7-mm-MGs, bis zu 200 kg Bombenlast
Antrieb	1 Reihenmotor Lorraine 12Eb (450 PS)
Besatzung	2 Mann

Northrop Alpha

In den späten 1920er- und frühen 1930er-Jahren ermöglichten Fortschritte beim Entwurf, den Werkstoffen und den Baumethoden die Entwicklung besserer, stromlinienförmiger Flugzeuge. Eines der „Flaggschiffe" auf dem Weg zum Flugzeug modernen Typs war die bahnbrechende Northrop Alpha. Die glitzernde Ganzmetall-Zivilmaschine zur Passagier- und Güterbeförderung verdankte ihre Existenz dem Erfindergeist von John K. Northrop. Dieser hatte mehrere Jahre in der amerikanischen Luftfahrtindustrie gearbeitet und schließlich 1929/30 seine eigene Firma Northrop Aircraft Corp. gegründet. Sie war ein Zweig der United Aircraft and Transport Corp., die sich für Northrops Arbeit an Flugwerken aus Metall interessierte; zu ihren Teilhabern gehörte der berühmte William E. Boeing. Northrop war dort mit fortgeschrittenen Nurflügelflugzeug-Projekten befasst, und auch sein Alpha-Entwurf erwies sich als revolutionär, wenn auch in ganz anderer Hinsicht. Manche halten die Alpha für das erste moderne Linienflugzeug. Ihre verstärkte Ganzmetallkonstruktion mit Monocoque-Rumpf und Auslegerflügeln von hoher Ausdauer war damals außergewöhnlich.

Archaisch wirkte jedoch, dass der Pilot noch in einem offenen Cockpit saß. Überdies bekam der Typ niemals ein einziehbares Fahrwerk; nur einige späte Ausführungen erhielten verkleidete Haupträder. Bei der Passagierversion Alpha 2 fanden sechs Fluggäste im Rumpf Platz, aber die Beförderung von Post und Fracht zahlte sich lukrativer aus, sodass die Alpha 3 als „gemischter" Transporter für Passagiere (drei) und Frachtgut konzipiert wurde. Die Alpha 4-A schließlich war ein reines Transportflugzeug mit nur einem Fenster in jeder Rumpfseite, das bis zu 567 kg Ladung aufnahm. Dieses Modell erhielt auch Goodings Tragflächen-Enteisungsmechanismus und die besten damals verfügbaren Funk- und Navigationsgeräte, um auch bei (relativ) schlechtem Wetter fliegen zu können. 1931 wurde die Alpha auf der quer durch die USA führenden Transkontinental-Luftlinie der Firma Transcontinental and Western Air eingesetzt und begann so ihre berühmte Laufbahn. Es wurden vermutlich 14 zivile und drei militärische Alphas gebaut; erstere rüstete man rückwirkend um, sobald eine neue Konfiguration zur Einführung kam. Diese fortgeschrittenen Ganzmetallflug-

zeuge bedeuteten für den wirtschaftlich genutzten Doppeldecker den Anfang vom Ende seiner Laufbahn.

Hier wird lukrative Fracht im Laderaum einer Northrop Alpha der Transcontinental and Western Air verstaut (Foto: Boeing Corporation).

Diese Farbzeichnung stellt die reine Frachtversion der Northrop Alpha 4-A dar (mit einem einzigen Seitenfenster in der Hülle).

Technische Daten – Northrop Alpha Model 4-A

Spannweite	13,36 m
Länge	8,66 m
Höchstgeschwindigkeit	285 km/h (auf Meereshöhe)
Dienstflughöhe	5330 m
Aktionsradius	1450 km
Antrieb	1 Sternmotor Pratt & Whitney Wasp SC1 (450 PS)
Besatzung	1 Mann

Sikorsky S-38 und S-39

Obwohl sie manchmal als „Ersatzteilsammlung im Formationsflug" bezeichnet wurde, war die Sikorsky S-38 ein erfrischend unkonventionelles Modell, das dennoch in großen Stückzahlen bestellt wurde und zum Aufbau von kommerziellen Fluglinien etwa in der Karibik beitrug. Der russisch-polnische Erfinder Igor Sikorsky hatte nach erfolgreichen Anfängen als Konstrukteur und Flugzeugbauer 1923 eine Firma in den USA gegründet, wo er sich zwei Lufttransportmitteln widmete – dem Amphibien-Flugboot und dem Hubschrauber. Das zweimotorige Anderthalbdecker-Wasserflugzeug S 38 war nach einigen begrenzt gefertigten und experimentellen Typen sein erstes in den Vereinigten Staaten kommerziell erfolgreiches Modell. Die ursprüngliche S-38 flog 1928, und das Typenzertifikat für das erste Serienmodell wurde im August 1928 ausgestellt. Von der S-38 gab es drei Hauptausführungen, unter denen die S-38B die häufigste war. Das Flugzeug war im Grunde eine Linienmaschine mit Holz-Metall-Rumpf, die bis zu 10 Passagiere fasste; bei der S-38C mit kleineren Tanks waren es noch mehr. Besondere Verdienste erwarb die Passagierversion der S-38 dadurch, dass sie Pionierarbeit bei der Einrichtung kommerzieller Fluglinien in Amerika und Übersee leistete; einer

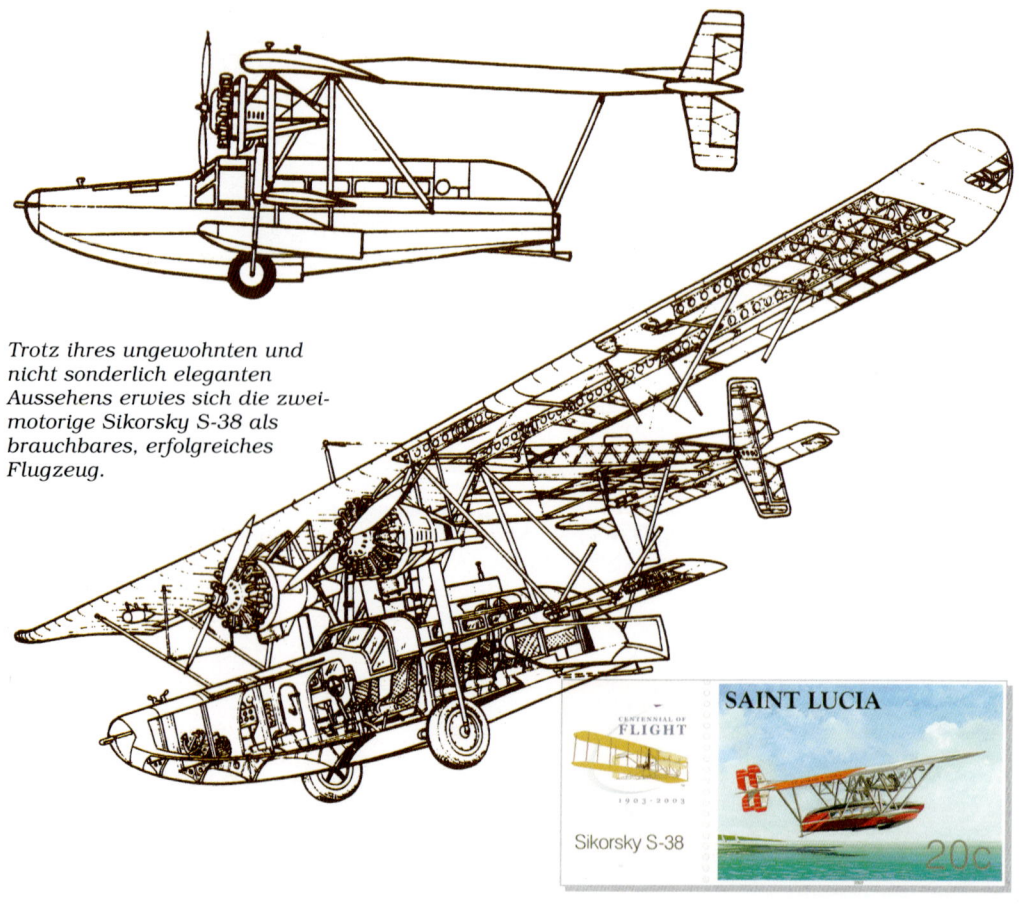

Trotz ihres ungewohnten und nicht sonderlich eleganten Aussehens erwies sich die zweimotorige Sikorsky S-38 als brauchbares, erfolgreiches Flugzeug.

ihrer wichtigsten frühen Nutzer war Pan American Airways. Es gab überdies einige Ausführungen mit Luxusausstattung, und verhältnismäßig wenige Exemplare wurden auch für das US Army Air Corps (als C-6) und das US Navy and Marine Corps gebaut. Die S-39B errang in ihrer Klasse zahlreiche Weltrekorde. Die meisten Historiker stimmen darin überein, dass 111 Stück aller Versionen entstanden, obwohl die Gesamtzahl wohl etwas höher war. Die Produktion lief Anfang der 1930er-Jahre aus. Später entwickelte man das kleinere, zweisitzige Amphibien-Sportflugzeug S-39. Es flog erstmals im Dezember 1929 und ähnelte mit seinem ungewöhnlichen Doppelrumpf der S-38, verzichtete jedoch auf die kleinen Unterflügel; es war ein Amphibienflugzeug mit normalem Parasolflügel, dessen Ganzmetallrumpf 4–5 Passagiere fasste. Ihr Typenzertifikat bekam die S-39A im Juli 1930. Als Antrieb diente hier ein Sternmotor Pratt & Whitney Wasp Junior (300 PS). Insgesamt wurden 20–23 Exemplare der S-39 gebaut. Die bekanntesten S-38 und S-39 waren zwei Flugzeuge, welche die Lufterkunder Martin und Osa Johnson in Afrika verwendeten.

Martin und Osa Johnson benutzten bei ihrer Lufterkundung Afrikas in den 1930er-Jahren eine S-39 namens „Osa's Ark" und eine S-39 mit Namen „Spirit of Africa".

Technische Daten – Sikorsky S-38B

Spannweite	21,84 m
Länge	12,27 m
Höchstgeschwindigkeit	200 km/h (in 1500 m Höhe)
Dienstgipfelhöhe	5500 m
Aktionsradius	etwa 1200 km
Antrieb	2 Sternmotoren Pratt & Whitney Wasp (je 425 PS)
Fassungsvermögen	1–2 Mann Besatzung, bis zu 10 Passagiere

Ryan NYP „Spirit of St. Louis"

Zu den berühmtesten Leistungen der Luftfahrtgeschichte gehörte die erste Nonstop-Atlantiküberquerung eines Flugzeugs durch Charles A. Lindberghs Ryan NYP „Spirit of St. Louis" im Mai 1927. Sie sorgte in aller Welt für Schlagzeilen, und der Ryan-Eindecker, mit dem sie erfolgte, bekam seinen Ehrenplatz in der Ruhmeshalle der Fliegerei. 1919 setzte der reiche Hotelier Raymond Orteig einen Preis von 25 000 $ für den ersten Nonstopflug von New York nach Paris aus. Im gleichen Jahr waren Alcock und Brown in einer speziell umgebauten Vickers Vimy (s. S. 122–123) von Irland über den Nordatlantik geflogen, doch der Orteig-Preis galt dem Flug von Hauptstadt zu Hauptstadt. 1926 gab es drei Bewerber; einer von ihnen, Charles Lindbergh, war ein kaum bekannter Postflieger. Seine Konkurrenten waren Richard Byrd (der als erster über beide Pole flog) mit einer Fokker und Clarence Chamberlin mit einer Bellanca. Am Ende glückte allen dreien der Flug über den Atlantik (wenngleich Byrds Flugzeug über dem Ärmelkanal niederging und Chamberlain sogar bis nach Deutschland flog), aber Lindbergh war der Erste, der einzige Solo-Pilot und auch der einzige, der wirklich in Paris landete. Lindberghs auch als NYP (für „New York to Paris") bekannte „Spirit of Saint Louis" war ein Einzelstück, das auf einem von Ryans zeitgenössischen Modellen basierte, dem fünfsitzigen Leichttransportflugzeug M2; auch die damals gerade entwickelte B-1 Brougham trug ihren Teil dazu bei.

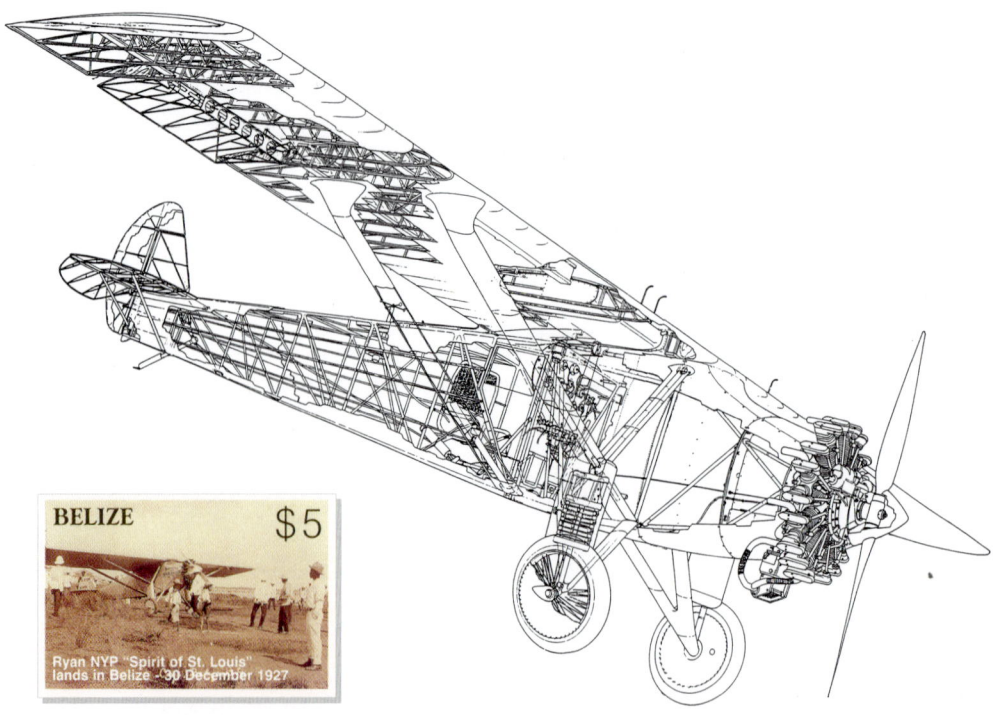

Der Pilot hatte praktisch keine Sicht nach vorn, da sich vor ihm ein riesiger Treibstofftank befand.

Ryan fertigte die zur Zeit ihrer Entstehung als Mahoney-Ryan bekannte NYP genau nach Lindberghs Vorgaben. Sie flog erstmals Ende April 1927 und besaß eine Reichweite von etwa 6770 km. Am 20. Mai 1927 hob Lindbergh in Roosevelt Field auf Long Island (New York) ab und flog dann nach Osten. Er beschrieb dann einen riesigen Kreis (beinahe schon den ersten seiner späteren Routen-Erkundungsflüge, die er in den Folgejahren für Fluglinien unternahm). Am 21. Mai landete er vor zahllosen Menschen auf dem Flugfeld von Le Bourget nördlich von Paris, nachdem er in gut 30½ Stunden etwa 5810 km zurückgelegt hatte.

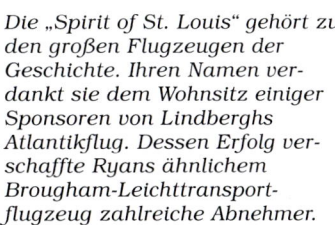

Die „Spirit of St. Louis" gehört zu den großen Flugzeugen der Geschichte. Ihren Namen verdankt sie dem Wohnsitz einiger Sponsoren von Lindberghs Atlantikflug. Dessen Erfolg verschaffte Ryans ähnlichem Brougham-Leichttransportflugzeug zahlreiche Abnehmer.

Technische Daten – Mahoney-Ryan NYP „Spirit of St. Louis"

Spannweite	14,02 m
Länge	8,43 m
Höchstgeschwindigkeit	192 km/h (auf Meereshöhe)
Aktionsradius	gut 6770 km
Startgewicht	2380 kg
Antrieb	1 Sternmotor Wright J-5C Whirlwind (237 PS)
Besatzung	1 Mann

„Winnie Mae"

Die auf Seite 144 beschriebene Vega-Serie von Lockheed war eine berühmte und erfolgreiche Reihe ziviler Leichttransportflugzeuge, die sich mit entsprechenden Modifikationen auch für Spezial- und Erkundungsflüge eignete. Ihre bei weitem bekannteste Vertreterin bildete jene Lockheed Model 5-B Vega des US-Piloten Wiley Post, der zwei spektakuläre, schlagzeilenträchtige Langstreckenflüge unternahm. Der halbseitig blinde Post war in den 1930er-Jahren – als sich viele Solopiloten und Flugpioniere einen Namen machten – einer der berühmtesten Flieger Amerikas. Was waren das doch für andere Zeiten! Post diente dem Ölmagnaten F.C. Hall aus Oklahoma als Leibpilot und blieb durch sein Lob der Lockheed Vega in bester Erinnerung. Im Jahre 1930 gewann er ein Nonstop-Luftrennen von Los Angeles nach Chicago, bei dem mehrere andere Vegas unterlagen. Sein Kommentar „Man braucht eine Lockheed, um eine Lockheed zu schlagen" warb hervorragend für die Firma. Posts berühmte „Winnie Mae" war eine Vega Model 5-B mit der Reg.-Nr. NR-105W – ein spezieller Umbau für Langstreckenflüge, die zwei wichtige Pionierleistungen vollbrachte: Am 23. Juni 1932 startete Post mit seinem Kopiloten Harold Gatty zu einem schlagzeilenträchtigen Flug rund um den Globus, auf dem er mit Zwischenstopps in mehreren Ländern (u.a. in der Sowjetunion) über die Nordhalbkugel flog. Am 1. Juli landete die Vega wohlbehalten an ihrem Ausgangspunkt New York. Zwei Jahre später erlangte Post Unsterblichkeit, indem er als erster allein rund um die Erde flog. Der Start erfolgte am 15. Juli 1933 in New York. Den ersten Flug um die Erde hatten sechs Monate zuvor Douglas World Cruisers des Militärs unternommen (s. S. 146–147) – Post aber gelang sein Solo-Rundum-

Die „Winnie Mae" war speziell auf Langstreckenflüge hin ausgelegt. Man beachte vor allem den großen Zusatztank im Rumpfinneren!

flug in nur sieben Tagen, 18 Stunden und 49 Minuten. Leider verunglückte er 1935 bei einem ähnlichen Flug in einer anderen Maschine. Die „Winnie Mae" NR-105W kam später ins amerikanische National Air and Space Museum; benannt war sie nach der Tochter von F. C. Hall.

Diese drei Ansichten zeigen die Standardversion der Lockheed Vega Model 5.

Technische Daten – Lockheed Model 5-B Vega (Standardversion)

Spannweite	12,5 m
Länge	8,38 m
Höchstgeschwindigkeit	290 km/h (auf Meereshöhe)
Dienstgipfelhöhe	6100 m
Aktionsradius	1100 km
Antrieb	1 Sternmotor Pratt & Whitney Wasp (450 PS)
Fassungsvermögen	1–2 Mann Besatzung, bis zu 5 Passagiere

Latécoère 28

Nachdem sich das dunkle Gewölk des Ersten Weltkriegs verzogen hatte, wurde die Luftpost in den 1920er-Jahren zu einem einträglichen Geschäft, und weltweit gründete man neue Linien. In manchen Teilen der Erde ließen sich diese jedoch einfacher einrichten als andernorts. In bestimmten Gegenden machten das Klima, feindselige Einheimische und das Fehlen jeder Infrastruktur den Bau von Flugfeldern und Poststationen schwierig, ja gefährlich. Es gab jedoch stets wagemutige Pioniere, die das in Kauf nahmen, und einige der wichtigsten frühen Postpiloten, die damals nicht nur Europa, sondern sogar Afrika und Südamerika durchflogen, waren Franzosen. In den 1920er-Jahren gehörte Nordafrika großenteils zu Frankreich, und der Transport von Luftpost in diese Kolonien wurde für den Flugzeugbauer und Luftpostunternehmer Pierre Latécoère zu einem großen Geschäft. Ihm schwebte vor, Post nicht nur dorthin, sondern auch über den Atlantik nach Südamerika zu befördern. Daran machte er sich in den 1920er-Jahren mit Hilfe von berühmten Piloten wie Jean Mermoz. Als Post- und Passagierflugzeug für die damals entstehenden französischen Luftpostlinien war die große, robuste Latécoère 28 vorgesehen. Das erste Serienmodell wurde 1929 gebaut, und insgesamt fertigte man wohl 50 Exemplare verschiedener Ausführungen, darunter land- und wassergestützte Versionen. Die wichtigsten frühen Baureihen waren die Latécoère 28-0 und 28-1. Diese flogen bei Aéropostale, der Nachfolgerin von Latécoères eigener Linie, andere hingegen bei südamerikanischen Firmen. Auf europäischen und nordamerikanischen Routen war man von diesen robusten Hochdeckern aus Metall und Stoff begeistert. Am 12./13. Mai 1930 flog Jean Mermoz ein Wasserflugzeug Latécoère 28 in 21 Stunden von Saint-Louis (im heutigen Senegal) über den Südatlantik nach Natal (Brasilien). Auch das war

Die klassische Linienführung einer Latécoère 28 der Aéropostale.

Eine Latécoère 28 der Aéropostale in ihrem Element – mit Luftpost und ein paar furchtlosen Passagieren auf dem Flug über unwegsames Terrain.

einer der großen Pionierflüge der Geschichte. Ein französischer Marineflieger, Lieutenant de Vaisseau Paris, stellte mit unterschiedlichen Lasten in einer Latécoère 28 mehrere Geschwindigkeits-, Ausdauer- und Streckenweltrekorde auf. Die Marine flog später ein weiterentwickeltes Torpedoflugzeug der Serie Latécoère 290 aus den frühen 1930er-Jahren.

Technische Daten – Latécoère 28-1

Spannweite	19,25 m
Länge	13,64 m
Höchstgeschwindigkeit	223 km/h (in 2000 m Höhe)
Dienstgipfelhöhe	5500 m
Aktionsradius	gut 1000 km
Antrieb	1 Reihenmotor Hispano-Suiza 12Hbr (500 PS)
Fassungsvermögen	2 Mann Besatzung, bis zu 8 Passagiere

Supermarine S.6B

Der wissenschaftliche Fortschritt in der Luftfahrt wurde im Laufe der Jahre auf vielfältige Weise angeregt, manchmal durch Einzelereignisse oder spezifische Ziele. Einer der wichtigsten Ansporne für die Entwicklung von Hochgeschwindigkeitsflugzeugen, die wichtige „Ableger" für Motorenbau und Aerodynamik hervorbrachten und so den Bau schneller Kampfflugzeuge förderten, war der Wettbewerb um den Schneider-Pokal. Dieser vom Franzosen Jacques Schneider vor allem zur Förderung der Konstruktion und des Baus von Wasserflugzeugen gestiftete Preis entwickelte sich allmählich zum einem Wettbewerb für Hochleistungsmaschinen, die so kostspielig wurden, dass ihre Herstellung nur wohlhabenden oder staatlich geförderten Teilnehmern möglich war. Diese erst jährlich, später alle zwei Jahre stattfindende Veranstaltung bewegte sich auf völlig anderem Niveau als frühere Luftrennen (etwa jene für die auf S. 194–195 geschilderte Gee Bee). Der erste Schneider-Wettbwerb fand 1913 in Monaco statt, und nach dem Ersten Weltkrieg wurde er vor allem zu einer Angelegenheit von Italienern, Amerikanern und Briten. Daraus ging auf britischer Seite eine gewinnträchtige Kombination hervor: Zu ihr gehörten die Firma Supermarine mit ihrem brillanten, weitsichtigen Konstrukteur Reginald J. Mitchell, die mit Rolls-Royce zusammenarbeitete. Mitchell wurde im Laufe der Jahre einer der berühmtesten Flugzeugbauer, dem man auch die hervorragende Supermarine Spitfire (s. S. 274–275) verdankte. Für den Schneider-Wettbewerb von 1925 entwarf er die S.4, einen schlanken, freitragenden Eindecker mit Schwimmern. Daraus ging später die S.5 hervor, die erstmals im Juni 1927 flog und von der High Speed Flight der RAF benutzt wurde, die man im Oktober 1926 bildete. Diese Einheit flog die S.5 und alle späteren Supermarine-Bewerber.

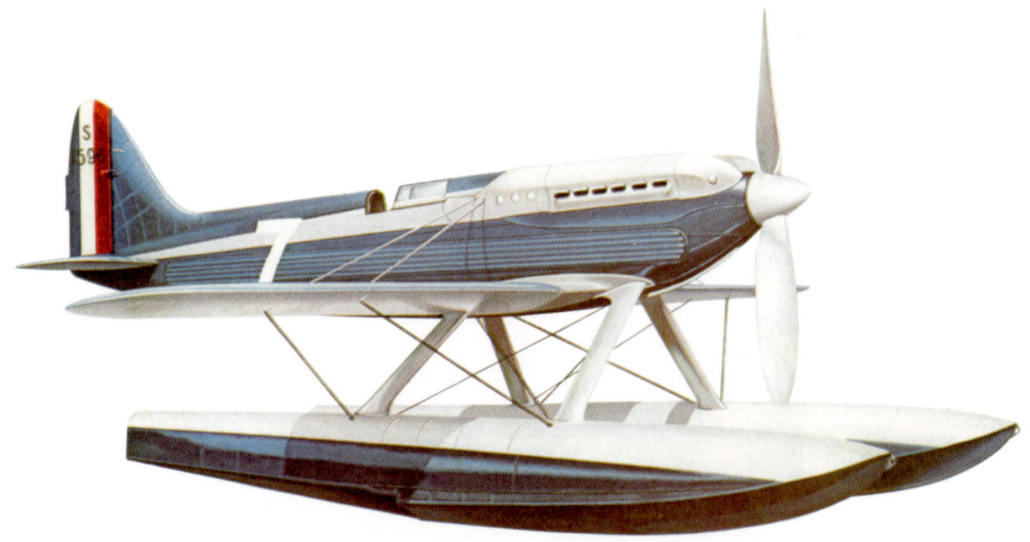

Die Supermarine S.6B gewann am 13. September 1931 das Rennen um die Schneider-Trophäe und brach am 29. den Geschwindigkeitsweltrekord. Gebaut wurden 2 Stück.

Die Supermarine S.6B Nr. S1595 gewann 1931 den Schneider-Pokal.

Die S.5. gewann den Wettbewerb von 1927, während 1929 die weiterentwickelte S.6 siegte. Die Veranstaltung von 1931 war die letzte ihrer Art, und auch jetzt siegten die Briten zum dritten Mal in Folge unbestritten in einer S.6B (S1595). Der Erstflug der S.6B war im Juli 1931 erfolgt, und am Tag des Rennens (dem 13. September 1931) brach die zweite S.6B (S1596) mit gut 610 km/h den Weltgeschwindigkeitsrekord. Verbessert wurde er am 29. September durch die S1595 auf gut 655 km/h – ein eindrucksvoller Beleg für das Ausmaß, in dem der Schneider-Pokal die Entwicklung des Hochgeschwindigkeitsflugs, der Aerodynamik und des Motorenbaus stimuliert hatte.

Technische Daten – Supermarine S.6B

Spannweite	9,14 m
Länge	8,79 m
Höchstgeschwindigkeit	über 655 km/h (auf Meereshöhe)
Höchstes Startgewicht	2760 kg
Antrieb	1 Reihenmotor Rolls-Royce R (2330–2350 PS) (für 655 km/h auf 2600 PS gesteigert)
Besatzung	1 Mann

Fokker F VII

Der Niederländer Anthony Fokker befasste sich auch nach dem Ersten Weltkrieg erfolgreich mit der Fliegerei (vgl. S. 116–117). Seine in den Niederlanden ansässige Firma erwarb sich einen guten Namen, als sie neben Militärflugzeugen auch zivile Maschinen entwarf und fertigte. Einige dieser Modelle waren überaus erfolgreich, sodass Fokker auch in den USA eine bedeutende Niederlassung gründete (s. S. 198–199). Zu den erfolgreichsten zivilen Entwürfen der Firma gehörte die F VII, die als Maschine von Flugpionieren berühmt wurde, obwohl sie als Linienflugzeug konzipiert war. Zur „Familie" der F VII zählten die ursprünglich einmotorige F VII, die aerodynamisch überarbeitete F VIIA (ebenfalls einmotorig), nach einem „großen Sprung" die dreimotorige F VIIA-3m und schließlich das Langstreckenflugzeug F VIIB-3m. Diese Familie umfasste mit die erfolgreichsten und wichtigsten Linienmaschinen ihrer Zeit; sie brachten Langstrecken-Personenflüge weiteren Kreisen näher. Die ursprüngliche, einmotorige F VII flog 1924, und die bahnbrechende F VIIA-3m war als logische Fortentwicklung der erfolgreichen F VII konzipiert: Sie verwendete weitgehend den Rumpf und die Tragflächen ihrer einmotorigen Vorgängerin – allerdings mit zwei zusätzlichen Motoren (einer unter jedem Flügel). Die erste dreimotorige F VIIA-3m gewann 1925 in den USA die publicityträchtige Ford Reliability Tour und hatte später beträchtlichen kommerziellen Erfolg. Der Typ nahm auch direkten Einfluss auf die Entwicklung der Ganzmetall-Serie Ford Tri-Motor (s. S. 182–183). Die Produktion erfolgte in den Niederlanden sowie andernorts in Lizenz. Uneinigkeit besteht über die Gesamtzahl, doch waren es wohl weit über 100 Stück. Beim Langstreckenmodell F VIIB-3m nahm man einige Änderungen vor (u. a. an der Form der Flügelfläche). Auch sie wurde andernorts in Lizenz gefertigt; zuhause baute Fokker etwa 63 Stück. In England produzierte man als Gegenstück die Avro Ten. Zu den Aufträgen des Militärs gehörte die C-2 für das US Army Air Corps. Unsterblich wurde die F VII jedoch durch ihre Langstrecken- und Pionierflüge, etwa Byrds Arktis-Expedition vom Mai 1926 und den wegbereitenden ersten Flug über den Pazifik im Mai/Juni 1928, den Charles Kingsford Smith und seine Crew etappenweise in der berühmten „Southern Cross" unternahmen.

Im Mai 1926 überflog Richard E. Byrd als erster Mensch den Nordpol, und zwar in dieser dreimotorigen Fokker F VII mit Namen „Josephine Ford".

Den heiß begehrten Ruhm, als erster Mensch den Nordpol überflogen zu haben, errang Richard E. Byrd in dieser dreimotorigen Fokker F VII namens „Josephine Ford" (zu Ehren der Tochter des Sponsors von Byrds Arktis-Expedition, des Autoproduzenten Edsel Ford).

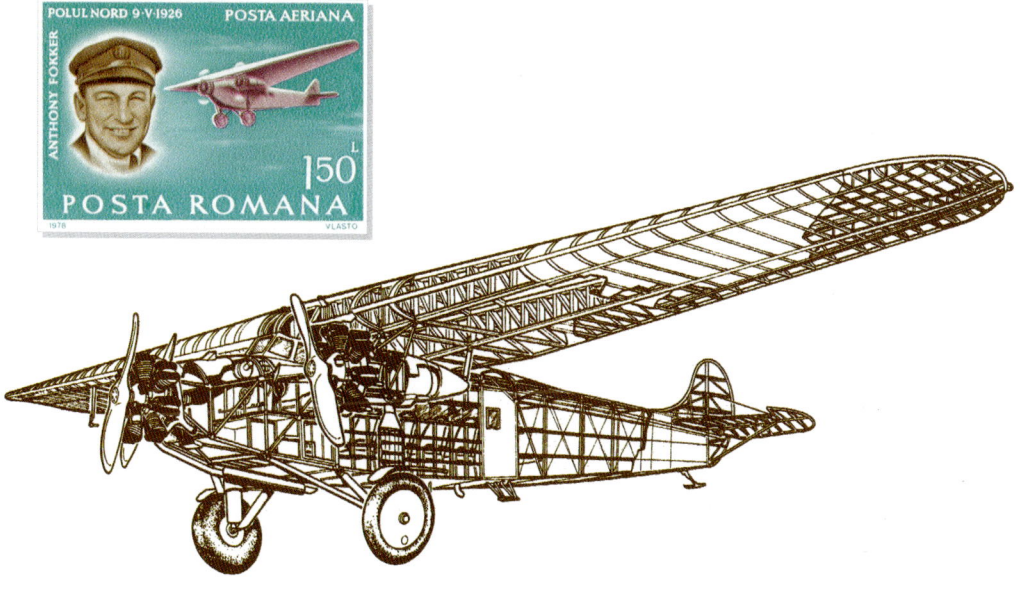

Technische Daten – Fokker F VIIB-3m

Spannweite	21,71 m
Länge	14,5 m
Höchstgeschwindigkeit	208 km/h (in 1800 m Höhe)
Höchstes Startgewicht	5300 kg
Aktionsradius	1200 km
Antrieb	3 Sternmotoren Wright J-5C oder J-6 Whirlwind (je 300 PS)
Fassungsvermögen	2 Mann Besatzung, bis zu 10 Passagiere

de Havilland D.H.60 Moth („Motte")

In den 1920er-Jahren unternahm man erhebliche Anstrengungen, um das Fliegen weiteren Kreisen zugänglich zu machen. Das erste Goldene Zeitalter der Privatfliegerei begünstigte auch einige Firmen, die allgemein geschätzte und akzeptierte Maschinen bauten. All dies stand in der Tradition von Pionieren der Vorkriegszeit wie Albert Santos-Dumont (s. S. 44–45). In Großbritannien gab es damals mehrere Leichtflugzeughersteller, doch keiner war so wichtig wie de Havilland. Obwohl diese Firma später auch größere Typen wie das Linienflugzeug D.H.91 Albatross (s. S. 228–229) und viele erfolgreiche Militärmaschinen baute, trugen einige ihrer Leichtflugzeuge in den 1920er- und frühen 1930er-Jahren zur Revolutionierung der Fliegerei in Großbritannien und anderswo bei. Den ersten wirklichen Erfolg auf diesem Gebiet erzielte die Serie D.H.60 Moth. Die in mehreren immer weiter verbesserten Versionen gebaute D.H.60 basierte auf den ersten Privatflugzeugen, die de Havilland Anfang und Mitte der 1920er-Jahre auf den Markt brachte, etwa der D.H.37. De Havilland fand mit der D.H.60, dem Erstling der berühmten Moth-Serie, das richtige Rezept. Die erste D.H.60 flog im Februar 1926 mit einem 60-PS-Reihenmotor des Typs Cirrus I. Sie war sogleich ein Erfolg, und Aufträge mehrerer Fliegerklubs sorgten dafür, dass sie ab Sommer dieses Jahres ausgeliefert wurde. Später gingen auch solche aus Übersee ein und regten so die Entwicklung weiterer Modelle mit Cirrus-Motoren an. De Havilland wurde auch auf dem Gebiet des Entwurfs und Baus von Motoren tätig, sodass ebenso erfolgreiche Leichtflugzeugmotoren entstanden. Der de Havilland Gipsy wurde 1928 in den bewährten Rumpf der D.H.60 eingebaut: das Ergebnis waren die als „Gipsy Moth" bekannten Modelle. Dieser Typ wurde in der Fol-

*Die wohl berühmteste D.H.60G Gipsy Moth war die „Jason",
in der die wagemutige britische Pilotin Amy Johnson im Mai 1930
als erste Frau allein in 19½ Tagen von England nach Australien flog.*

Die letzte Abwandlung des Grundentwurfs der D.H. 60 war das Schulflugzeug D.H. 60 Moth – hier eine an Schweden verkaufte G-ABKM (Foto: Sammlung Philippe Jalabert).

ge bei vielen Langstrecken- und Rekordflügen berühmter Piloten wie Amy Johnson eingesetzt, aber auch von Privatleuten in aller Welt erworben. Man baute sie überdies in vielen Ländern – u.a. den USA – in Lizenz nach, was den Erfolg dieses Typs nur unterstrich. Zur vollständig aus Holz gefertigten D.H.60G kam die D.H. 60M mit metallener Rahmenkonstruktion, und die weitere Entwicklung von Rumpf und Gipsy-Motor führte zu mehreren verbesserten Modellen –
den Höhepunkt bildete die weltberühmte D.H.82 Tiger Moth, die ihre besten Tage als Schulflugzeug im Zweiten Weltkrieg erlebte. Von der Baureihe D.H.60 Moth wurden viele hundert Stück gebaut: allein die Produktion der D.H.60G belief sich auf über 500 Exemplare.

Technische Daten – de Havilland D.H.60G Gipsy Moth („Zigeunermotte")

Spannweite	9,14 m
Länge	7,29 m
Höchstgeschwindigkeit	158 km/h (auf Meereshöhe)
Dienstgipfelhöhe	4400 m
Aktionsradius	470 km
Antrieb	1 Reihenmotor de Havilland Gipsy I (100 PS)
Fassungsvermögen	1 Pilot, 1 Passagier oder weiteres Besatzungsmitglied

Boeing Model 40

Der ursprünglich 1925 als Postflugzeug entworfene Doppeldecker Boeing Model 40 entsprach den gleichen Anforderungen für ein Nachfolgemodell der D.H.4, die auch zur Douglas M-2 führten (s. S. 156–157) und leitete eine Serie robuster Post- und Passagierflugzeuge ein. Der erste Einsitzer mit Liberty-Motor flog im Juli 1925. Obwohl er sich anfangs als der Douglas M-2 unterlegen erwies, hielt Boeing am Entwurf der Model 2 fest, und der Typ erhielt durch die Kaufkraft von Boeings kommerziellem Post- bzw. Passagierzweig, der Boeing Air Transport, mächtigen Auftrieb. Das erste Serienmodell war die Model 40A. Vom ursprünglichen „Postflugzeug" von 1925 unterschied sie sich vor allem durch ihren 400–420-PS-Sternmotor vom Typ Pratt & Whitney Wasp und den Rumpf, der neben dem offenen Cockpit des Piloten nicht nur Fracht, sondern in einer Kabine auch zwei Passagieren Platz bot. Als erste flog im Mai 1927 die Model 40A: Sie war eines der ersten Flugzeuge, dessen Typenzertifikat unter den neuen Regelungen für die Zivilluftfahrt erteilt wurde, welche die USA damals einführten. Im Juli 1927 erhielt die Serienversion Model 40A von der Luftfahrtabteilung des US-Handelsministeriums das Approved Type Certificate No. 2; sie verkaufte sich mäßig gut, und 24 Stück erwarb Boeing Air Transport. In ihren beiden Rumpfabteilungen

Hier wird der vordere Frachtraum einer Boeing der Serie Model 40 mit zwei Fahrgastplätzen im Rumpf entladen (Foto: Boeing Corporation).

konnte sie Frachtgut und Postsendungen mitführen. Die Boeing 40A trat ihren Dienst bei Boeings neuer Luftpostlinie von San Francisco nach Chicago im Juli 1927 an. Die weitere Entwicklung führte zur Model 40B, die erstmals über den kräftigeren Sternmotor Pratt & Whitney Houston (500–525 PS) verfügte, aber im Grund ein Umbau der früheren Model 40A war; davon entstanden 19 Stück. Ergebnis weiterer Verbesserungen war die Model 40C, ein auf früheren Entwürfen basierendes viersitziges Passagier- und Fracht-/Post-Wasserflugzeug (abermals mit dem Sternmotor Pratt & Whitney Wasp). Einige davon flogen bei Pacific Air Transport (die später ein Teil von Boeings Luftfahrtimperium wurde) an der Pazifikküste. Das Typenzertifikat für dieses in 10 Exemplaren gefertigte Modell wurde im Juli 1928 erteilt. Sein Erfolg führte zur Model 40B-4, einer viersitzigen Variante der Baureihe Model 40B. Es konnte neben den vier Fluggästen bis zu 227 kg Post oder Frachtgut tragen. Es entstanden etwa 20 Stück; die letzten bekamen einen Townend-Ringkühler für den Hornet-Sternmotor (525 PS). Einige Model 40C griffen darauf zurück. In den frühen 1930er-Jahren ging die Zeit der schwerfälligen Doppeldecker mit offenen Cockpits aber schnell zu Ende.

Anfänglich der Douglas M-2 als amtliches Postflugzeug unterlegen, profitierte die Boeing Model 40 von der Deregulierung des Postwesens um 1926/27, um künftig erfolgreich kommerzielle Anbieter zu bedienen. Das Bild zeigt eine Model 40B.

Technische Daten – Boeing Model 40B

Spannweite	13,46 m
Länge	10,16 m
Höchstgeschwindigkeit	212 km/h (auf Meereshöhe)
Dienstgipfelhöhe	4570 m
Aktionsradius	etwa 890 km
Antrieb	1 Sternmotor Pratt & Whitney Hornet (525 PS)
Fassungsvermögen	1 Pilot, 2 Passagiere

Curtiss Condor

Obwohl der Flugzeugbauer Glenn Curtiss zu Recht als einer der Wegbereiter und Innovatoren in den frühen Jahren des Personenflugs gelten darf, waren manche seiner späteren Entwürfe nicht gerade bahnbrechend. 1929 entwickelte die Firma einen neuen zivilen Transport-Doppeldecker mit der Bezeichnung Condor. Dieses gewaltige Doppeldecker-Linienflugzeug ging aus dem Bomber Curtiss B-2 hervor und machte seinen Erstflug im Sommer 1929. Es besaß ein Doppeldecker-Leitwerk, mit dem es unter den bedeutend fortschrittlicheren Entwurfskonzepten jener Jahre ziemlich fehl am Platz wirkte. In Dienst gestellt wurde es 1930. Seine luxuriöse Passagierkabine konnte 18 Fluggäste aufnehmen, und es war erfolgreich genug (Fluglinien in den USA bestellten mindestens sechs Stück), um Curtiss diesen Entwurf weiterentwickeln zu lassen. Wie auf S. 250–251 zu lesen ist, zog es die Firma vor, so lange wie nur möglich am Doppeldecker-Konzept festzuhalten. Als die neue Condor 1933 herauskam, war sie abermals ein Doppeldecker – zwar kleiner, aber unter den damals entwickelten Eindecker-Linienflugzeugen ein Dinosaurier. Ihren Erstflug machte sie am Januar 1933 unter der Bezeichnung T-32 Condor II. Ihr Grundkonzept war entschieden schlüssiger als das der ursprünglichen Condor-Linienmaschine (sie besaß Reihen- statt Sternmotoren und ein konventionelles Heckleitwerk (wenngleich mit Streben), doch es markierte dennoch bereits das Ende einer Ära. Überhaupt war sie der letzte in den USA entworfene Doppeldecker. Die Zahl der Passagiere schwankte je nach Kunde, aber in einigen T-32 konnten bei Nachtflügen bis zu 12 schlafen. Die ersten 21 T-32 flogen ab 1933 bei Linien wie American Airways; ähnlich wurde auch das spätere Modell AT-32 eingesetzt. Mehrere T-32 brachte man nachträglich auf den Stand der T-32-C. Das Militär bestellte u. a. zwei T-32-Transporter (als YC-30) für die US Army, und einige wenige AT-32 wurden nicht nur vom amerikanischen Militär, sondern auch von Exportkunden geordert.

Das Schwimmerflugzeug (optional mit Skiern versehen) war wohl die bekannteste Version der Curtiss T-32 Condor; es kam bei Byrds Polarexpedition zum Einsatz.

Eine Bomberversion, die BT-32, ging in geringer Anzahl (als Wasserflugzeug) nach Kolumbien, Peru und China. Argentinien erwarb einen Militärtransporter, und zwei R4C-1 setzte die USA in der Antarktis ein. Auch Byrds Expedition verwendete eine T-32 Condor mit starrem Fahrgestell.

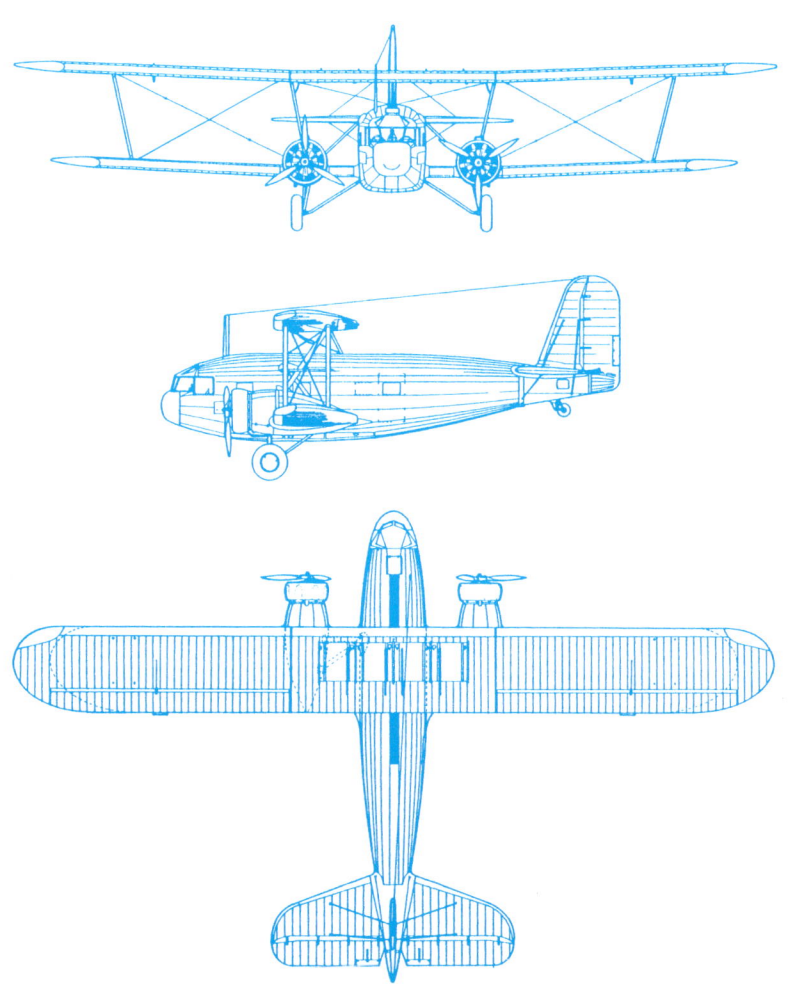

Technische Daten – Curtiss T-32 Condor

Spannweite	25 m
Länge	14,88 m
Höchstgeschwindigkeit	274 km/h (auf Meereshöhe)
Dienstgipfelhöhe	4720 m
Aktionsradius	935 km
Antrieb	2 Sternmotoren Wright GR-1820-F11 Cyclone (je 650–670 PS)
Fassungsvermögen	2 Mann Besatzung, bis zu 15 Passagiere (in „Schlafflugzeugen" weniger)

Ford Tri-Motor

Die unter dem Namen „Tin Goose" (Blechgans) hoch geschätzte Ford Tri-Motor war ein aus mehreren Gründen sehr wichtiges Flugzeug: sie trug nicht zuletzt zur Entwicklung des Flugliniennetzes in den USA und zum Durchbruch des Ganzmetall-Linienflugzeugs in der Industrie bei. Die robuste und vielseitige Tri-Motor war eine Zeitgenossin der Ganzmetallflugzeuge der deutschen Firma Junkers (s. S. 154–155) und bestand wie jene vollständig aus Metall; dies betraf sogar ihre Steuerflächen aus geriffeltem Blech. Sie wies im Prinzip die gleiche Grundkonstruktion auf, die Fokker bei seiner auf S. 174–175 beschriebenen Linienmaschine angewandt hatte, verdankte ihre Existenz aber teilweise der Firma Stout, die 1925 in Henry Fords Autokonzern aufgegangen war. Ein Teil der Grundlagenarbeit, die Stout an seinem eigenen Flugzeug geleistet hatte, ging in das Ford-Flugzeug ein, als man dort 1925 mit der Entwicklung der ersten eigenen Linienmaschine begann. Die ursprüngliche dreimotorige Model 3-AT war kein Erfolg, aber Verbesserungen führten zur Model 4-AT, der ersten einer ganzen Reihe erfolgreicher Tri-Motors, zu der schließlich auch die Model 5-AT und eine Anzahl von Militärflugzeugen gehörte. Die 4-AT besaß anfangs ein offenes Cockpit für die zweiköpfige Crew (später durch eine geschlossene Kanzel ersetzt) und Platz für acht Fluggäste. Die Steuerleinen für die Heckruder verliefen an der Außenseite des Rumpfes, und die an einer Strebenkonstruktion unter den beiden Unterflügeln hängenden Motorgondeln wurden am starren Hauptfahrwerk – das an manchen Exemplaren eine knappe Verkleidung erhielt – ebenfalls verdoppelt. Die erste Model 4-AT flog am 11. Juni 1926, und das erste wichtige Serienmodell war die 4-AT-B mit zwölf Passagieren, die erst im November 1928 als Typ zugelassen wurde. Zu den ersten Abnehmern gehörte Maddux Air Lines aus Kalifornien, doch schließlich flogen zahlreiche kleine und große Linien die „Tin Goose". Im Zuge der weiteren Entwicklung entstanden die größere, schnellere Baureihe 5-AT und eine Reihe von Einzelstücken und kurzlebigen Modellen. Die Produktion lief Anfang der 1930er-Jahre infolge der Weltwirtschaftskrise aus, aber damals begann man ohnehin bereits mit der Entwicklung stromlinienförmiger und leistungsfähigerer Maschinen. Dennoch leisteten die Tri-Motors unter ihren Zivil- und Militärpiloten gute Dienste, und sie flogen sprichwörtlich jeden Winkel der Erde an.

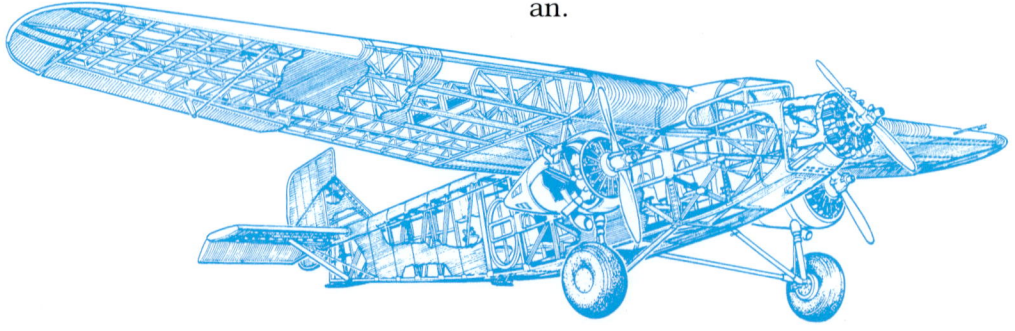

Die wohl bekannteste Tri-Motor war die „Floyd Bennett" von Byrds Antarktis-Expedition, in der Richard Byrd (US Navy) 1929 über den Südpol flog. Damit hatte er als erster Mensch beide Pole überflogen.

Dieses schöne Foto aus den späten 1920er-Jahren zeigte eine Model 4-AT Tri-Motor mit Sternmotoren vom Typ Wright Whirlwind. (Foto: Ford)

Technische Daten – Ford Model 5-AT-C Tri-Motor

Spannweite	23,72 m
Länge	15,31 m
Höchstgeschwindigkeit	245–264 km/h (je nach Zuladung)
Dienstgipfelhöhe	5630 m
Aktionsradius	etwa 1000 km
Antrieb	3 Sternmotoren Pratt & Whitney Wasp (C-Serie) (je 420–450 PS)
Fassungsvermögen	2 Mann Besatzung, bis zu 15 Passagiere (in „Schlafflugzeugen" weniger) einschließlich Steward

de Havilland D.H.80 Puss Moth

Die berühmte britische Firma de Havilland stellte in den Jahren zwischen den Kriegen viele gute Leichtflugzeuge her. Wie auf S. 176–177 beschrieben, unternahmen einige davon schlagzeilenträchtige Langstreckenflüge. Die Entwurfsabteilung von de Havilland war immer beschäftigt, und 1929 erschien erstmals ein neues Leichtflugzeug für Privatleute. Es erhielt die Nummer D.H.80 und den Namen „Puss Moth", womit es der Tendenz von de Havilland folgte, Firmenprodukte nach Motten oder anderen (mehr oder weniger) kleinen Flügelwesen zu taufen. Ende der 1920er-Jahre – vor dem Wallstreet-Crash und der Weltwirtschaftskrise – gab es genügend wohlhabende Piloten, um sich an den Bau ziviler Reiseflugzeuge mit bequemen geschlossenen Kabinen zu machen. Der Prototyp der Puss Moth flog im September und war ein schlanker Kabinen-Eindecker mit freitragenden Flügeln und Platz für einen Piloten und bis zu zwei Passagiere. Das Serienmodell D.H.80A besaß einen geschweißten Metallrumpf mit Stoffüberzug und einen Reihenmotor vom Typ Gipsy III. Dieser war – anders als die aufrechten der Baureihe D.H.60 Moth – umgekehrt eingebaut und setzte so einen Trend für zahlreiche spätere Leichtflugzeuge der Firma. Die Serienmaschinen wurden ab 1930 ausgeliefert und bis 1933 hergestellt; in Großbritannien baute man 259 oder 261 Stück, weitere 25 in Kanada bei de Havilland Aircraft of Canada. Während die meisten Puss Moths von ihren Eignern ganz normal geflogen wurden, führten andere bahnbrechende Langstreckenflüge durch. So flog etwa im November 1931 der berühmte australische Pilot Bert Hinkler eine Puss Moth von Natal (Brasilien) nach Senegal; dies war der erste

Es gab einige berühmte Puss Moths: In der abgebildeten namens „The Heart's Content" flog James Mollison im August 1932 allein in Ost-West-Richtung über den Nordpol – er war der Erste, dem dieses Unternehmen gelang.

Soloflug über den Südatlantik in West-Ost-Richtung. In einem gleichermaßen spektakulären Einsatz dieses zuverlässigen kleinen Flugzeugs lenkte der berühmte Pilot „Jim" Mollison seine Puss Moth „The Heart's Content" im August 1932 von Irland nach New Brunswick (Kanada) über den Nordatlantik: Es war der erste Nonstopflug von Osten nach Westen. Im November 1932 sorgte Mollisons Frau Amy Johnson mit ihrem Etappenflug England-Kapstadt, den sie in ihrer Puss Moth binnen vier Tagen und sechs Stunden zurücklegte, für einen Rekord.

Die Puss Moth eignete sich für einen viel weiteren Kundenkreis als die früher behandelte Serie D.H.60 Moth. Die hier abgebildete Maschine wurde von der Herzogin von Bedford benutzt; ihr Pilot war der ehemalige Leutnant des RFC und der RAF Bernard Allen.

Technische Daten – de Havilland D.H.80A Puss Moth

Spannweite	11,2 m
Länge	7,62 m
Höchstgeschwindigkeit	206 km/h (auf Meereshöhe)
Dienstgipfelhöhe	5330 m
Aktionsradius	480 km
Antrieb	1 Reihenmotor de Havilland Gipsy III (120 PS)
Fassungsvermögen	1 Pilot, bis zu 2 Passagiere

Tupolew ANT-20 „Maxim Gorki"

Bei den meisten Flugzeugen aus den ersten Jahrzehnten der bemannten Fliegerei bestand die Gesamtkonstruktion zu einem beträchtlichen Teil aus Holz mit Stoffüberzug (hinzu kamen später Neuerungen wie geschweißte Stahlrohre für den Rumpfrahmen). Schon früh gab es jedoch in mehreren Länder Ingenieure, die den Wert des Metalls für den Rahmen oder gar die Hülle erkannten. Dazu gehörten Hugo Junkers in Deutschland (s. S. 78) und Andrej N. Tupolew in der Sowjetunion. Der Letztere schuf ab Mitte der 1920er-Jahre eine Reihe von Flugzeugen, deren Metallbauweise – häufig mit geriffelter Außenhaut – Beachtung verdiente. Zu diesen gehörten mehrere Militär- und „Zivil"-Flugzeuge (eine echte Zivilluftfahrt gab es in der Sowjetunion nicht), die teilweise beachtliche (Über-)Größen aufwiesen. Der viermotorige Bomber ANT-6 von 1930 war das erste dieser Großflugzeuge, und einige Maschinen dienten zur Versorgung sowjetischer Basen in der Arktis. Das größte von allen war jedoch die Baureihe ANT-20 – damals die beeindruckendsten Flugzeuge unserer Erde. Hervorgegangen aus dem sechsmotorigen Bomber TB-4, wurde die achtmotorige ANT-20 nach dem Pseudonym des berühmten Schriftstellers Maxim Gorki (eigentlich Alexej Maximowitsch Peschkow, 1868–1936) benannt. Sie war ein imposantes Flugzeug; zwei ihrer Motoren saßen Rücken an Rücken in einer Gondel über dem Rumpf, die übrigen sechs an den Vorderkanten der Tragflächen. Ihre Spannweite betrug 63 m, womit sie

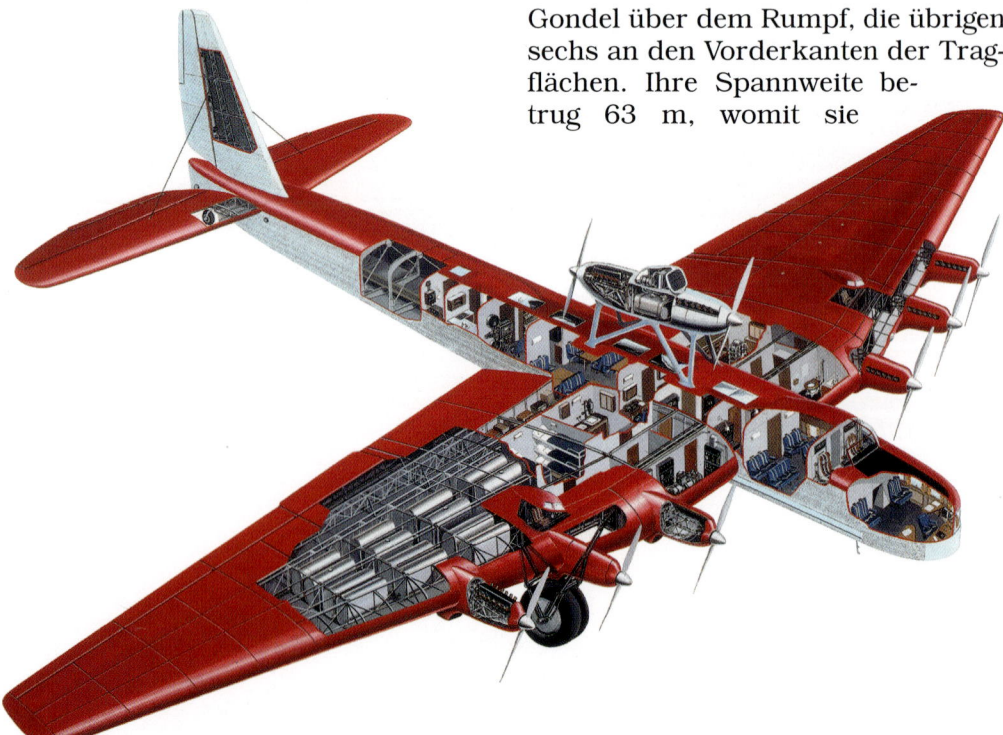

Die ANT-20 war ein in jeder Beziehung bemerkenswertes Flugzeug, dessen Rumpf und Tragflächenansätze zahlreiche Besonderheiten bargen. Der Name „Gorki" wird in westlichen Sprachen oft auch „Gorky" oder „Gorkij" geschrieben

1934 das größte Landflugzeug der Welt war. Mit dem Bau begann man 1933 auf Anregung einer Gruppe sowjetischer Schriftsteller und Verleger, um ein Jubiläum in Gorkis Schriftstellerlaufbahn zu feiern. Durch öffentliche Subskription kamen für den Bau der „Maxim Gorki" angeblich sechs Millionen Rubel zusammen. Dieses bemerkenswerte Flugzeug enthielt im Rumpf und den Flügelansätzen u. a. eine Druckerei, ein Fotostudio, ein kleines Kino und eine Radiostation. An der Unterseite konnte man Leuchtsignale montieren, und es waren auch Lautsprecher vorhanden. Der Erstflug erfolgte 1934. Die Maschine konnte 20 Mann Besatzung und 43–76 Passagiere aufnehmen (bei kleinerer Crew entsprechend mehr). Leider nahm die fantastische „Propagandamaschine" ein tragisches Ende: Am 18. Mai 1935 raste ein kleiner Begleitjäger in die „Maxim Gorki", sodass beide Flugzeuge abstürzten, wobei niemand überlebte. Öffentliche Subskriptionen ermöglichten später den Bau der veränderten, aber ebenfalls ganz aus Metall gebauten ANT-20bis, die nur sechs Motoren besaß und auf die obere Gondel verzichtete.

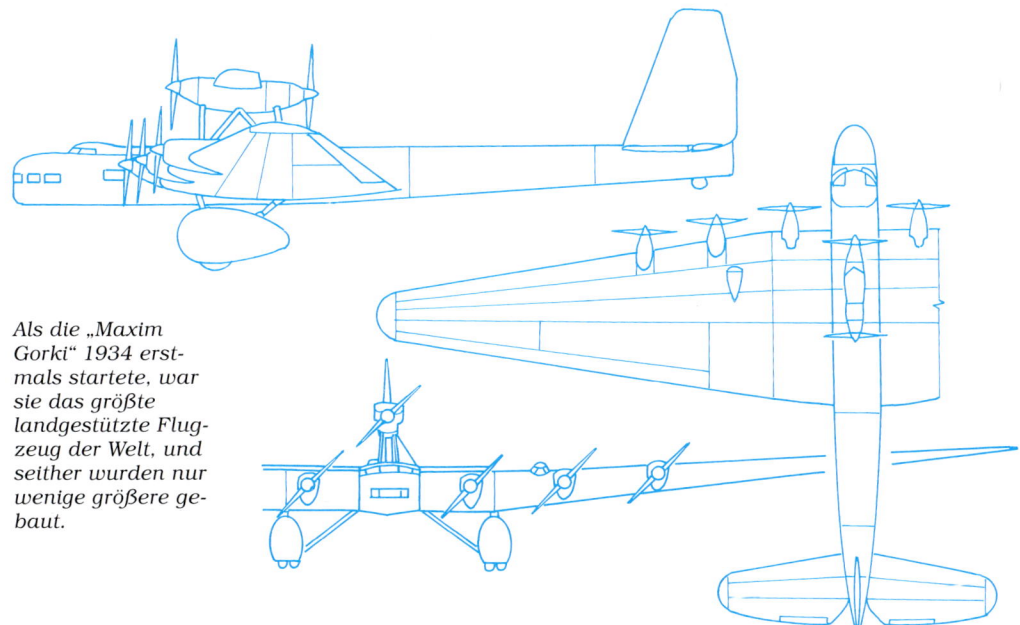

Als die „Maxim Gorki" 1934 erstmals startete, war sie das größte landgestützte Flugzeug der Welt, und seither wurden nur wenige größere gebaut.

Technische Daten – Tupolev ANT-20 „Maxim Gorki"

Spannweite	63 m
Länge	32,47 m
Höchstgeschwindigkeit	245 km/h (auf Meereshöhe)
Dienstgipfelhöhe	6000 m
Aktionsradius	2000 km
Höchstes Startgewicht	42 000 kg
Antrieb	8 Reihenmotoren Mikulin AM-34FRN (je 900 PS)
Fassungsvermögen	bis zu 20 Mann Besatzung, 43–76 Passagiere

Tupolew ANT-25

In einer Zeit bahnbrechender Pionier- und schlagzeilenträchtiger Langstreckenflüge überragte ein Flugzeug durch seine bemerkenswerten Leistungen im Langstreckenflug alle anderen: Die sowjetische Tupolew ANT-25. Bei der Konzeption dieser Maschine mit Ultra-Reichweite wirkten neben rein fliegerischen und aerodynamischen Interessen wohl auch politische Erwägungen mit, denn die Erfolge der ANT-25 nützten mit Sicherheit der Diktatur Stalins in der Sowjetunion. Die ANT-25 wurde von einem Team unter der Leitung von Andrej N. Tupolew entworfen (daher auch das Kürzel „ANT"). Tupolew interessierte sich für Ganzmetallstrukturen (vgl. die vorigen Seiten), und so entstand auch die ANT-25 in dieser Bauweise. Die erste Maschine flog am 22. Juni 1933 und war für ihre Zeit bemerkenswert. Ihre fortschrittliche Ganzmetallkonstruktion mit langen, schmalen, freitragenden Flügeln (Spannweite = 34 m) wies sicherlich in die Zukunft. Der ANT-25 gelangen schließlich mehrere bemerkenswerte Flüge, die weltweit Aufsehen erregten. Die wichtigsten erfolgten 1937, als man gleich zwei berühmte Langstreckenflüge unternahm: Am 18.–20. Juni 1937 flog eine ANT-25 mit ihrer Crew unter Valerij Schkalow von Moskau über den Nordpol in den Westen der USA, um unweit von Vancouver bei Seattle zu landen. Der ganze Flug dauert insgesamt über 63 Stunden. Am 12.–14. Juli 1937 gelang einer ANT-25 mit drei Mann Besatzung unter Michael Gromow der Direktflug von Moskau über den Nordpol nach Kalifornien, wo die Maschine bei Nebel in einem Feld bei San Jacinto eine Bruchlandung machte. Bei diesem unglaublichen Nonstopflug legte sie in 62 Stunden und 17 Minuten 10 148 km zurück (die genaue Entfernung ist unter Historikern umstritten). Es war ein Weltrekord für derartige Routen und fantastische Werbung für die Sowjetunion – aber auch für Ganzmetallflugzeuge im Allgemeinen. Es besteht nach wie vor Uneinigkeit darüber, wie viele ANT-25 insgesamt gebaut wurden, doch waren es möglicherweise nur ganze zwei Stück.

Ein Blick auf die ANT-25 nach der Landung in Kalifornien bei ihrem Flug Ende Juli 1937. Über diesen Flugzeugtyp besteht immer noch keine Einigkeit – nicht nur hinsichtlich der Eigenschaften, sondern auch betreffs der angeblichen Rekorde (Foto: Sammlung Philippe Jalabert).

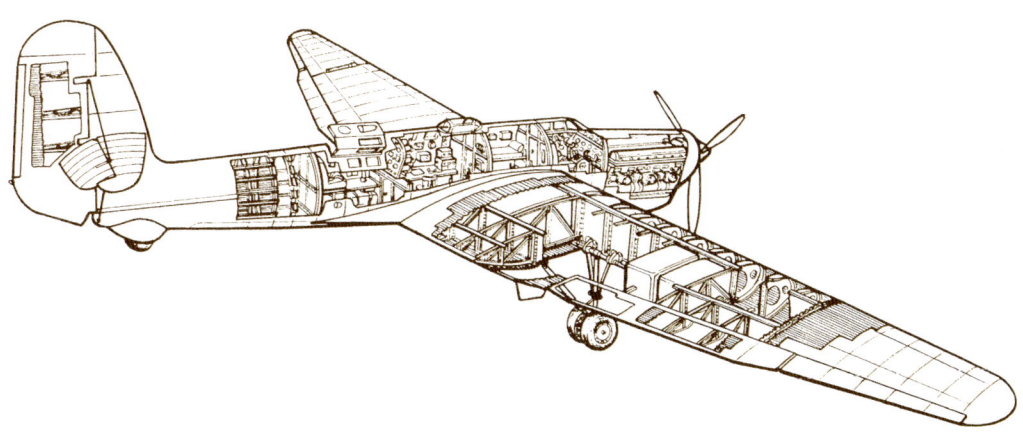

Technische Daten – Tupolev ANT-25

Spannweite	34 m
Länge	13,38 m
Höchstgeschwindigkeit	246 km/h (auf Meereshöhe)
Dienstgipfelhöhe	7000 m
Aktionsradius	nominell 10 000 km
Antrieb	1 Reihenmotor Mikulin M-34R oder RF (bis zu 950 PS)
Besatzung	3 Mann

Loening OL-Serie

Grover C. Loening war einer der eifrigsten amerikanischen Befürworter des Amphibienflugzeugs, und seine Firma baute mehrere eigenartige Amphibien-Doppeldecker mit Hüllen bzw. Rümpfen vom „Schuhlöffel-Typ". Es entstanden militärische und zivile Ausführungen, und die erste Maschine flog 1923. Für das Militär existierten zahlreiche Modelle mit unterschiedlichen Motoren. Bei der US Navy gehörten sie zur Kategorie OL (Observation, Loening), während die US Army verschiedene OA-1 und OA-2 (Observation Amphibian) flog. Es gab auch zwei Ambulanzflugzeuge. Für das Militär wurden etwa 168–169 Stück gebaut; die bekanntesten waren einige OA-1A des US Army Air Corps, die 1926-1927 eine Goodwill-Tour durch Südamerika unternahmen. Zu den Militärmaschinen gehörte die OL-9, die nach der Verschmelzung von Loening und Keystone Aircraft entstand. Es gab auch eine Reihe ziviler Ausführungen, die meist um 1927/28 von Militärmaschinen abgeleitet wurden. Einige hießen „Air Yacht". Auch hier existierten verschiedene Motoroptionen und Sonderkonfigurationen. Manche dienten auch als Kurzstrecken-Passagierflugzeuge im Nahbereich; ihr Rumpf bot bis zu sechs Fluggästen Platz. Wie viele zivile Loening-Flugzeuge tatsächlich gebaut wurden, lässt sich nur schwer bestimmen; ihre Zahl war wohl geringer als die der Militärflugzeuge.

Das US Army Air Corps unternahm 1926/27 mit einigen amphibischen OA-1A eine Werbetour durch mehrere Länder Mittel- und Südamerikas. Die abgebildete „San Francisco" flog Ira C. Eaker, der später eine steile Karriere machte.

Technische Daten – Loening OA-1A

Spannweite	13,72 m
Länge	10,54 m
Höchstgeschwindigkeit	196 km/h (auf Meereshöhe)
Dienstflughöhe	4100 m
Aktionsradius	1200 km
Bewaffnung	bei einigen Maschinen ein starr nach vorn feuerndes und mehrere schwenkbare 7,62-mm-MGs
Antrieb	1 Reihenmotor Liberty V-1650 (425 PS)
Besatzung	2 Mann

Hillson Praga

Die überaus leistungsfähige Luftfahrtindustrie der Tschechoslowakei brachte in der Zeit zwischen den Kriegen viele interessante Flugzeugtypen hervor, von Kampfmaschinen fast aller Art bis zu Leichtflugzeugen für Sport oder Ausflüge. In den 1930er-Jahren entwickelte die tschechische Firma Praga ein kleines Zweisitzer-Leichtflugzeug namens E-114 Air Baby, das 1934/35 in Produktion ging. Die Air Baby fand europaweit bei Käufern Interesse. In England verhandelte die Firma F. Hills & Sons Ltd. aus Manchester erfolgreich über die Rechte auf Lizenzfertigung, und die Air Baby wurde schließlich in Manchester als Hillson Praga produziert. Angetrieben von einem in Lizenz gebauten Praga-Motor (oder auch anderen), entstanden bei Hillson mindestens 35 Maschinen. Die erste wurde 1936 fertiggestellt; ihr Endpreis betrug 385 £. Die Annexion der Tschechoslowakei durch Deutschland bedeutete dort das Ende für die Produktion der Air Baby, aber nach dem Zweiten Weltkrieg nahm man sie in der wiedererrichteten CSSR erneut auf. Diesmal erhielt sie den weit besseren tschechischen Reihenmotor Walter Mikron III; unter dem Namen E-114M wurden noch mehrere der neuen Maschinen gebaut.

Diese Zeichnung stellt die Nachkriegsversion der Praga E.114M Air Baby dar.

Technische Daten – Praga E-114M Air Baby

Spannweite	11 m
Länge	7,12 m
Höchstgeschwindigkeit	185 km/h (auf Meereshöhe)
Dienstgipfelhöhe	4100 m
Aktionsradius	800 km
Antrieb	1 Reihenmotor Walter Mikron (65 PS)
Fassungsvermögen	1 Pilot, 1 Passagier

Boeing P-12

Ende der 1920er- und Anfang der 1930er-Jahre schuf Boeing eine klassische Serie von begrenzt auch als Bomber einsetzbaren Jagddoppeldeckern. Sie bildeten den Höhepunkt einer Auftragsreihe für das US-Militär, die 1923/24 begann. Damals entwickelte Boeing für die US Navy die künftige FB-Serie, für die US Army hingegen die PW-9. Angetrieben wurden diese Maschinen anfangs von Kolbenmotoren des Typs Curtiss D-12. Im weiteren Verlauf der Entwicklung rüstete die Navy ihre Jäger standardmäßig mit Sternmotoren aus, und so entstand bei Boeing eine Reihe von Träger-Jagdflugzeugen mit den Bezeichnungen F2B und F3B. Der Navy-Jäger Boeing Model 77 F3B von 1928 besaß einen Sternmotor des Typs Pratt & Whitney Wasp und stellte einen Schritt zur berühmten Serie F4B/P-12 dar. Deren direkte Vorläuferinnen waren zwei auf eigenes Risiko gebaute Prototypen, die Model 83 bzw. 89. Es handelte sich um ähnliche, aber nicht identische Flugzeuge, die beide im Sommer 1928 flogen. Nur die Model 83 besaß für Trägereinsätze einen Bremshaken, doch wurden beide von der Navy getestet. Die Model 89 beeindruckte die US-Behörden derart, dass sie unter der Bezeichnung P-12 in Produktion ging. Das war der Anfang der klassischen P-12-Serie von Jägern und Jagdbombern des US Army Air Corps. Etwa zur gleichen Zeit erwarb die US Navy den Typ in seiner Flugzeugträger-Variante (F4B-Serie) (s. S. 218–219). Den ersten Serienflugzeugen von Ende 1928 folgten immer weiter verbesserte Modelle, die P-12B (90 Stück), P-12C (96), P-12D (35)

Die abgebildete Boeing P-12E mit ihrer eigenartigen Metallrumpfhülle wurde von der 1st Pursuit Group der 27th Pursuit Squadron des US Army Air Corps geflogen. Das Falkenemblem dieser Einheit wurde schon 1924 genehmigt und steht für zahlreiche andere, die den Stolz der Flieger auf die Geschichte ihrer Staffeln symbolisieren.

und schließlich die beste von allen, die P-12E (Model 234, 110 Exemplare) sowie die P-12F (Model 251, 25 Stück). Die P-12E von 1931 (der die F4B-3 bzw. -4 der Navy entsprachen) erhielt als erste einen Ganzmetall-Semi-Monocoque-Rumpf, der zuvor an der „privaten" Model 218 erprobt worden war und die alte, teilweise mit Stoff verkleidete Lösung ablöste. Im Laufe der Produktion der P-12F wurde auch der Hecksporn der älteren P-12-Varianten durch ein Heckrad ersetzt. Die Gesamtzahl aller zwischen 1929 und 1932 für die US Army gebauten Versionen betrug 366. Der Typ blieb bis 1936 im Fronteinsatz.

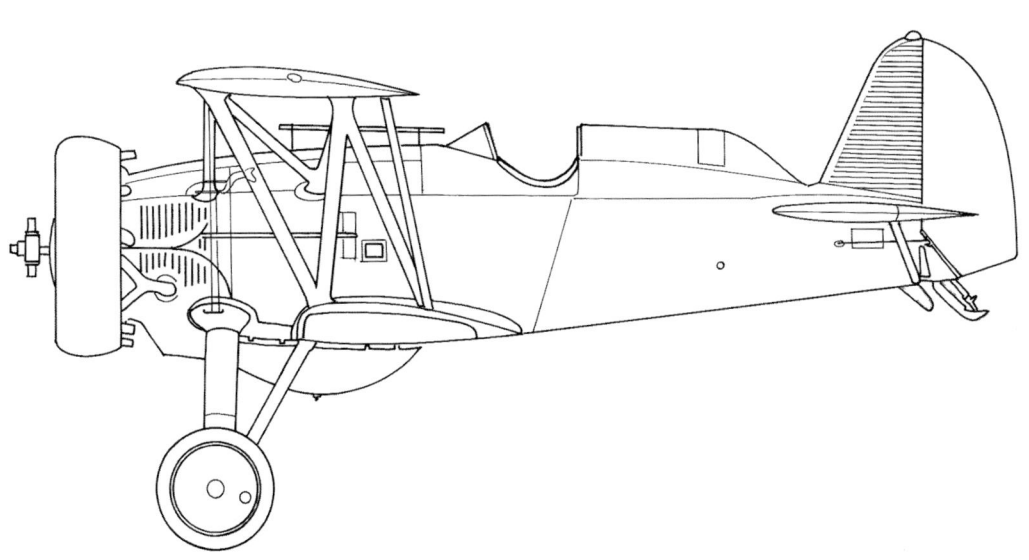

Technische Daten – Boeing P-12E

Spannweite	9,14 m
Länge	6,22 m
Höchstgeschwindigkeit	300 km/h (in 1830 m Höhe)
Dienstgipfelhöhe	8400 m
Aktionsradius	etwa 940 km
Bewaffnung	Zwei starr nach vorn feuernde 7,62-mm- MGs, oder ein 7,62-mm und ein 12,7-mm-MG; Vorrichtungen für leichte Bomben vorhanden
Antrieb	1 Sternmotor Pratt & Whitney R-1340-17 Wasp (525–550 PS)
Besatzung	1 Mann

Granville „Gee Bee"-Rennflugzeuge

Wettflüge waren bereits vor dem Ersten Weltkrieg wichtige fliegerische Schauspiele, und obwohl es sich bei den meisten damaligen „Rennmaschinen" um Umbauten von Standardmodellen handelte, entstanden doch schon einige Spezialtypen wie die wunderbar stromlinienförmige Deperdussin Monocoque (s. S. 55). Der Erste Weltkrieg sorgte für eine zeitweilige Unterbrechung derartiger Wettbewerbe und der damit verbundenen technischen Fortschritte, aber nach 1920 nahm man sie wieder auf. Vor allem in den Vereinigten Staaten zogen sie große Zuschauermassen an, und manche Einzelstücke wurden speziell für diesen Sport gefertigt. Jetzt entstanden Langstrecken- und Pylonrennen oder ähnliche Disziplinen, und um diesen Zweig der Fliegerei entwickelte sich eine ganz spezielle „Folklore". Die bekanntesten Exponenten dieser Wettflug-Kultur waren die fünf Brüder Granville, deren oft als „GB" oder „Gee Bee" abgekürzte Firma Granville Brothers zu einem Symbol des geradezu mythischen Status wurde, den der Flugsport damals erlangte. Das Unternehmen nahm seine Tätigkeit 1925 auf und entwickelte sich in Springfield (Massachusetts) zu einer wichtigen Institution. Im Bau hoch spezialisierter Rennflugzeuge begann sich Ende der 1920er-/Anfang der 1930er-Jahre der Eindecker durchzusetzen, v.a. unter dem Einfluss der Travel Air „Mystery Ship". Diese Maschine begründete einen Trend, den die ersten GB-Sportflugzeuge – u.a die einsitzigen Eindecker Model „X", und die zweisitzige Model „Y" widerspiegelten. Die erste dieser berühmten

Die NR 2101 „Race 7" war die „Gee Bee" R-2 Super Sportster. Dieses eigenartige Flugzeug gewann keinen einzigen wichtigen Wettflug und stürzte 1933 ab.

Einsitzer-„Renntonnen" war die GB Model „Z". Dieses Flugzeug besaß wie die Travel Air „Mystery Ship" einen analog zum Sternmotor vergrößerten Flügelquerschnitt. Die Model „Z" flog am 22. August 1931 und errang unter dem Namen „City of Springfield" zahlreiche große Erfolge, unter anderem 1931 die begehrte Thompson Trophy – bis sie sich bei dem Versuch, den Geschwindigkeits-Weltrekord für Landflugzeuge zu brechen, zerlegte. Es folgten zwei Model „R" Super Sportsters. Diese rot-weißen „Fässer" (R-1 und R-2), in denen der Pilot weit hinten saß, begründeten die Legende der „Gee Bees". Mit der R-1 gewann der berühmte „Jimmy" Doolittle 1932 die Thompson Trophy. Die oft umgebauten „R"-Flugzeuge bestritten viele Rennen, und beide stürzten spektakulär ab. Aus den Wrackteilen entstand die hybride R-1/R-2, die ebenfalls zu Bruch ging, wobei der Pilot starb. Die Granvilles gingen 1933/34 bankrott, als es ihre letzte „Q.E.D." nicht schaffte, am Luftrennen England – Australien teilzunehmen, später stellte sie beim Nonstopflug Mexico City – New York einen Geschwindigkeitsrekord auf, doch ihr mexikanischer Pilot stürzte auf der Heimreise tödlich ab.

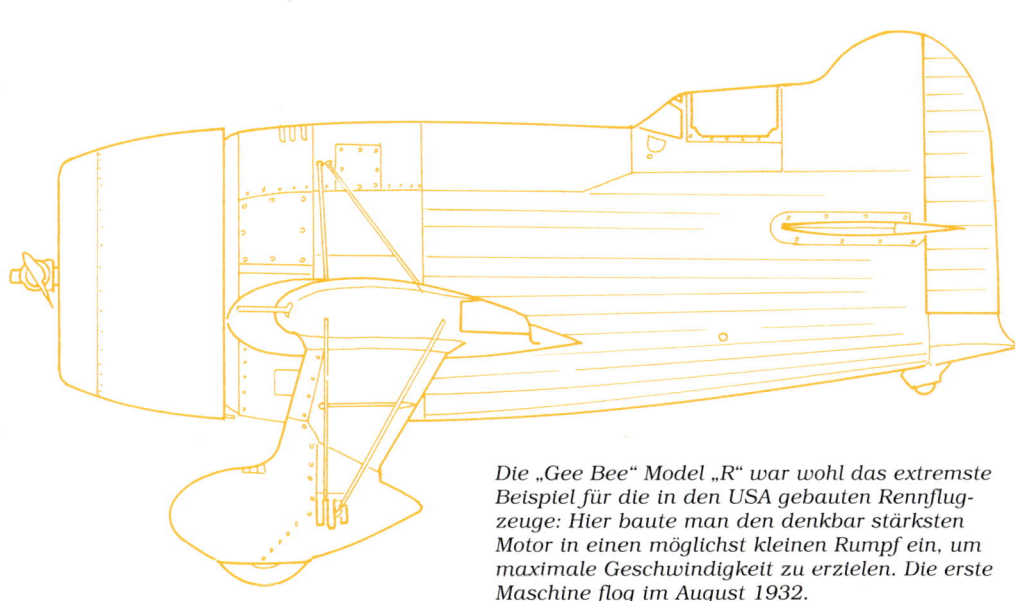

Die „Gee Bee" Model „R" war wohl das extremste Beispiel für die in den USA gebauten Rennflugzeuge: Hier baute man den denkbar stärksten Motor in einen möglichst kleinen Rumpf ein, um maximale Geschwindigkeit zu erzielen. Die erste Maschine flog im August 1932.

Technische Daten – Granville Brothers „Gee Bee" Model R-1 (1932)

Spannweite	7,62 m
Länge	5,41 m
Höchstgeschwindigkeit	483 km/h (auf Meereshöhe)
Höchstes Startgewicht	1400 kg
Antrieb	1 Sternmotor Pratt & Whitney Wasp (750–800 PS)
Besatzung	1 Mann

Fairey Flycatcher („Fliegenschnäpper")

Das Ende des Ersten Weltkriegs führte bei den großen im Kriegsverlauf aufgebauten Luftwaffen zu einer gewaltigen Abrüstung. In Großbritannien hatte man am 1. April 1918 die Royal Air Force gegründet, in welcher der größte Teil der Marineflieger des Royal Naval Air Service aufging. Erst in den 1920er-Jahren kam es zur Einrichtung der Fleet Air Arm, und mittlerweile existierte eine ganz neue Generation von Kampfflugzeugen. 1922 gab das britische Luftfahrtministerium die Spezifikation 6/22 heraus, die den Bau eines neuen Jagdeinsitzers für Flugzeugträger bzw. als Katapultflugzeug vorsah, der Räder, Schwimmer oder eine Kombination aus beiden besitzen sollte. Nach diesen Vorgaben wurde er von zwei Firmen, Fairey und Parnall, gebaut. Der Parnall-Entwurf – die „Plover" – kam nur in geringer Anzahl 1923/24 zum Einsatz. Die „Flycatcher" von Fairey hingegen wurde der klassische Jäger der Zwischenkriegszeit. Es entstanden drei Prototypen, um die drei o. e. Varianten zu testen, und die erste Maschine flog 1922. Die Produktion lief 1923 an, und insgesamt wurden (nebst den drei Prototypen) 193 Exemplare hergestellt. Das erste trat 1923 seinen Dienst an: Es ersetzte die recht kurzlebigen Sternmotor-Jagddoppeldecker vom Typ Nieuport Nightjar, und der Typ blieb daheim und in Übersee bis 1934 im Einsatz. Zu diesem Zeitpunkt waren bereits modernere Doppeldecker wie die Hawker Osprey und Nimrod eingeführt oder standen kurz davor. Die Flycatcher diente der Flotte als Jäger, eignete sich aber auch für spektakuläre Sturzkampfangriffe. Als Wasserflugzeug startete sie von Plattformen auf den Geschütztürmen großer Schiffe, aber am häufigsten wurde sie auf Flugzeugträgern wie der HMS Courageous stationiert. Auf manchen Schiffen hatten die Flycatchers am Bug eigene Hangars und Flugdecks. Sie konnten ohne Fangleine landen, da sie an den Flügeln einen speziellen Wölbklappenmechanismus zur Verkürzung von Starts und Landungen besaßen. Der Typ flog nur bei der bri-

Links:
Dieser Nachbau der Fairey Flycatcher zog mehrere Jahre mit einer Flugschau durch Großbritannien, bevor er ins Fleet Air Museum des RNAS im südenglischen Yeovilton (Somerset) wanderte.

Unten:
Eine Flycatcher schwebt über der Flotte.

tischen Fleet Air Arm, wurde aber von seinen Piloten hoch geschätzt; die mit Stoff bespannte Holz-Metall-Konstruktion war sehr robust – selbst die Wasserflugzeuge konnten akrobatische Manöver ausführen.

Technische Daten – Fairey Flycatcher („Fliegenfänger")

Spannweite	8,84 m
Länge	7,01 m
Höchstgeschwindigkeit	214 km/h (in 3000 m Höhe)
Dienstgipfelhöhe	5800 m
Einsatzdauer	3 Stunden
Bewaffnung	Zwei 7,7-mm-MGs, bis zu 36,3 kg außen aufgehängte Bomben
Antrieb	1 Sternmotor Armstrong Siddeley Jaguar III oder IV (400 PS)
Besatzung	1 Mann

Fokker Universal

Nachdem Anthony Fokker in der Zeit nach dem Ersten Weltkrieg den Flugzeugbau in seiner neuen niederländischen Fabrik wieder aufgenommen hatte, konstruierte und fertigte er dort eine Reihe relativ zahlreich produzierter und viel genutzter Zivilflugzeuge, etwa die F VII (s. S. 174–175). Einige davon wurden sogar in die USA exportiert, sodass man dort schließlich ein weites Netz von Verkaufsstellen zur Vermarktung von Fokker-Zivilmaschinen aufbaute. Eines dieser in den Staaten ansässigen Unternehmen war „Atlantic", d. h. die 1924 gegründete Atlantic Aircraft Corporation; dies hatte zur Folge, dass einige Fokker-Produkte in den USA der 1920er-Jahre als Atlantic-Fokkers bekannt wurden. Das erste rein amerikanische Produkt waren die kleinen Passagierflugzeuge der Universal-Reihe. Sie konnten mit Rädern, Kufen oder Schwimmern versehen werden und wurden v. a. – aber nicht nur – im unwirtlichen Hinterland Kanadas und der USA eingesetzt. Die ursprüngliche Universal, ein Hoch-/Eindecker mit halb freitragenden Holzflügeln auf Streben, bekam 1927 ihr US-Zertifikat. Sie bot bis zu 6 Fluggästen Platz, und der Pilot saß in einem offenen Cockpit vor der Flügelvorderkante. Die Universal war anfangs auf den Sternmotor Wright J-4 Whirlwind (200 PS) ausgelegt, doch die J-5 und viele spätere Serienmodelle bekamen 220-PS-Motoren. Es wurden ungefähr 40 Stück der ursprünglichen Universal gebaut, bevor man ein neues Modell entwickelte: Dies war die Standard Universal, die ihr Typenzertifikat im Juni 1929 erhielt. Die beiden Crewmitglieder der Standard Universal saßen in einem rundum geschlossenen Cockpit; als Antrieb diente der Sternmotor Wright J-6 Whirlwind (300 PS). Damals entwickelte man bereits die etwas größere Super Universal von Ende 1927/Anfang 1928; sie besaß völlig freitragende Flügel,

Diese frühe Universal war bei Western Canada Airlines in Kanada registriert. Man beachte das offene Cockpit und das Skifahrwerk. Universals waren robuste Maschinen, die oft unter sehr schwierigen Bedingungen flogen.

ein verändertes Fahrwerk und ebenfalls ein geschlossenes Cockpit. Sie konnte sechs Passagiere aufnehmen und wurde von einem Pratt & Whitney Wasp Sternmotor (400–420 PS) angetrieben. Die ersten derart ausgestatteten Maschinen entstanden Ende 1927. Außer als Passagierflugzeug war diese Universal auch als Export nach Japan ein Erfolg. Dort wurde sie überdies bei Nakajima für zivile und militärische Verwendung gebaut. Als Antrieb diente dabei durchweg der auf dem Britischen Bristol Jupiter basierende Sternmotor Nakajima Kotobuki. Zwischen 1931 und 1936 baute man in Japan neben Militärflugzeugen vermutlich 47 Maschinen für zivile Zwecke.

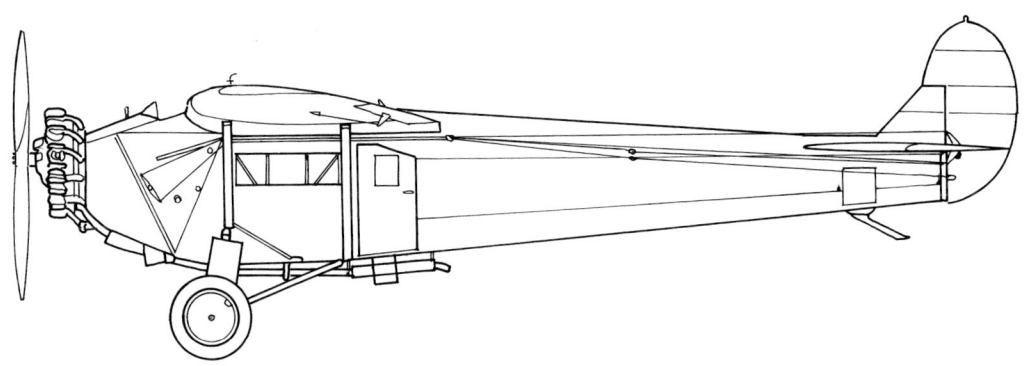

Hier sieht man eine frühe Ausführung der Fokker Universal mit offener Pilotenkanzel. Flieger mussten damals hart im Nehmen sein ...

Technische Daten – Fokker Universal (ursprüngliche Version)

Spannweite	14,55 m
Länge	10,13 m
Höchstgeschwindigkeit	190 km/h (auf Meereshöhe)
Dienstgipfelhöhe	3660 m
Aktionsradius	etwa 805 km
Antrieb	1 Sternmotor Wright J-4 Whirlwind (200 PS)
Fassungsvermögen	1 Pilot, bis zu 6 Passagiere

Lockheed Model 10 Electra

Die amerikanische Firma Lockheed hatte schon mit berühmten Flugzeugen wie der Vega und Sirius (s. S. 144–145) Erfolg gehabt, aber in den frühen 1930er-Jahren geriet sie finanziell in Schwierigkeiten. 1932 wurde sie von einem neuen Inhaber übernommen. Der erste Entwurf der neuen Lockheed Aircraft Co. war die Model 10 Electra, die aus der Model 9 Orion, einem kleinen, einmotorigen Passagierflugzeug hervorging und anders als frühere Lockheed-Typen ganz aus Metall bestand. Die stromlinienförmige Passagiermaschine mit freitragenden Flügeln, einziehbarem Fahrwerk, Doppelleitwerk und Platz für 10 Passagiere setzte die Tradition der nach Himmelskörpern benannten Lockheed-Modelle fort. Die erste flog am 23. Februar 1934 und erhielt ihr Typenzertifikat im August. Die Model 10 wurde von mehreren Fluglinien angeschafft, u. a. von Northwest Airlines und Pan American. Die Model 10A verwendete den Sternmotor Pratt & Whitney Wasp Junior; die Model 10C war stärker motorisiert, und die Model 10E bekam einen noch stärkeren Wasp-Sternmotor. Für Fluglinien und Privatleute wurden 149 Stück aller Typen gebaut, außerdem einige wenige (mit der Bezeichnung C-36) für das US Army Air Corps. Die Model 10 fügte sich gut in die untere Klasse der damaligen neuen Ganzmetall-Linienmaschinen (etwa der Boeing Model 247 und der Douglas DC-2) und war billiger. Viele in Privatbesitz befindliche Electras wurden im Zweiten Weltkrieg für den Einsatz beim Militär requiriert, und einige dienten später bei kleineren Fluglinien in mehreren Überseestaaten. Die weitere Entwicklung mündete in die verkleinerte, zweimotorige Model 12 Electra Junior, die auf kleinere Gesellschaften und den jungen Privatflugzeugmarkt abzielte. Sie fasste bis zu sechs Fluggäste und besaß Sternmotoren vom Typ Wasp Junior. Es wurden nur 130 Stück gebaut, von denen viele ans Militär gingen. Dazu gehörten

Dieses Bild zeigt die Electra 10 von Amelia Earhart im Flug.

36 für Niederländisch-Ostindien, von denen die meisten im Dezember 1941 bei den erbitterten Kämpfen mit den japanischen Invasoren zerstört wurden. Die berühmteste Electra war indes die Langstreckenversion Model 10E der bekannten US-Pilotin Amelia Earhart. Jene hatte bereits viele Langstreckenflüge unternommen und andere Erfolge erzielt, als sie 1937 versuchte, die Erde zu umfliegen. Das dabei benutzte Flugzeug war eine Model 10E Electra mit der Reg.-Nr. NR-16020. Leider blieben Earhart und ihr Navigator Fred Noonan seit dem 2. Juli 1937 unweit von Howland Island im Pazifik verschollen.

Auf diesem Farbfoto sieht man eine Electra, die in den USA erhalten blieb (Foto: John Batchelor).

Unten:
Die Schnittzeichnung zeigt das Innenleben von Amelia Earharts Langstrecken-Spezialausführung der Electra 10E.

Technische Daten – Lockheed Model 10A Electra

Spannweite	16,76 m
Länge	11,76 m
Höchstgeschwindigkeit	330 km/h (in 1500 m Höhe)
Dienstgipfelhöhe	5900 m
Aktionsradius	etwa 1300 km
Antrieb	2 Sternmotoren Pratt & Whitney Wasp Junior (SB-Serie) (je 450 PS)
Fassungsvermögen	2 Mann Besatzung, bis zu 10 Passagiere

Hughes H-1

Jede Geschichte der Luftfahrt in der Zwischenkriegszeit wäre unvollständig, wenn der US-Multimillionär Howard Hughes darin nicht erwähnt würde. Dieser erfolgreiche Filmproduzent und weltberühmte Unternehmer leistete auch einen wichtigen Beitrag zur Zivilluftfahrt der USA, vor allem durch Trans World Airlines (TWA). Auch in der Fliegerei erzielte er zahlreiche Erfolge. So war er etwa 1936 für ein bahnbrechendes Flugzeug verantwortlich, das erste Produkt seiner Hughes Aircraft Co.: Es handelte sich um die oft auch als „Hughes Racer" bekannte Hughes H-1, deren wahrer Erfolg auf zwei sehr persönlichen Einzelrekorden beruhte, die Hughes selbst am Steuer der Maschine aufstellte. Da er in Kalifornien Flugzeugbau studiert hatte, war Hughes mit der Materie gründlich vertraut. Die Hughes H-1 entstand in Zusammenarbeit mit mehreren hoch begabten Flugzeugbauern wie etwa dem Ingenieur Richard Palmer. Der völlig auf Schnelligkeit ausgelegte, wunderbar stromlinienförmige Eindecker besaß freitragende Flügel und ein einziehbares Fahrwerk. Der metallene Monocoque-Rumpf war „versenkt" vernietet, der Sternmotor rundum verkleidet; die hölzernen Tragflächen hatten mit Stoff bezogene Ruderklappen. Das ganze Flugzeug war optimal verarbeitet, um eine möglichst hohe Geschwindigkeit zu erreichen. Es wurde im August 1935 fertiggestellt, und am 13. September startete Hughes von einer kleinen Landebahn bei Santa Ana (Kalifornien), um mit 567 km/h den Geschwindigkeitsrekord dieser Klasse zu brechen. Im Januar 1937 stellte er in dem Flugzeug, das nun lange Tragflächen besaß, beim Flug Los Angeles – Newark (New Jersey) mit nur sieben Stunden und 28 Minuten einen weiteren Rekord auf. Damit brach er den Rekord, den er selbst ein Jahr zuvor in einer speziellen Northrop Gamma aufgestellt hatte. Hughes sorgte in verschiedenen Flugzeugen mehrfach für Schlagzeilen und machte sich im und nach dem Zweiten Weltkrieg an den Bau des gewaltigen Flugbootes H-4. Wie die H-1 gelangte dieses später ins Washingtoner National Air and Space Museum. Zwischen 1998 und 2002 baute man in den Staaten eine Replik der H-1, die von Jim Wright geflogen wurde. Sie kam der originalen H-1 sehr nahe, ging jedoch leider 2003 bei einem tödlichen Absturz zu Bruch.

Die Hughes H-1 war ein wunderschön stromlinienförmiges Flugzeug, das in den späten 1930er-Jahren sehr berühmt wurde.

Dieser gelungene Nachbau der Hughes H-1 wurde in den USA von Jim Wright und dessen Kollegen gebaut; er flog erstmals 2002. Leider kam Wright ums Leben, als die Maschine 2003 abstürzte (Foto: Malcolm V. Lowe).

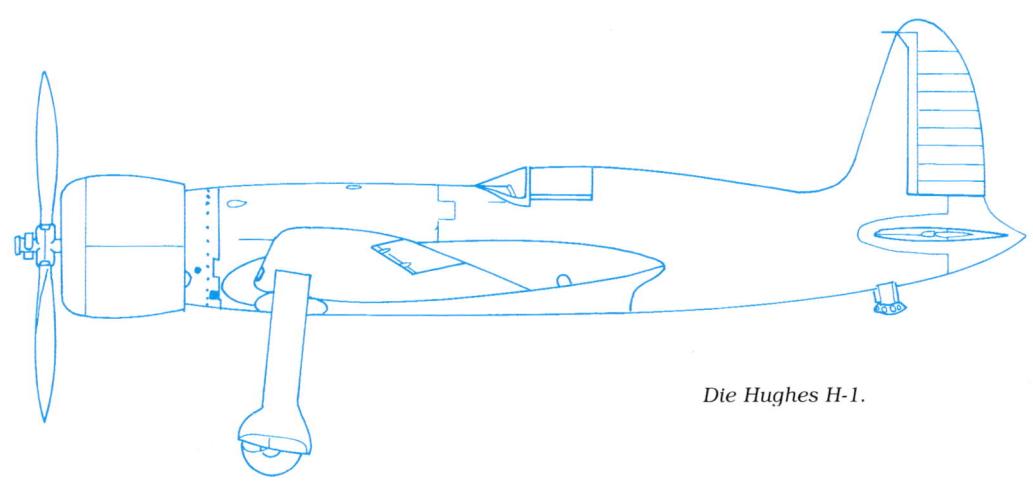

Die Hughes H-1.

Technische Daten – Hughes H-1

Spannweite	9,68 m
Länge	8,59 m
Geschwindigkeitsrekord	567 km/h (auf Meereshöhe)
Aktionsradius	mindestens 4000 km
Antrieb	1 Sternmotor Pratt & Whitney Twin Wasp Junior (Serie SA1G) (1000 PS)
Besatzung	1 Mann

Curtiss O-1 Falcon-Serie

Mit der Hawk-Serie von Jagdeinsitzern und den zweisitzigen Aufklärungs- und Erdkampfflugzeugen der Falcon-Familie für das 1926 gegründete US Army Air Corps erwarb sich die Firma Curtiss Ende der 1920er- und Anfang der 1930er-Jahre legendären Ruhm. Die Falcon-Serie begann ihre Laufbahn 1923/24 mit einem anfangs erfolglosen Bewerber um die Ausschreibung für ein neues Aufklärungsflugzeug. Die Produktion des nun mit einem Packard-Motor von 510 PS versehenen Modells begann 1925, und das war der Anfang einer Reihe erfolgreicher Zweisitzer-Aufklärer des Typs O-1, die bis zur O-1G von 1931 führte. Dieses robuste, vielseitige Flugzeug war mit einem starr nach vorn feuernden MG und einem Zwillings-MG für den Beobachter bewaffnet. Einige Exemplare wurden für VIP-Transporte oder für die Schulung mit zwei Steuern umgerüstet. Parallel dazu entstand die A-3-Serie von Erdkampfflugzeugen und leichten Bombern, die z.T. vier nach vorn feuernde MGs besaßen (dazu die des Beobachters auf dem Rücksitz). Außerdem konnten sie unter den Tragflächen 91 kg Bomben mitführen. Angetrieben wurden diese A-3 – bei denen die Kameraausrüstung der O-1-Serie wegfiel – von einem Motor des Typs Curtiss V-1150. Die O-11 war eine Weiterentwicklung der Baureihe O-1 mit Liberty-Motor (420 PS), der sie zu einer der schnellsten der ganzen Familie machte (maximal 235 km/h). Daraus ging ein Ableger für die Marine hervor: Die Baureihe F8C mit dem Sternmotor Pratt & Whitney R-1340 Wasp, die wiederum Ausgangspunkt der berühmten Jagd-/Aufklärungs-/Sturzkampfflugzeuge vom Typ „Helldiver" war. Das US Army Air Corps erhielt ferner 1931 die O-39. Wie bei anderen Falcon-Typen gab es in Design und Ausstattung Überschnei-

Die Curtiss O-1/A-3 war ein großes, ungeschlacht wirkendes Flugzeug, das sich in der Zwischenkriegszeit dennoch gut bewährte.

dungen mit der Curtiss P-1/P-6 Hawk. Die Gesamtproduktion der Baureihe O-1 betrug über 100, desgleichen die der A-3 (samt 10 O-39). Auch die Bestellung der F8C durch die US Navy führte zu mehr als 100 Serienmaschinen. An der gesamten O-1-Serie wurden verschiedene Motoren ausprobiert, wobei die meisten Modelle den auffällig geschwungenen Oberflügel beibehielten. Neben den Varianten für das US-Militär gab es mehrere Exportaufträge, u.a. nach Kolumbien (darunter Wasserflugzeuge) und Peru – sie kamen vermutlich auf beiden Seiten zum Kampfeinsatz, als 1932 Streitigkeiten zwischen diesen Ländern ausbrachen. Auch Chile und Brasilien verwendeten Falcons, und für den US-Markt entwickelte man eine zivile Version. Außerdem gab es noch mehrere Postflugzeuge und eine Sonderanfertigung für Charles Lindbergh.

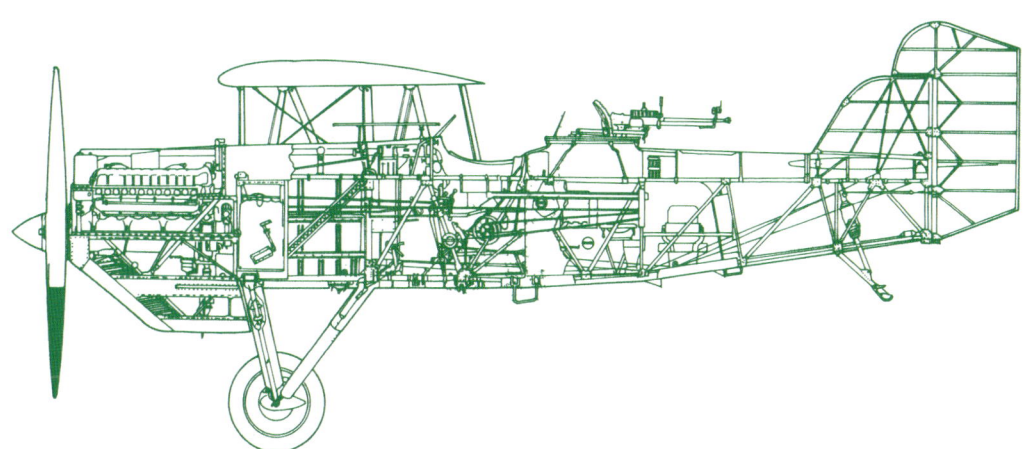

Innerer Aufbau einer Curtiss der Baureihe O-1/A-3.

Technische Daten – Curtiss O-1E Falcon („Falke")

Spannweite	11,58 m
Länge	8,28 m
Höchstgeschwindigkeit	227 km/h (auf Meereshöhe)
Dienstgipfelhöhe	4660 m
Aktionsradius	1000 km
Bewaffnung	Drei 7,62-mm-MGs (eins starr nach vorn feuernd, zwei schwenkbar auf Ringlafette am Hecksitz
Antrieb	1 Reihenmotor Curtiss V-1150-5 (430–435 PS)
Besatzung	2 Mann

Breguet 19

In den 1920er-Jahren fertigte die Firma Breguet, die Schöpferin der berühmten und zahlreich produzierten Breguet 14 des Ersten Weltkriegs (s. S. 104–105), ein würdiges Nachfolgemodell – die Breguet 19. Sie erwies sich als ebenso erfolgreich und wurde gleichfalls in mehreren anderen Ländern (Spanien, Belgien und Jugoslawien) in großer Zahl hergestellt. Wie viele es genau waren, steht nicht fest, aber die Breguet ist neben der Potez 25 (s. S. 160–161) ein weiterer Kandidat für das am häufigsten produzierte Flugzeug der Zwischenkriegszeit. Der Prototyp Breguet 19 (manchmal auch „XIX" geschrieben) flog im März 1922, und 1924 wurde die Maschine bei der französischen Luftwaffe als bewaffneter Aufklärer Breguet 19A2 in Dienst gestellt; 1927 folgte die Bomberversion 19B2. Als Kampfflugzeug war die Breguet ein großer Erfolg, sodass zahlreiche Aufträge aus Europa und Südamerika eingingen. Der Typ kam mehrfach zum Kampfeinsatz, vor allem im Spanischen Bürgerkrieg (auf beiden Seiten), und einige dienten noch in Jugoslawien, als Deutschland 1941 die Feindseligkeiten eröffnete. Am besten blieb die Breguet jedoch als Rekordbrecherin und wegen ihrer übergroßen Reichweite in Erinnerung. Sie war eine robuste, größtenteils mit Stoff überzogene Metallkonstruktion, die durch Zusatztanks große Reichweite und Ausdauer erhielt. Man entwickelte spezielle Langstreckenmodelle wie die Breguet 19 Grand Raid, später die Bidon und schließlich die berühmteste von allen, die Grand Bidon. Von letzterer wurden zwei Maschinen mit vergrößerter Spannweite und anderen Anpassungen an Langstreckenflüge gebaut – je eine in

Die Breguet 16 war ein wunderbar robustes Flugzeug in Ganzmetallbauweise. Die Flüge von Costers und Bellonte in der „Super Bidon" von Paris nach New York bzw. Tsitsihar (manchmal auch Tsitsikar geschrieben) wurden weltberühmt.

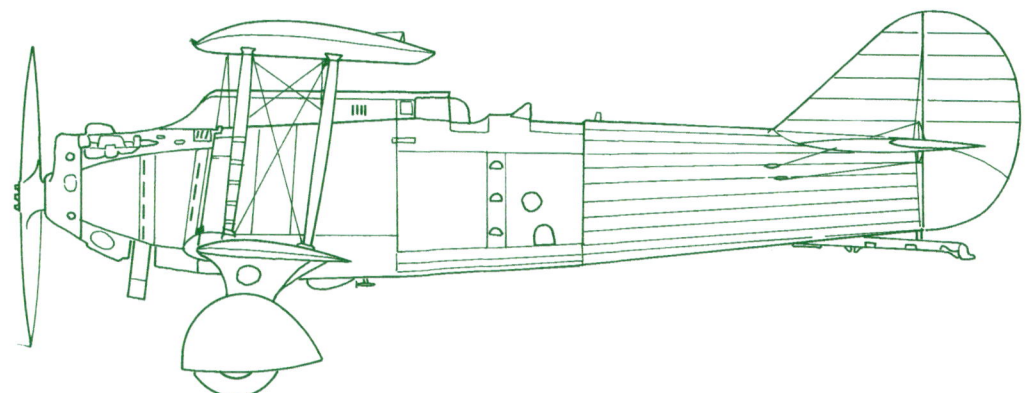

Frankreich und Spanien; die knallrote französische hieß „Point d'Interrogation" (Fragezeichen) oder schlicht „?" und unternahm mehrere schlagzeilenträchtige Flüge. Sie flog als erstes Flugzeug im September 1930 mit Maurice Bellonte und dem Breguet-Testpiloten Dieudonné Costes nonstop von Paris nach New York. Am 27.–29 September 1929 stellte sie einen Weltrekord im Geradeausflug auf: Costes und Bellonte starteten in Paris und flogen, bis das Benzin ausging – in Tsitsihar (Mandschurei). Das waren 7905 km – ein großer Erfolg für eine Zeit ohne Flugsicherung und Auftankmöglichkeiten.

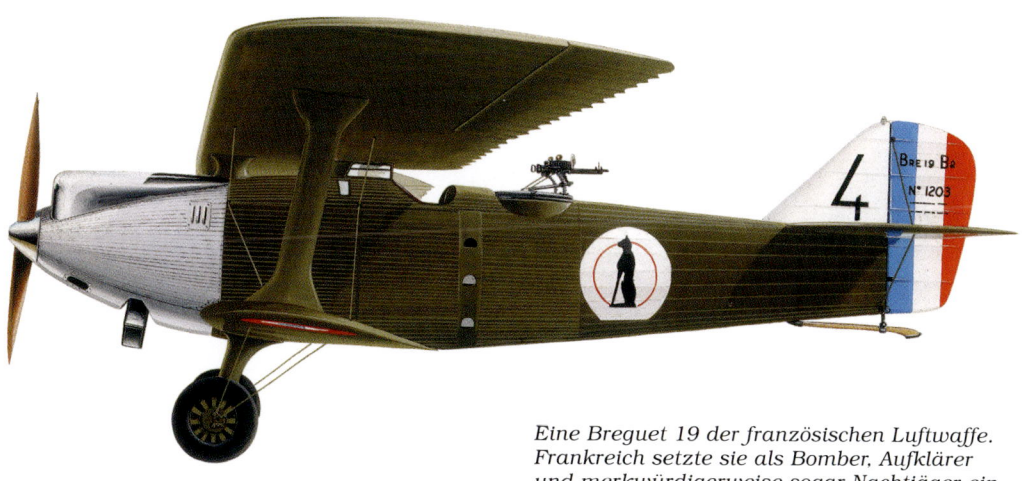

Eine Breguet 19 der französischen Luftwaffe. Frankreich setzte sie als Bomber, Aufklärer und merkwürdigerweise sogar Nachtjäger ein.

Technische Daten – Breguet 19 Super Bidon ("Blechbüchse")

Spannweite	18,3 m
Länge	10,72 m
Höchstgeschwindigkeit	244 km/h (in 2000 m Höhe)
Aktionsradius	etwa 8700 km
Dienstgipfelhöhe	6700 m
Antrieb	1 Reihenmotor Hispano-Suiza 12Nb (650 PS)
Besatzung	2 Mann

Hawker Horsley

Die Spezifikation 26/23 des britischen Luftfahrtministeriums vom November 1923 legte die Anforderungen an einen mittleren Zweisitzer-Tagbomber fest, dem wegen knapper Finanzmittel wohl nur geringe Produktionsziffern beschieden waren. Die Spezifikation wurde dahingehend verändert, dass neben Bomben auch ein Torpedo vorgesehen war. Vier britische Firmen legten entsprechende Pläne vor: Sieger wurde der große Horsley-Doppeldecker von Hawker. Der Prototyp flog ohne Erfolg im Dezember 1924, doch weitere, diesmal erfolgreichere Testflüge erfolgten ab März 1925. Die Aufträge erfolgten im mehreren Schüben; die ersten Serienmaschinen waren noch vorwiegend aus Holz gebaut; später folgten einige Horsleys in Ganzmetallkonstruktion; sie wurden manchmal auch als Mk.II bezeichnet, doch entstand bei der Zuordnung von „Mark"-Bezeichnungen zu Serienmodellen Verwirrung. Das erste damit ausgestattete Geschwader der RAF war die Squadron No.11, die ihre ersten Horsley II im Januar 1927 erhielt. 1928 wurde die Horsley zum Torpedobomber umgerüstet, und ab 1929 lieferte man „Ganzmetall"-Maschinen aus. Die meisten dienten in Großbritannien, doch einige Maschinen der RAF wurden auch in Singapur stationiert. 1929 erhielt Hawker von der griechischen Marine einen Auftrag über sechs Flugzeuge, von denen fünf als Torpedobomber und eines wohl als VIP-Maschine diente. Einige Maschinen der RAF dienten in den frühen 1930er-Jahren als Zielschlepper, doch 1934 waren alle in Großbritannien stationierten bereits ausgemustert, während jene in Singapur 1934 ersetzt wurden. Zwei Exemplare einer Dreisitzer-Version, der Dantorp, erwarb die dänische Marine, die sie auf Schwimmern einsetzte. Die Gesamtproduktion belief sich (einschließlich der Prototypen und Exporte) auf ungefähr 138 Stück; die allerletzten wurden Ende 1931 fertiggestellt. Der wohl wichtigste Auftrag, den Horsleys ausführten, waren Testflüge mit verschiedenen Motoren; bei einigen Maschinen leisteten diese wichtige Beiträge zur

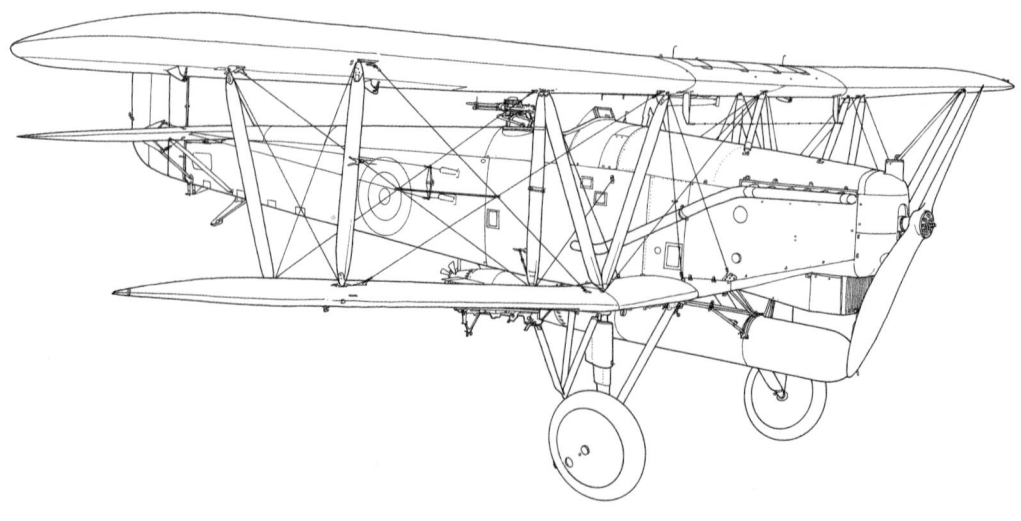

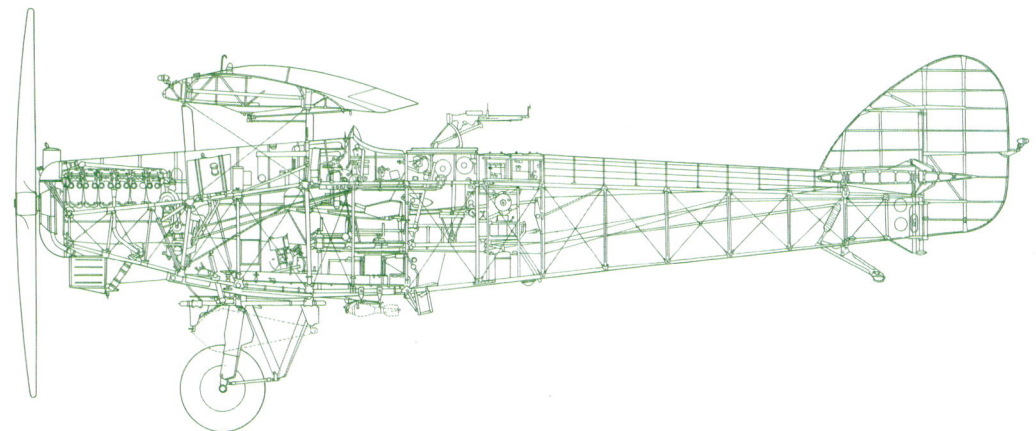

Entwicklung des hervorragenden Rolls-Royce Merlin, der später zu einem der weltweit besten Flugzeugmotoren werden sollte.

Ser.-Nr. J7721 war der zweite Prototyp der Hawker Horsley und lässt gut die schwerfälligen Linien dieses Tag- und Torpedobombers der 1920er-Jahre erkennen (Foto: Hawker Aircraft Ltd.).

Technische Daten – Hawker Horsley Mk.II

Spannweite	17,21 m
Länge	11,84 m
Höchstgeschwindigkeit	200 km/h (in 1830 m Höhe)
Einsatzdauer	etwa 10 Stunden
Dienstgipfelhöhe	4370 m
Bewaffnung	Zwei 7,7-mm-MGs (eins starr nach vorn feuernd, eins schwenkbar auf Ringlafette, bis zu etwa 680 kg Bomben oder ein 457-mm-Torpedo
Antrieb	1 Reihenmotor Rolls-Royce Condor IIIA (665 PS)
Besatzung	2 Mann

Beech Staggerwing

Einer der großen Hersteller von Leichtflugzeugen in den USA war Walter Beech. Als er 1932 seine eigene Firma gründete, besaß er bereits einen Ruf als Konstrukteur und Fertiger von Leicht- und kleinen Linienflugzeugen. Die erste Beechcraft, die Model 17 „Staggerwing", war ein eleganter, schneller Doppeldecker für Privatleute. Ihren Namen verdankte sie dem ungewöhnlicherweise nach hinten versetzten Oberflügel. Diese Anordnung sollte angeblich der Maschine eine optimierte Strömungsausnutzung und dem Piloten eine bessere Sicht nach vorn verschaffen, wurde aber von anderen Flugzeugbauern kaum je aufgegriffen. Dennoch erwies sich die Staggerwing als sehr erfolgreich: Sie sorgte für einen guten Start der Beech Aircraft Co. und wurde in zahlreichen Versionen hergestellt. Die erste Model 17 flog am 4. November 1932. Sie besaß ein starres Fahrwerk, dessen Hauptträger jedoch ungewöhnlicherweise zum Teil in die großen „Hosen" eingezogen werden konnten. Weitere Verbesserungen des Grundentwurfs führten bei den B17 von 1934/35 zum Einbau eines voll einziehbaren Hauptfahrwerks – diesen Vorzug besaßen damals noch nicht einmal alle Militärflugzeuge. Die Leistungsfähigkeit der Staggerwing war für ein Zivilflugzeug sehr hoch – sie entsprach der mancher Militärmaschinen. Die frühen Staggerwings errangen bei einigen Wettflügen und Spurts Erfolge. Der Typ wurde in der Folge mehrfach verbessert, und diese Modelle verkauften sich so gut, dass Beech zu einem der wichtigsten Lieferanten von Leichtflugzeugen auf dem zivilen US-Markt aufstieg. Die Produktion wurde über den Zweiten Weltkrieg hinaus fortgesetzt, und die letzte Serienversion war die Model G17S von 1948 (allerdings wurde noch 1949 eine Maschine aus Ersatzteilen montiert). Auch beim Militär erwies sich die Staggerwing als brauchbarer Schnelltransporter. Noch vor dem Eintritt der USA in den Zweiten Weltkrieg hatte die US Navy eine kleine Anzahl als GB-1 bestellt, während

Das zivile „Ende" einer erhaltenen Beech Staggerwing. Die Model 17 konnte im Laufe ihrer Produktionszeit mit verschiedenen Motoren versehen werden; bei der Einführung Mitte der 1930er-Jahre erbrachte sie ähnliche Leistungen wie manche Kampfflugzeuge.

Eine zivil eingesetzte Beech Staggerwing. Die ursprüngliche Model 17 wurde im Dezember 1932 als Typ zugelassen, und man ist allgemein der Auffassung, das neben den Aufträgen des Militärs 356 zivile Exemplare gebaut wurden.

das US Army Air Corps einige Maschinen als Dienstflugzeuge für Militärattachés an Botschaften in Übersee erwarb. Im Zweiten Weltkrieg baute man die Staggerwing für die US Navy vor allem als GB-2, für USAAC und USAAF als UC-43; außerdem wurden Privatmaschinen requiriert. Beim Militär trugen sie den Namen „Traveler", der auch bei den Maschinen für die britischen Streitkräfte üblich war (hier als „Traveller"): Etwa 105 gingen als leichte Transport- und Verbindungsflugzeuge vor allem an die Royal Navy. Auch zahlreiche andere Länder setzten die Model 17 als Militärtransporter ein. Insgesamt entstanden etwa 718 Exemplare aller Versionen.

Technische Daten – Beech Traveller Mk.I (Royal Navy)

Spannweite	9,76 m
Länge	7,93 m
Höchstgeschwindigkeit	320 km/h (auf Meereshöhe)
Dienstgipfelhöhe	7620 m
Höchstes Startgewicht	1928 kg
Aktionsradius	1100 km
Antrieb	1 Sternmotor Pratt & Whitney R-985-50 Wasp Junior (o. ä. Typ) (450 PS)
Fassungsvermögen	1 Pilot, bis zu 4 Passagiere (meist 3)

Short Scylla

Die britische Firma Short Brothers war für ihre Wasserflugzeuge und Flugboote berühmt; im Ersten Weltkrieg wurde sie es vor allem durch ihre Type 184 und andere Seeflugzeug-Modelle (s. S. 84–85). Während der späten 1920er- und frühen 1930er-Jahre entwarf und baute das Unternehmen eine Reihe bekannter Flugboote für militärische und zivile Zwecke, die als „Empire"-Flugboote bleibenden Ruhm erwarben, aber auch das Huckepack-Flugzeug Short-Mayo (s. S. 266–267). Überdies fertigte Short mehrere landgestützte Maschinen, eine davon auf Ersuchen von Imperial Airways, der wichtigsten internationalen Fluglinie Großbritanniens. Diese brauchte Anfang der 1930er-Jahre Flugzeuge für die europäischen Kurzstrecken. 1933 bat sie Short, eine begrenzte Serie von Doppeldeckern für 39 Fluggäste zu bauen. Die schnellste Lösung war ein landgestütztes Linienflugzeug auf der Basis des vorhandenen Linien-Flugboots Short S.17 Kent (Scipio-Klasse). Das neue Projekt erhielt den Namen L.17; Entwurf und Fertigung waren rasch abgeschlossen, sodass die erste L.17 am 26. März 1934 fliegen konnte. Vom Kent-Flugboot übernahm sie zum Teil die Flügelform und die Anordnung der Motoren, aber der Rumpf und das starre Fahrwerk waren völlig neu; die neue Linienmaschine erhielt nach dem Erstling den Namen „Scylla". Das zweite Flugzeug hieß „Syrinx". Als Antrieb dienten hier vier Sternmotoren vom Typ Bristol Jupiter. Imperial Airways stellte den neuen Typ unverzüglich in Dienst, wobei die „Scylla" am 16. Mai 1934 die Passagierbeför-

Die G-ACJJ war eines von zwei Linienflugzeugen des Typs Short L17. Sie trug den Namen „Scylla". Short Brothers erhielten keine weiteren Aufträge für das Modell (Foto: Short Bros.).

derung auf der Strecke London/Croydon – Paris/Le Bourget aufnahm. Im gleichen Monat flog die „Syrinx" erstmals, und beide Flugzeuge wurden bald erfolgreich auf den europäischen Kurzstrecken von Imperial Airways eingesetzt. Die „Scylla" ließ sich am Boden nur schwer manövrieren, und im Oktober 1935 wurde die „Syrinx" in Brüssel vom Sturm umgeworfen. Nach ihrer Reparatur bekam sie vier stärkere Sternmotoren Bristol Pegasus XC und eine veränderte Kabine. Beide Maschinen flogen zuverlässig bis zum Kriegsausbruch; dann evakuierte man sie von London nach Whitchurch (Bristol), um sie für kriegsbedingte Aufgaben einzusetzen. Die „Scylla" ging 1940 in Schottland zu Bruch, die „Syrinx" wurde im gleichen Jahr abgewrackt.

Technische Daten – Short Scylla

Spannweite	34,44 m
Länge	25,55 m
Höchstgeschwindigkeit	220 km/h
Dienstgipfelhöhe	etwa 6100 m
Aktionsradius	circa 800 km
Antrieb	4 Sternmotoren Bristol Jupiter XFBM (je 555 PS)
Fassungsvermögen	2–3 Mann Besatzung, bis zu 39 Passagiere

Douglas DC-1, DC-2 und DC-3

Die Douglas DC-3 gehört zu jener auserwählten Gruppe von Flugzeugen des ersten Jahrhunderts der Luftfahrtgeschichte, die noch zu „Lebzeiten" zur Legende wurden und mit vollem Recht zu den wirklich großen Flugzeugtypen der Geschichte gerechnet werden. In ihrer Karriere, die 1930 begann und gewissermaßen noch heute fortdauert, kam die DC-3 fast weltweit und in verschiedenen großen sowie zahllosen kleineren Kriegen zum Einsatz; dabei entwickelte man eine Reihe wichtiger Versionen. Alles begann mit der Flugzeugfirma des Amerikaners Donald Douglas, die mit den Douglas DT und Douglas World Cruiser (s. S. 146–147 bzw. 152–153) einen so guten Start gehabt hatte. 1932 schickte sich die bedeutende Fluglinie T.W.A. an, Ersatz für ihre Fokker-Maschinen zu besorgen. Zu diesem Zeitpunkt befand sich die revolutionäre Boeing Model 247 (s. S. 294–295) in der Entwicklung, aber der Großteil der recht begrenzten Produktion war für die mit Boeing assoziierten Fluglinien vorgesehen, aus denen United Air Lines hervorging. Für ihre eigenen Zwecke ließ TWA daher eine Ganzmetall-Linienmaschine mit 12 Sitzplätzen ausschreiben. Douglas legte einen Entwurf vor, der zur legendären DC-3 führte. Er bezog sich glücklicherweise auf ein zweimotoriges Modell (TWA hatte ein dreimotoriges gefordert). Heraus kam dabei ein elegantes, stromlinienförmiges Ganzmetallflugzeug namens DC-1 (Douglas Commercial No.1). Angetrieben von zwei Sternmotoren des Typs Wright Cyclone, flog es erstmals am 1. Juli 1933. Es war sogleich eine Sensation; produziert wurde eine etwas längere Version mit stärkeren Motoren, die DC-2. Sie war die erste in Massen produzierte Douglas-Linienmaschine und erwies sich bei Zivilisten und Militärs als Erfolg: Insgesamt baute man fast 200 Stück. 1934 beauftragte TWA Douglas mit der Entwicklung einer größeren „Schlafversion" der DC-2. Das Ergebnis war die D.S.T. (Douglas Sleeper Transport), die erste echte DC-3. Sie

Die DC-3 wurde von vielen bedeutenden Fluggesellschaften eingesetzt, so auch von American Airlines.

Der Prototyp der DC-3 flog am 17. Dezember 1935, gerade einmal 32 Jahre nach dem ersten Flug der Gebrüder Wright (Foto: Douglas).

besaß einen veränderten Rumpf mit Schlafmöglichkeiten für 14 Nachtpassagiere, und die Neuentwicklung erwies sich rasch als ausgezeichnetes Flugzeug. Der weitere Weg führte zu Ausführungen der DC-3 mit konventionellen Sitzen, und bis zum Zweiten Weltkrieg war der Typ bei den zivilen Luftlinien gut eingeführt; auch beim Militär sollte er vielfältige Verwendung finden. In der US Army erhielt die DC-3 die Namen C-47 bzw. C-53, und beide bewährten sich im Zweiten Weltkrieg ausgezeichnet.

Technische Daten – Douglas DC-3

Spannweite	28,96 m
Länge	19,65 m
Höchstgeschwindigkeit	372 km/h (in 2600 m Höhe)
Dienstgipfelhöhe	7350 m
Aktionsradius	bis zu 3400 km
Antrieb	2 Sternmotoren Pratt & Whitney S1C3G Twin Wasp (je 1050 PS) (weitere Optionen verfügbar)
Fassungsvermögen	2–3 Mann Besatzung, normalerweise 21–24 Passagiere

Bristol Bulldog

In der Zwischenkriegszeit führte das Erscheinen verschiedener Bomber, die bessere Leistungen als zeitgenössische Jäger vorwiesen, dazu, dass man sich verstärkt der Entwicklung zeitgemäßer Jagdflugzeuge zuwandte. Zu den erwähnten Typen gehörte auch der einsitzige Doppeldecker-Bomber Fairey Fox, dessen Erscheinen 1925 signalisierte, wie weit die Jäger der RAF hinter den neuen Bombertypen zurücklagen. Als Antwort darauf gab das Luftfahrtministerium diverse Spezifikationen für einen (damals) leistungsfähigen Tag- oder Nachtjäger mit zwei MGs und einem (nach Möglichkeit luftgekühlten) Sternmotor heraus. Britische Firmen legten mehrere Entwürfe vor, die dieser Ausschreibung F.9/26 gerecht werden sollten: Die beiden besten waren die Hawker Hawfinch und die Bristol Bulldog. Der Prototyp der Bulldog flog im Mai 1927 und entwickelte sich zu einer Maschine mit längerem Rumpf, die als Mk.II in Produktion ging. Angetrieben von einem Sternmotor Bristol Jupiter VII (die Firma stellte also Flugzeug und Motor her), trat sie im Mai/Juni 1929 ihren Dienst beim 3. Geschwader der RAF an. Von diesem ersten Typ wurden insgesamt 92 gebaut; die wichtigste Serienversion war jedoch die Mk.IIA. Dieses Modell besaß den verbesserten Motor Jupiter VIIF und ein höheres Einsatzgewicht; die Produktion betrug 268 Stück, und die Bulldog wurde Mitte der 1930er-Jahre einer der wichtigsten Jäger der RAF (v. a. beim Heimatschutz). Es gab auch eine Schulversion, die zweisitzige Bulldog TM (59 Exemplare). Das letzte Serienmodell war die Bulldog Mk.IVa, die einen Sternmotor (Bristol Mercury) erhielt. 17 davon wurden

Eine Bulldog Mk.IIA. der RAF. Obwohl ihre Flugeigenschaften besser als die früherer Jäger waren, erinnerte die Bulldog in Aussehen und Bewaffnung noch stark an britische Maschinen vom Ende des Ersten Weltkriegs.

Die Bristol Bulldog MK.IIA. Sie flog besser als die Fairey Fox, als deren Ersatz sie denn auch entwickelt wurde.

an Finnland geliefert, das sie 1939/40 im „Winterkrieg" gegen Sowjetrussland einsetzte; sie konnten mit Skiern fliegen und zeichneten sich unter ihren finnischen Piloten aus. Es gab mehrere Exportkunden für die Bulldog, und zwei wurden in Japan bei Nakajima gebaut. Die Bulldog blieb bei der RAF bis 1936/37 im Fronteinsatz, doch fanden einige Zweisitzer als Schulflugzeuge noch bis 1939 Verwendung.

Technische Daten – Bristol Bulldog Mk.IIA

Spannweite	10,31 m
Länge	7,67 m
Höchstgeschwindigkeit	286 km/h (in 3000 m Höhe)
Dienstgipfelhöhe	8900 m
Aktionsradius	440 km
Bewaffnung	Zwei starr nach vorn feuernde 7,7-mm-MGs, vier 20-kg-Bomben unter den Unterflügeln (bei Bedarf)
Antrieb	1 Sternmotor Bristol Jupiter VIIF (490 PS)
Besatzung	1 Mann

Boeing F4B

Die klassische Baureihe von Jägern und Jagdbombern des Typs Boeing F4B für die US Navy und das Marine Corps wurde parallel zur P-12-Serie für das US Army Air Corps (s. S. 192–193) entwickelt. Die auf eigenes Risiko entworfenen Boeing Model 83 und 89 beeindruckten die Prüfer der Navy derart, dass sie eine Variante, die F4B-1, in Produktion gehen ließen, welche die Vorzüge beider Typen verband. Alle späteren Versionen der Navy-Maschinen besaßen einen Bremshaken und waren daher trägertauglich; außerdem erhielten sie für den Notfall Luftkissen in der oberen Tragfläche. Die F4B-1 (27 Stück, Erstflug im Mai 1929) glich mit ihrem Dreibein-Hauptfahrwerk dem Model P-12 bzw. P-12B der US Army. Ihr folgte die F4b-2 (Model 223), die als definitives Hauptfahrwerk eines mit verschränkter Gelenkachse bekam. Sie glich der Model P12-C bzw. P12-D der US Army, von denen 46 gebaut wurden. Die Maschine besaß jedoch ein Heckrad, das bei den P-12 der US Army erst später zum Standard wurde. Einige Modelle der F4B-2 waren mit einem unverkleideten Wasp-Sternmotor versehen, während andere eine knappe Townend-Ringverkleidung aufwiesen. Wie bei der Army-Baureihe P-12 erfolgte als nächstes die Übernahme des an Model 218 erprobten Ganzmetall-Monocoque-Rumpfes, was zu den Baureihen F4B-3 und F4B-4 führte (die beide Model 235 hießen). Sie entsprachen den P-12E der Army. Gebaut wurden 21 als F4B-3 und 92 als F4B-4. Letztere besaßen überarbeitete Seitenruder mit verstärktem Profil. Die letzten 45 F4B-4 verfügten

Boeing F4B-2 mit Abzeichen der US Navy und der Marine-Jagdschwadron 5 (VF-5). Man beachte den Hecksporn und die kleinen Bombenhalterungen unter den Unterflügeln.

Die stromlinienförmige Semi-Monocoque-Hülle der Modelle F4B-3 und F4B-4 ist an dieser F4B-4 der US-Navy-Staffel VF-2 gut zu erkennen. Es war eine bewegte Epoche der Zwischenkriegszeit.

auch über eine verbesserte Kopfstütze mit eingebautem Rettungsfloß. Das neue Heckleitwerk bekamen auch einige ältere Maschinen. Eine weitere F4B-4 wurde beim US Marine Corps in Quantico (Virginia) aus Ersatzteilen montiert. Es gab auch ein Exportmodell: 14 Maschinen des Navy-Kontingents wurden für Brasilien abgezweigt und später durch 14 mit verbesserter Funkausrüstung ersetzt; Brasilien bekam überdies neun Stück der „hybriden" Variante P-12E/F4B-3. Als erste Einheit erhielt im Juli 1932 das Geschwader VF-10M des US Marine Corps die F4B-4; sie blieb bei Navy und Marine Corps bis 1937/38 im Einsatz.

Technische Daten – Boeing F4B-4

Spannweite	9,14 m
Länge	6,22 m
Höchstgeschwindigkeit	300 km/h (in 1830 m Höhe)
Dienstgipfelhöhe	8400 m
Aktionsradius	etwa 940 km
Bewaffnung	Zwei starr nach vorn feuernde 7,62-mm-MGs oder ein 7,62-mm- und ein 12,7-mm-MG, Vorrichtungen für bis zu 105 kg Bomben unter den Unterflügeln (ähnliche auch unter dem Rumpf)
Antrieb	1 Sternmotor Pratt & Whitney R-1340-16 Wasp (500 PS)
Besatzung	1 Mann

Savoia-Marchetti S.55

In den frühen 1930er-Jahren setzte sich das faschistische Italien Benito Mussolinis mit zwei schlagzeilenträchtigen Flügen in Szene, als es Massen von Flugbooten in Formation über den Atlantik schickte. Unternommen wurden diese mit dem zweimotorigen Katamaran-Flugboot Savoia-Marchetti S.55. Am ersten Massenflug Brasilien – Italien nahm im Dezember 1930 eine Formation von S.55A unter der Führung von Luftfahrtminister Italo Balbo teil. Noch größeres Aufsehen erregte im Juli/August 1933 der Flug von 24 speziellen Langstrecken-Flugbooten S.55X – darunter eine Reservemaschine – von Italien zur Weltausstellung von Chicago (samt Rückflug nach Italien). Die S.55 entstand aufgrund einer Ausschreibung des Luftfahrtministeriums für einen Marine-Torpedobomber, der Torpedos, Bomben oder Minen tragen können sollte. Das kurz zuvor aus der Firma SIAI von 1915 hervorgegangene Unternehmen Savoia-Marchetti entwarf ein Doppelrumpf-Flugboot, das seine Last zwischen den Rümpfen trug. Dieses Konzept lag der S.55 und ihrer größeren Nachfolgerin, der S.66, zugrunde. Beide waren Doppelrumpf- bzw. Katamaran-Flugboote mit klarer, freitragender Flügelstruktur und einem dicken Mittelabschnitt zwischen den Rümpfen, dessen Heckleitwerk mittels Streben auf den beiden Rümpfen ruhte. Die S.55 bestand überwiegend aus Holz, einige

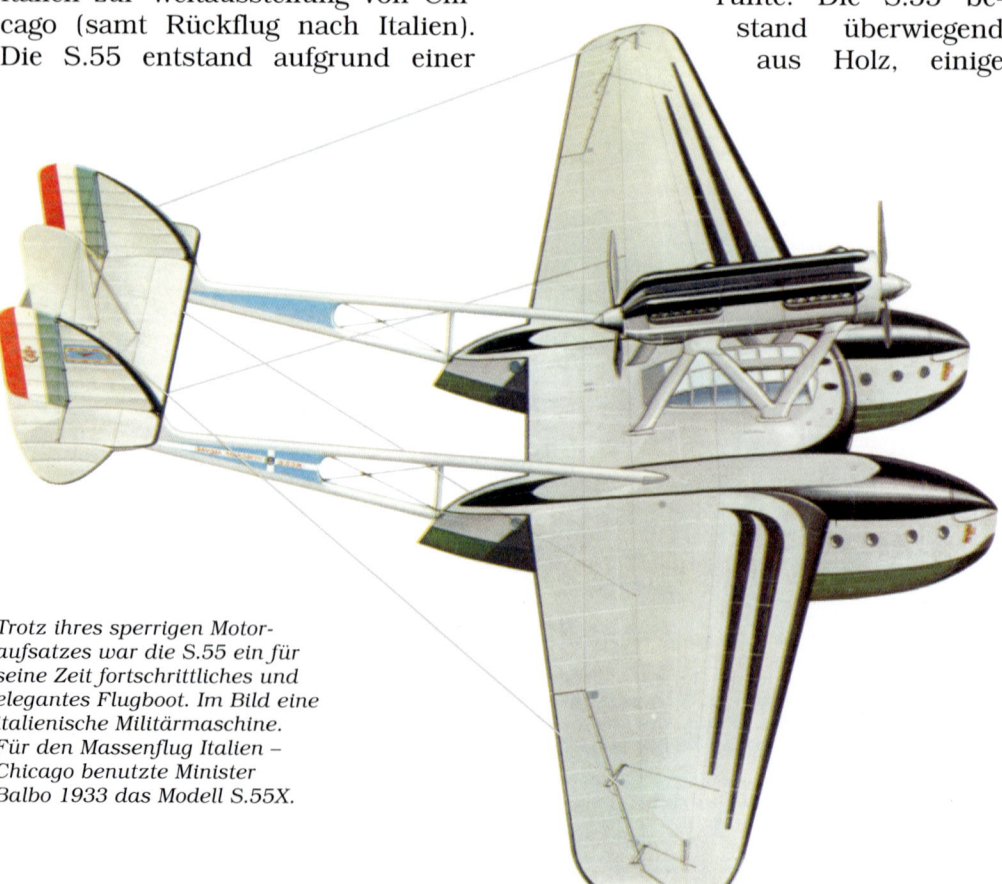

Trotz ihres sperrigen Motoraufsatzes war die S.55 ein für seine Zeit fortschrittliches und elegantes Flugboot. Im Bild eine italienische Militärmaschine. Für den Massenflug Italien – Chicago benutzte Minister Balbo 1933 das Modell S.55X.

Ruderklappen aus mit Stoff überzogenem Metall. Die beiden Motoren saßen Rücken an Rücken in einer Mittelgondel. Der Entwurf entstand ab 1923, und die erste S.55 flog im August 1924. Vom Militär kamen zunächst keine Aufträge, sodass die ersten Maschinen für italienische Linien im Mittelmeerraum flogen. Sie konnten eine Crew von 4 Mann und bis zu 8 Passagiere aufnehmen; jeder Rumpf barg eine eigene Kabine. Schließlich erteilte auch das Militär Aufträge, sodass in Italien etwa 240 Exemplare gebaut wurden (ein weiteres in den USA). Für zivile Linien entstanden circa 24 dreimotorige S.66 mit Druckschrauben-Antrieb, von denen man einige zu Beginn des Zweiten Weltkriegs für militärische Zwecke requirierte.

Dieses Poster erinnert an den Massenflug italienischer S.55X-Flugboote zur Chicagoer Weltausstellung 1933.

Viele S.55-Flugboote wurden von Varianten des Reihenmotors Isotta-Fraschini angetrieben; zwei davon saßen in einer von Streben getragenen Gondel über der Rumpfmitte.

Technische Daten – Savoia-Marchetti S.55X

Spannweite	24 m
Länge	16,5 m
Höchstgeschwindigkeit	265 km/h (auf Meereshöhe)
Dienstgipfelhöhe	4200 m
Aktionsradius	über 3500 km
Antrieb	2 Reihenmotoren Isotta-Fraschini Asso R (je 750 PS)
Besatzung	Bei Transatlantikflügen in der Regel 3 Mann

de Havilland D.H.88 Comet

Die de Havilland D.H.88 Comet war das berühmteste britische Zivilflugzeug der 1930er-Jahre; dieses berühmte Produkt einer renommierten Firma gewann das größte Luftrennen aller Zeiten. Zur Hundertjahrfeier der Gründung des australischen Bundesstaates Victoria stiftete Sir MacPherson Robertson für Oktober 1934 das gewöhnlich als „MacRobertson" abgekürzte Luftrennen von einem Londoner Vorort nach Melbourne (Australien). In Großbritannien gab es damals nur wenige ernsthafte Bewerber, sodass sich de Havilland an den Entwurf eines Rennflugzeugs machte, für das potenzielle Käufer bis Februar 1934 Aufträge erteilen konnten. Schließlich gingen drei Bestellungen ein, und de Havilland entwarf und baute in aller Schnelle drei Maschinen; die erste flog am 8. September 1934. Die D.H.88 war ein stromlinienförmiger, zweimotoriger Tiefdecker mit freitragenden Flügeln aus mit Stoff bezogenem Holz; sie besaß ein von Hand einziehbares Fahrwerk, Flügelklappen und etwas primitive Propeller mit veränderbarem Anstellwinkel – all dies und ihre Geschwindigkeit machten sie zu einem der fortschrittlichsten Flugzeuge ihrer Tage. Der Rumpf barg zwecks größerer Reichweite drei Treibstofftanks – auf der gesamten Strecke waren nur fünf Zwischenstopps vorgesehen. Das Rennen selbst wurde für die Comets ein großer Erfolg. Am 20. Oktober starteten 20 Maschinen, und neun trafen am Ziel ein, darunter zwei Comets – auf den Plätzen 1 und 4. Die Sieger waren Charles Scott und Tom Campbell Black in der Comet namens „Grosvenor House" (G-ACSS), die A.O. Edwards, der Geschäftsführer des gleichnamigen Londoner Hotels, erworben hatte. Sie siegten in der Geschwindigkeitsklassifikation; zweite wurde eine Douglas DC-2 mit niederländischen Piloten, die als Ausgleich den Handicap-Preis erhielt und Roscoe Turners Boeing Model 247 (s. S. 294–295) auf den dritten Platz verwies. Die zweite Comet mit Owen Cathcart-Jones und Ken Waller kam auf den vierten Platz. Sie flog direkt nach England zurück und stellte beim Flug England-Australien-England einen Rekord auf.

Preisgeld und Pokal beim MacRobertson-Luftrennen England-Australien 1934 gewann diese Rennmaschine G-ACSS „Grosvenor House" vom Typ D.H.88 Comet.

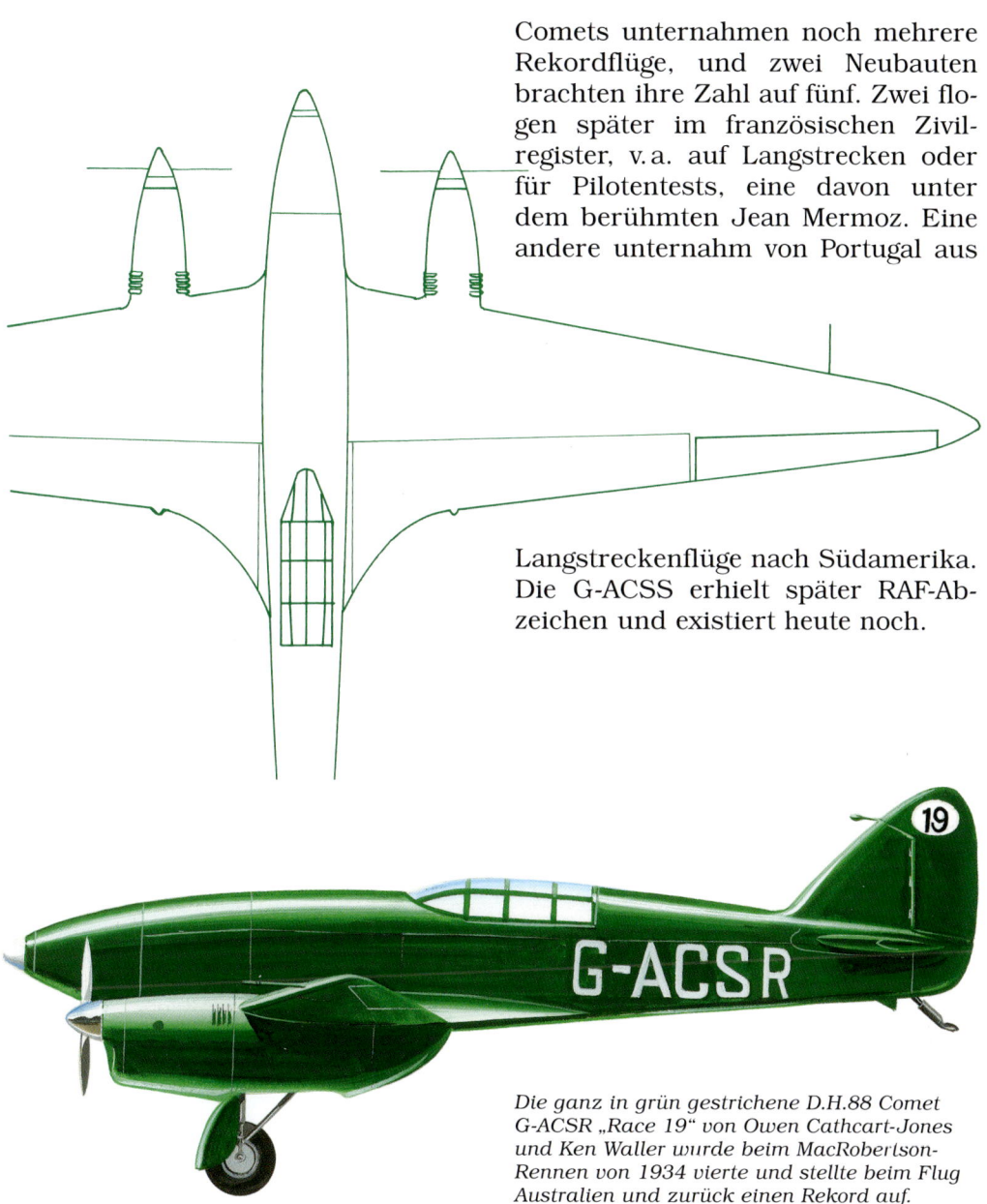

Comets unternahmen noch mehrere Rekordflüge, und zwei Neubauten brachten ihre Zahl auf fünf. Zwei flogen später im französischen Zivilregister, v. a. auf Langstrecken oder für Pilotentests, eine davon unter dem berühmten Jean Mermoz. Eine andere unternahm von Portugal aus Langstreckenflüge nach Südamerika. Die G-ACSS erhielt später RAF-Abzeichen und existiert heute noch.

Die ganz in grün gestrichene D.H.88 Comet G-ACSR „Race 19" von Owen Cathcart-Jones und Ken Waller wurde beim MacRobertson-Rennen von 1934 vierte und stellte beim Flug Australien und zurück einen Rekord auf.

Technische Daten – de Havilland D.H.88 Comet

Spannweite	13,41 m
Länge	8,84 m
Höchstgeschwindigkeit	378 km/h (in 300 m Höhe)
Aktionsradius	etwa 4700 km
Dienstgipfelhöhe	5800 m
Antrieb	2 Reihenmotoren de Havilland Gipsy Six R (je 225 PS)
Besatzung	2 Mann

Curtiss SBC Helldiver

Die lang währende Beziehung der Firma Curtiss zur Marineluftwaffe der Vereinigten Staaten begann schon vor dem Ersten Weltkrieg, und in den 1920er- und 1930er-Jahren belieferte Curtiss die US Navy weiterhin mit verschiedenen Kampf- und Schulflugzeugen. Der Doppeldecker SBC Helldiver entstand aufgrund vieler mit wechselndem Nachdruck erhobener Forderungen; am Ende änderte die US Navy ihr Konzept aus den frühen 1930er-Jahren zugunsten eines Aufklärer-Bombers, der auch Sturzkampfangriffe fliegen konnte. Curtiss hatte anfangs für den Trägereinsatz einen Eindecker mit Parasolflügel als XF12C-1 geplant, aber der mühselige Entwicklungsprozess mündete schließlich in ein Doppeldecker-Modell, das allerdings über ein einziehbares Fahrwerk verfügte. Unter der Navy-Bezeichnung SBC (Scout Bomber Curtiss oder Curtiss Model 77) ging die neue Maschine schließlich als SBC-3 in Produktion. Im Sommer 1936 wurden insgesamt 83 als Trägerflugzeuge bestellt, und im folgenden Sommer lieferte man diese an die Geschwader aus. Den Namen „Helldiver" erhielt der neue Typ in Fortführung einer Tradition, die mit der von der Curtiss Falcon abgeleiteten Baureihe F8C begonnen hatte (s. S. 204–205). Angetrieben wurde die SBC-3 von einem Sternmotor Pratt & Whitney R-1535 Twin Wasp Junior, doch das Nachfolgemodell, die SBC-4, erhielt den stärkeren Wright Cyclone. Es wurden 174 Serienmaschinen bestellt, deren Auslieferung Anfang 1939 begann. Diese SBC-4 dienten bei der US Navy und beim Marine Corps. Einige waren noch nach Amerikas Kriegseintritt im Einsatz, aber an der Front ersetzte man sie sehr rasch durch modernere Flugzeugtypen, wenngleich manche noch für nachgeordnete Aufgaben verwendet wurden. Helldivers des Marine Corps blieben indes noch einige Zeit nach dem japanischen Angriff auf Pearl Harbour im Dienst, und die Marine Observation Squadron VMO-151 verwendete den Typ, als sie 1942 über Amerikanisch-Samoa Anti-U-Boot-Patrouillen flog. 50 Helldivers sollten an Frankreich

Eine Curtiss SBC-3 Helldiver der Aufklärungsstaffel VS-5 der US Navy.

geliefert werden, kamen aber nicht zum Kampfeinsatz – stattdessen übernahmen die Briten eine Handvoll als „Cleveland"-Schulflugzeuge.

Zwei Ansichten der SBC-4. Das obere Bild zeigt eine Serienmaschine SBC-4 vor der Auslieferung, das untere den Prototyp XSBC-4 (Fotos: US Navy).

Technische Daten – Curtiss SBC-4 Helldiver

Spannweite	10,36 m
Länge	8,57 m
Höchstgeschwindigkeit	377 km/h (in 4630 m Höhe)
Dienstgipfelhöhe	7300 m
Bewaffnung	Zwei 7,62-mm-MGs (eins starr nach vorn feuernd, eins schwenkbar im hinteren Cockpit, eine 227-kg-Bombe
Antrieb	1 Sternmotor Wright R-1820-34 Cyclone (900–950 PS)
Besatzung	2 Mann

Northrop Gamma

Der relativ große Erfolg des Ganzmetall-Passagier-/Frachtflugzeugs Northrop Alpha (s. S. 162–163) ermutigte John K. Northrop zur Entwicklung von Ganzmetall-Linienmaschinen, die auf schnelle Langstreckenbeförderung von Fracht und Personen zugeschnitten waren. Im Januar 1932 entstand seine Firma Northrop Co., und ihr erstes völlig neuartiges Produkt bildete die Northrop Gamma. Gleich der Alpha war sie ein eleganter, stromlinienförmiger Ganzmetall-Tief-/Eindecker, dessen erstes Exemplar später im Jahr flog. Die Gamma besaß eine Hülle aus verstärkten Blechen, und der Pilot saß im Gegensatz zur Alpha in einem geschlossenen, heizbaren Cockpit. Platz für Passagiere war nicht vorgesehen: Der Typ sollte nur Fracht und Post schnell befördern. Die Gamma 2-D konnte in zwei Rumpfabteilen 590 kg Nutzlast aufnehmen. Die meisten für amerikanische Käufer gebauten Gammas wurden auf die individuellen Bedürfnisse der Kunden zugeschnitten. Die drei 2-D für die Luftfahrtgesellschaft Transcontinental and Western Air beförderten Post und Fracht auf der Route Los Angeles – Newark. Mitte der 1930er-Jahre war das Geschäft mit Luftfracht indes nicht mehr so lukrativ wie früher. Eine der Gammas von TWA diente später zu Forschungsflügen in großen Höhen. Es wurden acht Maschinen für amerikanische Kunden gefertigt, doch stellten sich auch Exporterfolge ein, und zwei fanden ihren Weg nach Großbritannien. Eine davon diente als Testträger für Motoren der Bristol Aeroplane Co. Ein modifizierte Version wurde recht erfolgreich nach China exportiert, wo man sie als leichten Bomber einsetzte, der bis zu 726 kg Bomben tragen konnte. Dort entstanden auch einige Flugzeuge. Ein verwandtes Northrop-Produkt war die Linienmaschine „Delta". Die berühmteste Gamma gehört dem Polarforscher Lincoln Ellsworth. Diese Gamma 2-B konnte als Wasserflugzeug eingesetzt werden, bekam aber für den Antarktisflug Skier. Nach mehreren Fehlstarts flogen Ellsworth

Für den Flug über die Antarktis konnte die Gamma von Lincoln Ellsworth mit Schwimmern (im Bild) oder Skiern versehen werden.

Die beim Flug über die Antarktis eingesetzte Northrop Gamma „Polar Star" war eigens zum Zweisitzer umgebaut worden (Illustration: John Batchelor, © Boeing Corporation).

und sein englischer Pilot Herbert Hollick-Kenyon im November 1935 mit Erfolg tatsächlich über den Südpol. Ihre Gamma mit der Registriernummer NR-12269 trug passenderweise den Namen „Polar Star" (Polarstern).

Technische Daten – Northrop Gamma Model 2-D

Spannweite	14,58 m
Länge	9,5 m
Höchstgeschwindigkeit	360 km/h (in 2130 m Höhe)
Dienstgipfelhöhe	6100 m
Aktionsradius	2700 km
Antrieb	1 Sternmotor Wright SR-1820-F3 Cyclone (710 PS)
Besatzung	1 Mann

de Havilland D.H.91 Albatross

Die elegante de Havilland D.H.91 Albatross flog erstmals am 20. Mai 1937 und symbolisierte all jene Fortschritte, die man im Laufe der Jahre bei der Stromlinienform von Flugzeugen und auf dem Gebiet der Aerodynamik erzielt hatte, um solche Maschinen schaffen zu können. Die beiden ersten Albatross waren Langstreckenflugzeuge, deren Reichweite für einen Atlantikflug genügte. Sie entstanden aufgrund einer Spezifikation des Luftfahrtministeriums von 1936. Mit dem Entwurf der D.H.91 war ein Teil jenes Teams befasst, das die Rennmaschine D.H.88 Comet (s. S. 222–223) entworfen hatte. Die Albatross bestand hauptsächlich aus Holz mit einer Art verstärkter „Haut", und als Antrieb dienten ihr vier Gruppen „paariger" Motoren vom Typ de Havilland Gipsy. Imperial Airways bestellte fünf Albatross für 22 Passagiere. Diese wurden ab Oktober 1938 ausgeliefert (zunächst testweise), und im November stellte man die erste in Dienst. Sie flogen zunächst ad hoc zur Erprobung von Routen, aber bald auch im regulären Dienst auf der Linien London-Croydon – Paris. Schließlich wurden auch die beiden Langstreckenmodelle derart eingesetzt. Im Dezember 1939 beförderten zwei der Maschinen bei Imperial Airways Luftpost von London nach Ägypten. Die Albatross-Flotte war zwar brauchbar, hatte aber einige Probleme, u. a. mit dem Einziehen des elektrisch betriebenen Fahrwerks. Vor Ausbruch des Zweiten Weltkriegs wurden keine weiteren Maschinen mehr verkauft, und danach schwand die Aussicht auf weitere zivile Kunden. Imperial Airways verlagerte die Maschinen nach Kriegsausbruch von Croydon nach Whitchurch (Bristol). Gleichzeitig wurden neue Linien eingerichtet, von denen eine bis nach Karatschi führte. Weitere flogen – diesmal mit Langstrecken-Flugbooten – nach Irland und Portugal. Damals war die aus Imperial Airways hervorgegangene BOAC zur nationalen britischen Fluggesellschaft geworden. Die beiden Langstrecken-Albatrosse wurden 1940 vom Militär requiriert und auf einer Route nach Island eingesetzt, wo beide verloren gingen. Die übrigen Maschinen wrackte man 1943 ab.

Die fließenden Linien dieser D.H.91 „Frobisher" (G-AFDI) kontrastieren stark mit dem Doppeldecker Handley Page H.P.42 im Hintergrund.

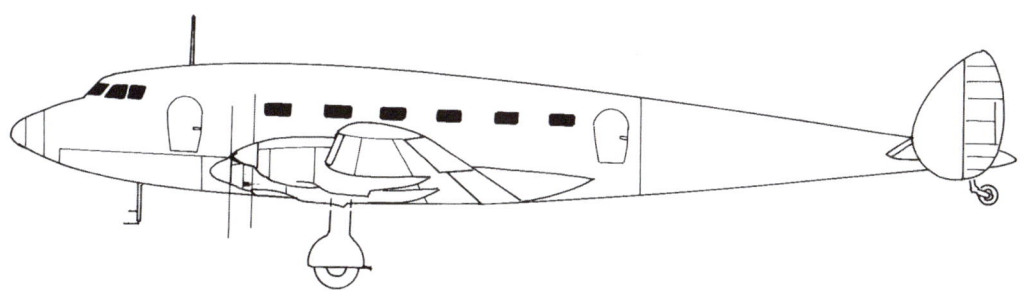

Die elegante Linienführung der Havilland D.H.91 Albatross zeigt dieses Gemälde der G-AEVV, eines der beiden Albatros Langstreckenmodelle.

Seitenriss der standardmäßigen D.H.91 Albatross – die Langstreckenversionen hatten weniger Fenster in der Rumpfhülle.

Technische Daten – de Havilland D.H.91 Albatross (Standardmodell)

Spannweite	32 m
Länge	21,79 m
Höchstgeschwindigkeit	377 km/h (in 2670 m Höhe)
Dienstgipfelhöhe	5450 m
Aktionsradius	1670 km (die Langstreckenversion konnte über den Atlantik fliegen)
Antrieb	4 Reihenmotoren de Havilland Gipsy Twelve (je 525 PS)
Fassungsvermögen	4–5 Mann Besatzung, bis zu 22 Passagiere

Westland-Hill Pterodactyl

Die seltsame Serie schwanzloser Eindecker, die in den späten 1920er- und frühen 1930er-Jahren von der britischen Firma Westland gebaut wurden, geht auf den späteren Prof. Geoffrey Hill zurück. Er war an mehreren Studien zur Aerodynamik beteiligt, die das Fliegen stärker gegen Heimtücken wie das Trudeln sichern sollten, von denen konventionelle Maschinen oft betroffen waren. Er war nicht der erste, der das Konzept des schwanzlosen Flugzeugs verfolgte, denn andere Pioniere wie John William Dunne (s. S. 48–49) hatten ähnliche Ideen gehabt. Hill ließ sich auch von Dunnes Experimenten inspirieren: wie andere Flugpioniere wollte er ein in sich stabiles Flugzeug konstruieren. Die praktische Umsetzung seiner Theorien begann mit dem Bau eines schwanzlosen Nurflügel-Gleiters, den er „Pterodactyl" nannte. Dieser flog erfolgreich genug, um ihn mit einem Motor des Typs Bristol Cherub (32/34 PS) zu versehen. Hill ging später zu Westland, um seine Ideen weiterzuentwickeln, und es entstanden mehrere Westland-Hill Pterodactyls. Die erste war ein Druckschrauben-Nurflügler mit zwei parallelen Sitzen, den (als IA) ein einzelner Bristol Cherub oder (als IB) ein Sternmotor Armstrong Siddeley Genet antrieb. Sie flog erstmals 1928 und war erfolgreich, wenn auch recht unkonventionell. Später diente sie im Rahmen des „schwanzlosen" Konzepts zu Testflügen. Als nächste Pterodactyl flog der Hochdecker Mk.IV mit geschlossener Kabine für drei Personen (Pilot und zwei Passagiere) und kombinierten Höhen-/Seitenrudern an den Flügelspitzen. Die Flügel ließen sich mit einem Scharniermechanismus „kippen", um unterschiedliche Lasten auszugleichen. Die seltsame Maschine flog ab März 1931 recht erfolgreich und bestätigte Hills Konzeption. Später entstand als wohl bekannteste Pterodactyl die Mk.V., die auf der Spezifikation F3/32 des Luftfahrtministeriums basierte. Die Pterodactyl V war als zweisitziger Jäger gedacht und besaß einen dampfgekühlten Reihenmotor

Farbzeichnung der Westland-Hill Pterodactyl V (hier ohne Drehturm im Rumpfheck).

Rolls-Royce Goshawk (600 PS). Dieser trieb jedoch – anders als bei den früheren Pterodactyls – eine Zugschraube an; außerdem war vorgesehen, im Heck der Rumpfgondel einen elektrisch betriebenen Drehturm für ein Zwillings-MG einzubauen. Die Maschine war ein Anderthalbdecker, dessen obere Tragfläche auf Streben über dem Rumpf saß. Testflüge ab Mai 1934 offenbarten eine Reihe von Problemen, und schließlich zeigte sich, dass die Pterodactyl V zeitgenössischen Jägern zu wenig voraus hatte, um sie weiterzuentwickeln. Andere „schwanzlose" Projekte bezogen sich auf ein Flugboot und eine Linienmaschine; beide wurden nicht gebaut.

Achtung: Auf dieser Zeichnung einer Westland-Hill Pterodactyl V fehlt der vorgesehene motorgetriebene Zwillings-MG-Turm im Heck!

Technische Daten – Westland-Hill Pterodactyl Mk.V

Spannweite	14,22 m
Länge	6,4 m
Höchstgeschwindigkeit	306 km/h (in 4570 m Höhe)
Dienstgipfelhöhe	9140 m
Bewaffnung	vorgesehen: Zwei MGs in motorgetriebenem Drehturm
Antrieb	1 Reihenmotor Rolls-Royce Goshawk (600 PS)
Besatzung	2 Mann

Morane-Saulnier M.S.230

Nachdem sie im Ersten Weltkrieg mit Parasolflügel-Maschinen wie den Morane-Saulnier Type L und P (s. S. 58–59) berühmt geworden war, hielt die französische Firma Morane-Saulnier auch nach dem Krieg bei vielen Bauprogrammen an diesem Flügeltyp fest. Beachtung verdienen v. a. die Jäger-Prototypen der Reihe M.S.121 und der Jagdeinsitzer M.S.225. Letztere war ein Lückenbüßer-Modell, das zur Beginn der Eindecker-Ära in der französischen Luftwaffe Verwendung fand; für diese Waffengattung, die Marine und den Export wurden zusammen etwa 55 Stück gebaut. Die Maschine erinnerte eher an ein ziviles Sport- als an ein Kampfflugzeug; eine diente zur Demonstration von Flugmanövern, während andere beim Militär eine Kunstflugstaffel bildeten. Das Schulflugzeug, an dem Frankreichs Piloten für diesen und andere Typen ausgebildet wurden, war eine weitere Parasolflügel-Maschine von Morane-Saulnier, die berühmte M.S.230. Dieses zweisitzige Übergangs-Schulflugzeug entstand für Heer und Marine in großen Stückzahlen; es wurde auch viel exportiert bzw. in Lizenz nachgebaut. Der erste Prototyp flog Anfang 1929; er ging vom Entwurf her auf Morane-Saulnier-Typen des Ersten Weltkriegs wie die Type AR zurück (die ihrerseits noch bis in die späten 1920er-Jahre als Schulflugzeug für Anfänger Verwendung fand). Umfangreiche Aufträge von Heer und Marine sorgten dafür, dass die M.S.230 auch bei mehreren anderen Firmen gefertigt wurde. Einige gingen an zivile Flugschulen und sogar an Privatpersonen, erinnerte der Typ doch – wie die M.S.225 – viel eher an ein Sportflugzeug als an eine ernstzunehmende Kampfmaschine. Ihre Lizenzproduktion erfolgte in Portugal und Belgien, und es gab eine Reihe verwandter Modelle und Einzelstücke, darunter mehrere mit anderen Motoren. Die Gesamtproduktion belief sich vermutlich auf über 1100 Stück, und der Typ war noch bei Ausbruch des Zweiten Weltkriegs eines der wichtigsten Schulflugzeuge Frankreichs.

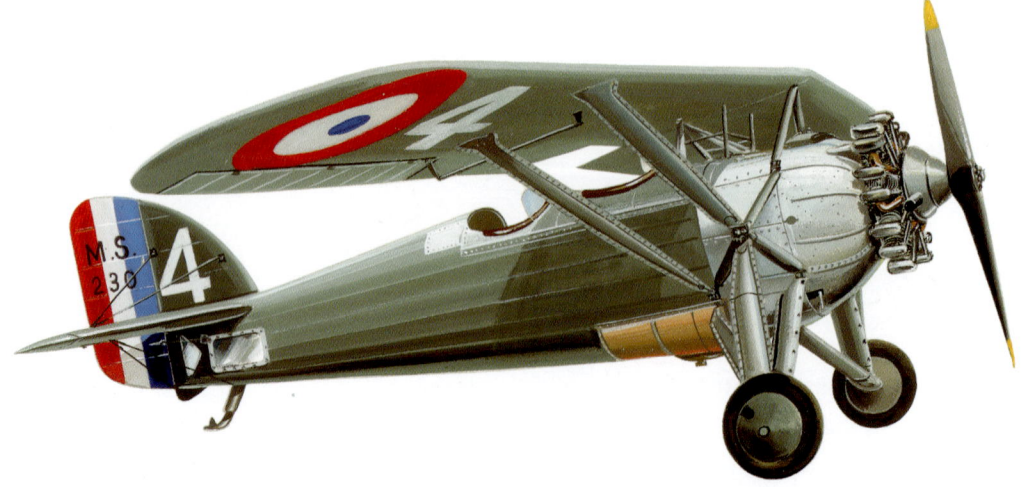

Die M.S.230, ein klassisches Schulflugzeug der 1930er-Jahre, war ein robuster Eindecker mit Parasolflügeln auf Streben, in dem viele Piloten ausgebildet wurden.

Diese erhaltene M.S.230Et2 wurde vor wenigen Jahren in Paris aufgenommen. Die M.S.230 war ein hervorragendes Schulflugzeug (Foto: John Batchelor).

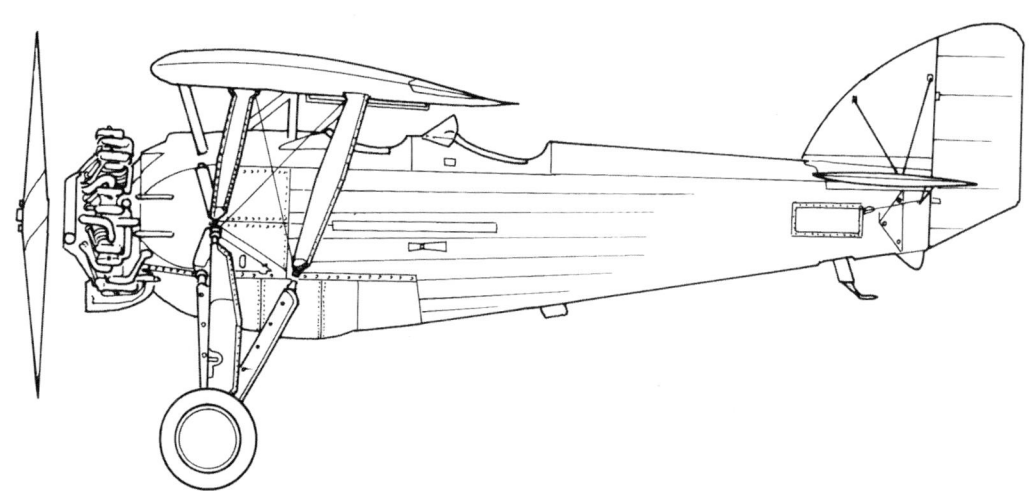

Der Ausbilder saß bei der M.S.230 auf den Rücksitz, der Flugschüler im vorderen Cockpit.

Technische Daten – Morane-Saulnier M.S.230

Spannweite	10,7 m
Länge	6,98 m
Höchstgeschwindigkeit	205 km/h (auf Meereshöhe)
Dienstgipfelhöhe	5000 m
Höchstes Startgewicht	1150 kg)
Antrieb	1 Sternmotor Salmson 9Ab radial (230 PS) (weitere Optionen verfügbar)
Besatzung	2 Mann

Avro Tutor

Der sehr beliebte und langlebige Weltkriegsveteran Avro 504 (s. S. 82–83) blieb bei der Royal Air Force in Gestalt der Avro 504N auch nach dem Krieg lange Jahre als Schulflugzeug für Anfänger im Einsatz. Die Produktion der 504N lief erst 1932 aus, doch damals stellte sich schon dringend die Frage nach einem Nachfolgemodell. Diesen Anforderungen genügte ein weiteres Avro-Produkt, die Tutor-Serie von Schulflugzeugen für Anfänger. Sie setzte mit dem Doppeldecker Avro 621 ein, der 1929 flog und unter der Spezifikation 3/30 in geringer Stückzahl gebaut wurde. Wegen des Sternmotors vom Typ Armstrong Siddeley Mongoose (155 PS) hieß er manchmal auch „Mongoose Trainer". Im Zuge der Entwicklung erhielt er den Sternmotor Armstrong Siddeley Lynx und ein anderes Leitwerk; so entstand aus der 621 das Anfängerschulflugzeug Tutor, das ab Juni 1932 in großem Maßstab für die RAF in Produktion ging. Es entsprach der Spezifikation 25/32, und noch vor den ersten Tutor Mk.I von Anfang 1933 entstanden einige Lynx Trainers. Damit wurden alle Ausbildungseinheiten in Großbritannien, das RAF College in Cranwell und die Central Flying School ausgerüstet, ferner eine ägyptische Anfänger-Einheit. Neben der zweisitzigen Standardversion fertigte man auch einige Einsitzer; dabei handelte es sich um spezielle Kunstfliegermaschinen für die Formationsflüge am Flugtag der RAF in Hendon (nördlich von London). Außerdem entstanden für die RAF 14 Sea Tutors auf Schwimmern. Als Schulflugzeug für Anfänger wurde die Tutor von der de Havilland Tiger Moth abgelöst, während der Eindecker Miles Magister teilweise ihre Rolle bei der RAF übernahm, eignete er sich doch besser zur Umschulung auf Eindecker-Jagdflugzeuge. Insgesamt dürften für die RAF einschließlich der Maschi-

Ser.-Nr. K6100 gehörte zu den späteren für die RAF gebauten Avro-Schulflugzeugen und trägt hier den für solche Maschinen typischen gelben Anstrich.

Das „zivile Ende" einer Avro Tutor. Diese Maschine blieb beim Shuttleworth Trust in Old Warden nördlich von London erhalten.

nen mit Mongoose-Antrieb 414 oder 417 Stück gebaut worden sein. Avro verkaufte die Type 621 und die Tutor auch erfolgreich ins Ausland: Sie gingen an Griechenland, China, Irland, Südafrika, Dänemark und Kanada; zur Lizenzproduktion (als PWS-18) kam es in Polen und Südafrika. Eine Reihe von Tutors entstand auch für zivile Kunden, und schließlich gab es mehrere Abwandlungen dieses Typs. Dazu gehörten u.a. das zwei- oder dreisitzige Schulflugzeug Avro 626 (bei der RAF Prefect genannt; mit Lizenzbauten in Portugal wurden fast 200 gefertigt) und die Avro 637, eine bewaffnete Version für China.

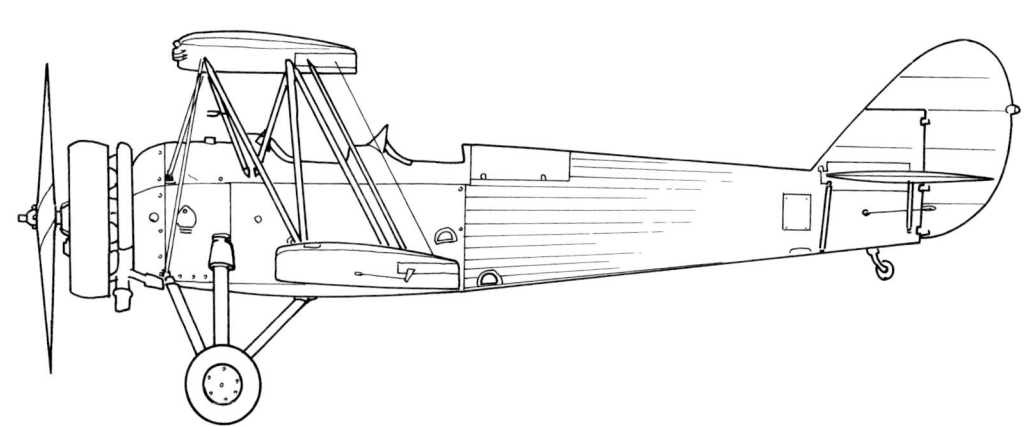

Technische Daten – Avro Tutor Mk.I

Spannweite	10,36 m
Länge	8,08 m
Höchstgeschwindigkeit	196 km/h (auf Meereshöhe)
Aktionsradius	400 km
Dienstgipfelhöhe	4940 m
Antrieb	1 Sternmotor Armstrong Siddeley Lynx IVc (215 PS)
Besatzung	2 Mann

Grumman F3F

Einer der berühmtesten Namen in der US-Marinefliegerei war der von Leroy Grumman. Die Firma Grumman wurde ursprünglich 1929 gegründet; die ersten Flugzeuge, die Grumman an die US Navy lieferte, waren der Jagdzweisitzer FF und der zweisitzige bewaffnete Aufklärer SF. Diese Doppeldecker besaßen im Vergleich mit zeitgenössischen Typen hervorragende Flugeigenschaften; die FF erhielt als erster Jäger der US Navy ein einziehbares Fahrwerk. Wie auf S. 250–251 zu lesen ist, hatte der altbewährte Doppeldecker auch dann noch begeisterte Anhänger, als man die ersten Ganzmetall-Eindeckerjagdflugzeuge entwickelte. Die Baureihe FF und die späteren F2F und F3F gehörten zu den besten Doppeldeckern ihrer Epoche, besaßen sie doch so wichtige Neuerungen wie ein einziehbares Fahrwerk und ein geschlossenes Cockpit. Der Prototyp XFF-1 flog Ende 1931, und das Serienmodell FF-1 wurde wie sein Gegenstück SF-1 zu einem wichtigen Flugzeug der US Navy. Der Typ wurde in Kanada als „Goblin" in Lizenz nachgebaut, und andere kamen im Spanischen Bürgerkrieg zum Einsatz. Die weitere Entwicklung führte logischerweise von der zweisitzigen FF zum Jagdeinsitzer F2F. Die erste Maschine dieses Typs flog im Oktober 1933 und sollte bis in den Zweiten Weltkrieg hinein zum Ausgangspunkt einer Reihe berühmter Marine-

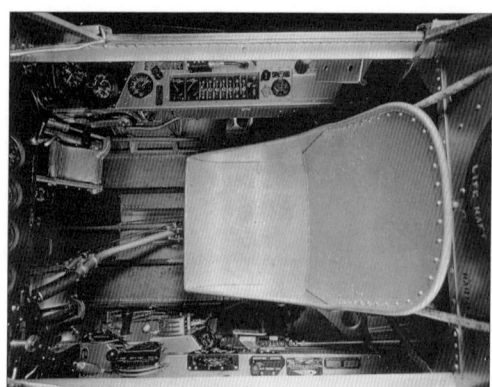

Einblicke in die Kanzel einer F3F (vermutlich vom Typ F3F-1 (Fotos: Grumman Corporation).

Die Grummans der Baureihe F3F waren kleine, wendige Jäger mit guten Flugeigenschaften. Es gab kaum Doppeldecker mit einziehbarem Fahrwerk. Grumman baute außerdem eine ähnliche Version, die leistungsstarke Grumman „Gulfhawk".

jagdflugzeuge werden. Das Serienmodell F2F-1 (über 50 Stück) wurde 1935 in Dienst gestellt. Im Zuge der weiteren Entwicklung entstand die F3F mit längerem Rumpf und größerer Spannweite. Ihr Prototyp flog im März 1935, und die ersten Serienmaschinen (F3F-1) traten ihren Dienst 1936 an. Angetrieben wurden sie von einem Sternmotor Pratt & Whitney Twin Wasp Junior, doch die nächste Version (F3F-2) erhielt den Typ Wright Cyclone. Davon fertigte man 81 Stück, auf welche 27 Exemplare der leicht verbesserten F3F-3 folgten. Außer beim US Marine Corps diente die F3F auch bei der US Navy, und als der Zweite Weltkrieg ausbrach, war sie der wichtigste Jäger beider Teilstreitkräfte. Die weitere Entwicklung führte in der Frühphase des Krieges zum ausgezeichneten Ganzmetall-Eindeckerjagdflugzeug Grumman F4F Wildcat.

Technische Daten – Grumman F3F-3

Spannweite	9,76 m
Länge	7,06 m
Höchstgeschwindigkeit	425 km/h (in 1830 m Höhe)
Dienstgipfelhöhe	10 100 m
Aktionsradius	etwa 1580 km
Bewaffnung	Zwei starr nach vorn feuernde 7,62-mm-MGs oder ein 7,62-mm- und ein 12,7-mm MG
Antrieb	1 Sternmotor Wright R-1820-22 Cyclone (950 PS)
Besatzung	1 Mann

Dornier Do J „Wal"

In der Zeit nach dem Ersten Weltkrieg hatte die deutsche Flugzeugfirma Dornier erfolgreich eine Reihe von Ganzmetall-Transportmaschinen entwickelt, die mit der Dornier Komet (s. S. 140–141) begann. Außerdem gelang es ihr, eine Anzahl von Ganzmetall-Flugbooten und -Amphibienflugzeugen sowie die auf S. 158–159 beschriebene gewaltige Dornier Do X zu konstruieren. Weitere Anstrengungen führten Anfang der 1920er-Jahre zur kleineren, überaus erfolgreichen Serie Dornier Do J „Wal". Die Vorgängerin der „Wal" flog im November 1922 und bezog ihre Inspiration von einem gegen Ende des Ersten Weltkriegs entwickelten Ganzmetall-Flugboot. Die deutsche Niederlage bedeutete das Ende für dieses Projekt. Um die von den siegreichen Alliierten auferlegten Beschränkungen zu umgehen, gründete Dornier 1922 in Italien eine Tochterfirma, die Flugboote in Lizenz baute. Die Produktion lief sofort an, und die „Wal" wurde in den Folgejahren zu einem vielverwendeten Flugboot, von dem es auch zahlreiche Nebentypen gab. Nachdem die Nationalsozialisten in Deutschland an die Macht gekommen waren, setzte man sie als Do 15 bei der Luftwaffe ein. Auch Spanien und Frankreich übernahmen sie als Militärflugzeug. Als Passagierflugzeug bediente die „Wal" zahlreiche Linien in Europa und Südamerika. Neben zwei Mann Besatzung konnte sie 8–10 Passagiere aufnehmen. Die berühmtesten zivilen „Wale" waren die Transatlantik-Postflugzeuge der Deutschen Luft Hansa. Sie beförderten Post von Deutschland nach Südamerika und machten Zwischenstopps bei Versorgungsschiffen wie der S.S. „Westfalen"; jene dienten als Auftankstationen für die „Wale". Nach dem Auftanken wurden die Flugboote

Auf diesem Foto sieht man eine „Wal" der Deutschen Luft Hansa und das Postschiff „Westfalen".

vom Schiff katapultiert, um ihre Reise fortzusetzen. Diese neue Methode zur Überquerung des Atlantiks bewährte sich gut, und sie soll über 300mal erfolgt sein. „Wale" führten auch eine Reihe wegweisender Flüge durch; der Polarforscher Amundsen verwendete sie bei seinem Versuch, zum Nordpol zu fliegen. Erfolgreicher verlief im September 1930 Wolfgang von Gronaus Versuch, den Atlantik zu überqueren – dies war die erste Reise eines Flugboots in Ost-West-Richtung. Er wiederholte ihn 1931 in einer anderen „Wal". Insgesamt wurden etwa 300 Stück gebaut. Eine Weiterentwicklung der „Wal" war die viermotorige (Tandembauweise) Do R „Super Wal".

Der norwegische Polarforscher Roald Amundsen benutzte beim vergeblichen Versuch, den Nordpol im Flug zu erreichen, 2 Dornier „Wal".

Technische Daten – Dornier Do J „Wal" (Transatlantik-„Wal" von Gronau)

Spannweite	23,2 m
Länge	18,2 m
Höchstgeschwindigkeit	225 km/h (auf Meereshöhe)
Dienstgipfelhöhe	3000 m
Aktionsradius	über 2200 km
Antrieb	2 Reihenmotoren BMW VI (je 600 PS)
Fassungsvermögen	2 Mann Besatzung, in Reiseflugzeugen 8–10 Passagiere

Piper Cub

Die Piper Cub zählt definitiv zu den Bewerbern um den Titel des beliebtesten und meistverwendeten Leichtflugzeugs; die Wurzeln dieser allgegenwärtigen Baureihe reichen bis in die frühen 1930er-Jahre zurück, und viele fliegen heute noch. Die Cub entstand in der Firma American Taylor der Brüder Taylor, wo man 1930/31 als erste dieser Reihe die ursprüngliche Taylor E-2 Cub baute. Es folgten mehrere Taylor Cubs, bevor die Rechte am Entwurf an William T. Piper, den Sekretär und Finanzmanager der Taylor-Brüder gingen. Er gründete 1937 seine eigene Firma, und der Name Piper steht seither für hervorragende Leichtflugzeuge; das erste war die Piper Cub selbst. Die Originalausführung bildete die J-3 von 1937, von der es mehrere Varianten mit unterschiedlichen Motoren gab; am bekanntesten wurde die J-3C mit Continental-Boxermotor. Die mit zwei Tandemsitzen ausgestattete Cub war ein echtes Leichtgewicht in Mischbauweise. Ihr Rumpf bestand aus geschweißtem, mit Stoff bespanntem Stahlrohr, die stoffbespannten Flügel aus Metallrippen und Holzspieren. Das Flugzeug ließ sich leicht bauen, fliegen und warten; es war sofort ein durchschlagender Erfolg. Viele Quellen behaupten, dass allein im ersten Jahr 737 Stück gefertigt wurden. Als sich das Militär dafür interessierte, testete man die Maschine 1941 als Feuerleitflugzeug. In dieser und anderen Rollen hatte die Cub großen Erfolg, sodass sie vor allem von der US Army und der US Air Force in großen Mengen bestellt wurde (in geringerer Zahl auch von der Navy). Die erste in Massen pro-

Die Piper Cub ist wohl das bekannteste Leichtflugzeug der Welt. Viele Serienmodelle für Zivilkunden waren gelb gestrichen, mit Clubemblem auf der Heckflosse. Früher ein Privileg der Reichen, wurde das Fliegen durch diese Maschine viel weiteren Kreisen zugänglich.

Eine Cub der US Army mit Continental-Motor. Das US-Militär bestellte weit über 5000 Stück verschiedener Ausführungen.

duzierte Militärversion war die Baureihe O-59. Unter anderem Namen wurde sie zur berühmten L-4-Reihe von Verbindungs- und Feuerleitflugzeugen, die aus Neubauten und requirierten Privatmaschinen bestand. Die Gesamtproduktion belief sich auf über 5500. Einige der requirierten Maschinen waren verbesserte J-4. Es gab auch ein Segel-Schulflugzeug ohne Motor, die TG-8. Im Zweiten Weltkrieg erwies sich die Cub als unersetzlich, und nach dem Krieg kam sie bei Luftwaffen in aller Welt zum Einsatz. Die weitere Nachkriegsentwicklung mündete in die stärker motorisierte PA-18 Super Cub. Militärversionen waren die L-18 und L-21; Piper selbst stellte den Bau der Cub erst in den frühen 1980er-Jahren ein.

Technische Daten – Piper J-3C-40 Cub

Spannweite	10,73 m
Länge	6,78 m
Höchstgeschwindigkeit	148 km/h (auf Meereshöhe)
Dienstgipfelhöhe	3660 m
Aktionsradius	420 km
Antrieb	1 Flat-four-Reihenmotor Continental A-40-4 (40 PS) (viele weitere Optionen verfügbar)
Fassungsvermögen	1 Pilot, 1 Passagier

Dewoitine D.500-Serie

Als sie entworfen wurde, war die Dewoitine D.500 ein ausgezeichnetes Jagdflugzeug, das mehrere altertümliche Merkmale mit wichtigen Neuerungen verband. Neu wirkte ihre Konzeption als Ganzmetall-Tiefdecker mit starkem Motor, der bei einigen Maschinen eine durch den Propellerkreis feuernde Motorkanone aufwies. Altertümlich muteten hingegen das starre Fahrwerk und das offene Cockpit an. Obwohl die D.500 bei ihrem Erstflug die Spitze der fortschrittlichen Jägerentwürfe markierte, verlief die Entwicklung in den 1930er-Jahren derart geschwind, dass sie bereits veraltet war, als die letzten Serienexemplare der weiterentwickelten D-510 in Dienst gingen. Sie entstand als Antwort auf mehrere Ausschreibungen für ein modernes Jagdflugzeug, das die Nieuport-Doppeldecker ablösen sollte; ihr Erstflug erfolgte am 18. Juni 1932. Bei diesem Auftrag gab es zahlreiche Konkurrenten, aber die D-500 schlug alle aus dem Feld und sollte ab November 1933 in Produktion gehen. Die ersten Aufträge sahen den Reihenmotor Hispano-Suiza 12Xbrs (690 PS) und ein synchronisiertes Zwillings-MG im Rumpf (später auch zwei in den Tragflächen) vor, während die deutlich verbesserte D.501 eine durch den Propellerkreis feuernde Motorkanone erhielt. Über die Zahl der gebauten Maschinen besteht keine Einigkeit, aber vieles spricht dafür, dass sich die Gesamtproduktion der in verschiedenen Fabriken für die französische Luftwaffe gefertigten Flugzeuge auf etwa 271 belief. Die ersten traten ihren Dienst im Juni/Juli 1935 an und gehörten zu den ersten mit einer Kanone bewaffneten Jagdeinsitzern der Welt (wenn sie nicht gar die ersten waren). Venezuela bestellte drei Maschinen, und Litauen erhielt insgesamt 14. Eine Weiterentwicklung war die D.510 mit einem stärkeren Reihenmotor vom Typ Hispano-Suiza 12Ycrs

Die Dewoitine D.510 war schon fast veraltet, als sie ihren Dienst bei der Armée de l'Air antrat. Diese Maschine trägt die Abzeichen der Jagdgruppe GC (Groupe de Chasse) II/1.

Eine Dewoitine D.500 der französischen Groupe de Chasse I/4 (1. Staffel). Bei ihrem ersten Auftreten ein hervorragender Jäger, wurde die D.500 rasch von der Entwicklung in anderen Ländern überholt.

(860 PS), die ebenfalls eine Motorkanone besaß. Der erste Prototyp flog im August 1934. Der neue Motor machte die D.510 allen früheren Modellen leicht überlegen, und sie ging mit weiteren Änderungen für die französische Luftwaffe in Produktion; als die ersten Maschinen im November 1936 ausgeliefert wurden, lag der Typ jedoch bereits gefährlich hinter der Jägerentwicklung in anderen Ländern zurück. Insgesamt bauten mehrere Hersteller (darunter auch die die jüngst verstaatlichte Luftfahrtindustrie Frankreichs) für die französische Luftwaffe etwa 122 Exemplare. Davon gingen 24 an China. Als die Türkei einen Auftrag zurückzog, erhielten Großbritannien und Sowjetrussland Einzelstücke zur Erprobung; zwei Maschinen bekam Japan, zwei weitere im Spanischen Bürgerkrieg die Republikaner. Zum Zeitpunkt der deutschen Invasion von 1940 waren noch einige D.510 in Frankreich (hauptsächlich für nachgeordnete oder lokale Aufgaben) und den Überseeterritorien im Einsatz.

Technische Daten – Dewoitine D.501

Spannweite	12,09 m
Länge	7,56 m
Höchstgeschwindigkeit	367 km/h (in 5000 m Höhe)
Dienstgipfelhöhe	10 200 m
Aktionsradius	870 km
Bewaffnung	Eine 20-mm-Kanone im Motor, zwei starr nach vorn feuernde 7,5-mm-MGs in den Flügeln
Antrieb	1 Reihenmotor Hispano-Suiza 12Xcrs (Type 76) (690 PS)
Besatzung	1 Mann

de Havilland D.H.89 Dragon Rapide

Die D.H.89 Dragon Rapide, eines der bekanntesten und beliebtesten leichten Transportflugzeuge der Zwischenkriegszeit und des Zweiten Weltkriegs, war ein weiteres hervorragendes Produkt der rührigen Firma de Havilland. Sie stammte sozusagen von der älteren D.H.84 Dragon ab, die man entwickelt hatte, als eine kleine britische Fluggesellschaft eine leichte Transportmaschine für Flüge zwischen England und Frankreich benötigte. Die Dragon war vergleichsweise erfolgreich, doch die weitere Entwicklung mündete in die hervorragende Dragon Rapide. Diese wiederum verdankte einiges der großen Viermotor-Linienmaschine D.H.86, die erstmals im Januar 1934 flog. Die ursprüngliche D.H.89 machte ihren Erstflug am 17. April 1934 und hieß zunächst „Dragon Six". Ihre Auslieferung begann 1934, und in den Folgejahren kam es neben der Massenproduktion zur Fertigung einiger Spezialausführungen. Das Standardmodell bot 6–8 Passagieren Platz, doch man entwickelte auch eine bewaffnete Version für das Militär. Sie unterlag bei einer Ausschreibung für ein Aufklärungs- und Küstenpatrouillenflugzeug der Royal Air Force, aber Litauen und Spanien erwarben kleine Mengen einer weiterentwickelten Variante. In späteren Jahren kam die Dragon Rapide jedoch beim britischen Militär viel zum Einsatz. Schon vor dem Krieg entstand ein Schulflugzeug für Funker, und bei Kriegsausbruch wurden zahlreiche Maschinen zur Ausbildung von Navigatoren und Funkern (Dominie Mk.I) und als Verbindungsflugzeuge (Dominie Mk.II) bestellt. Außerdem requirierte man viele zivile Rapides. Im Rahmen von Aufträgen des Militärs wurden vermutlich über 500 Exemplare gebaut, und beide Typen kamen bei der RAF viel zum Einsatz, weitere 65 bei der Royal Navy. Einige wenige verwendete auch die US Air Force in Großbritannien. Nach dem Krieg gingen einige ausgemusterte Exemplare an andere Länder, vor allem an Belgien, andere an zivile Betreiber. Nun begann bei großen Fluglinien wie Bri-

British European Airlines war nach dem Zweiten Weltkrieg einer der Hauptnutzer der Dragon Rapide. Diese Gesellschaft flog den Typ bis in die 1960er-Jahre.

Als man „The King's Flight" aufbaute, um der britischen Königsfamilie bequemere Reisemöglichkeiten zu verschaffen, waren auch Dragon Rapides unter den ersten Flugzeugen. Das Bild zeigt eine erhaltene Maschine mit dem Anstrich dieses Flugzeugparks (Foto: John Batchelor).

tish European Airways (BEA) ein zweites Goldenes Zeitalter für die zivilen Maschinen, und auch viele kleine Gesellschaften übernahmen die Dragon Rapide. Die Produktion lief 1945 aus (1947 wurden aber noch zwei Maschinen aus Ersatzteilen montiert); in die Fertigung teilten sich de Havilland und Brush Coachworks. Insgesamt entstanden 728 Stück, von denen einige heute noch fliegen, zum Teil für Spritztouren und Besichtigungen.

Technische Daten – de Havilland D.H.89 Dragon Rapide

Spannweite	14,63 m
Länge	10,52 m
Höchstgeschwindigkeit	265 km/h (in 300 m Höhe)
Dienstgipfelhöhe	5900 m
Aktionsradius	etwa 840 km
Antrieb	2 Reihenmotoren de Havilland Gipsy Six (je 205 PS)
Fassungsvermögen	1 Pilot, normalerweise 6–8 Passagiere

Boeing P-26

In der ersten Hälfte der 1930er-Jahre entstand eine Reihe von Jagdflugzeugentwürfen, die revolutionäre, in die Zukunft weisende Züge aufwiesen, aber auch Merkmale beibehielten, die auf die nun rasch veraltenden Doppeldecker der späten 1920er- und frühen 1930er-Jahre verwiesen. Eine dieser Maschinen war die Boeing P-26, die wie die Baureihe Dewoitine D.500 (s. S. 242–243) auf seltsame Weise alte und moderne Merkmale verband. Als Ganzmetall-Eindecker wies sie in die Zukunft, doch die verdrahteten Tragflächen, das starre „Gamaschen-Fahrwerk" und das offene Cockpit waren eindeutig überholt. Die amerikanische Firma Boeing war in den frühen 1930er-Jahren ein führender Vorreiter des Ganzmetall-Eindeckers; sie entwickelte u.a. den Bomber Y1B-9 für das US Army Air Corps und die Linienmaschine Boeing Model 17 (s. S. 294–295). Gleichzeitig produzierte das Unternehmen den Prototyp eines kleinen Jägers mit einigen der erwähnten fortschrittlichen Züge, der zunächst intern XP-936 (Model 248) genannt wurde. Der erste von drei „Prototypen" flog am 20. März 1932. Alle wurden z.T. vom Army Air Corps finanziert bzw. ausgerüstet und erhielten den amtlichen Namen P-26 (Model 266). Das Interesse des USAAC an diesem Typ führte im Januar 1933 zu einem Auftrag über 111 Serienmaschinen namens P-26A (Model 266); er wurde später auf 136 Stück erweitert. Während der Produktion erfolgten mehrere Verbesserungen, u.a. eine größere Kopfstütze, die den Piloten beim Überschlagen vor Verletzungen schützen sollte, ein Funkgerät und eine Schwimmweste. Die Serienmaschinen wurden ab Dezember 1933 ausgeliefert und im folgenden Jahr in Dienst gestellt – damit waren sie weltweit die ersten „aktiven" Ganzmetall-Serieneindecker. Die P-26A des USAAC wurden anfänglich nur auf dem Festland der USA, später aber in so entlegenen Garnisonen wie Hawaii und Panama stationiert; die letzten musterte man erst 1942 aus. Von den

Die allgemein als „Peashooter" bekannte P-26A war das erste Eindecker-Jagdflugzeug des USAAC.

Ein klassisches Fotodokument aus der Zeit, in der die ersten Eindecker-Jagdflugzeuge in Dienst gestellt wurden: Die 34th Pursuit Squadron beweist in exaktem Formationsflug das Können ihrer Piloten (Foto: Boeing Corporation).

letzten 25 Serienmodellen erhielten zwei als P-26B einen Einspritz-Sternmotor vom Typ Wasp; die übrigen (ebenfalls verbesserten) hießen P-26C. Eine Exportversion, die Model 281, wurde mit geteilten Landeklappen versehen, die man nachträglich auch an einigen US-Maschinen einbaute. China bekam 11 Exportmaschinen, die gegen Japan eingesetzt wurden. Ein Exemplar ging nach Spanien. Später wurden einige Maschinen aus US-Beständen an die Philippinen geliefert, von denen einige ebenfalls gegen die Japaner flogen, als jene Ende 1941 dort einfielen. Mehrere P-26 erhielt auch Guatemala, das sie bis nach dem Zweiten Weltkrieg verwendete.

Technische Daten – Boeing P-26A

Spannweite	8,52 m
Länge	7,26 m
Höchstgeschwindigkeit	377 km/h (in 1830 m Höhe)
Dienstgipfelhöhe	8350 m
Aktionsradius	1000 km
Bewaffnung	Zwei starr nach vorn feuernde 7,62-mm-MGs oder ein 7,62-mm-und ein 12,7-mm-MG; bis zu 91 kg Bomben
Antrieb	1 Sternmotor Pratt & Whitney R-1340-27 (600 PS)
Besatzung	1 Mann

Polikarpow I-15

Während sich die meisten größeren Luftwaffen im Laufe der 1930er-Jahre zunehmend eifrig um Eindecker-Jagdflugzeuge bemühten, entwickelte die Sowjetunion unbeirrt mehrere Doppeldecker. So standen dort noch bei Ausbruch des Zweiten Weltkriegs mehrere derartige Jagdflugzeuge im Dienst, hauptsächlich für den Erdkampf. Die aus der älteren I-5 von 1930 hervorgegangene I-15 war ein Geisteskind des Ingenieurs Nikolaj Polikarpow. Die ursprüngliche, als TsKB-3 bezeichnete I-15 flog Ende 1933. Mit der Produktion der ersten Serienmaschinen begann man 1934; die frühesten führten den US-Sternmotor Wright Cyclone, viele andere hingegen den russischen Sternmotor M-22. Die I-15 besaß ein starres, freitragendes Hauptfahrwerk (das auch mit Skiern versehen werden konnte) und einen große oberen „Möwenflügel", dessen mittlerer Abschnitt mit dem Rumpf verbunden war. Die weitere Entwicklung führte zur I-15bis (manchmal I-152 genannt) mit konventionellem geradem Oberflügel und stärkerem M-25V-Sternmotor. Weitere Änderungen mündeten in die I-153, die erneut den „Möwenflügel" übernahm und ein einziehbares Fahrwerk besaß. Diverse I-15 flogen im Spanischen Bürgerkrieg auf republikanischer Seite, wo sie den Spitznamen „Chato" bekamen. Sowjetische Polikarpows kamen vor dem Zweiten Weltkrieg über der Mandschurei gegen Japan sowie 1939/40 im „Winterkrieg" gegen Finnland zum Einsatz. Die Finnen setzten einige erbeutete Maschinen gegen die Russen ein. Eine Anzahl ging auch an China. Ab Juni 1941, in der Frühphase des deutschen Angriffs auf die Sowjetunion, flogen vor allem die I-153 Einsätze.

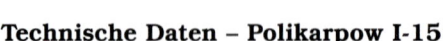

Polikarpow I-153

Technische Daten – Polikarpow I-15

Spannweite	9,75 m
Länge	6,1 m
Höchstgeschwindigkeit	350 km/h (in 3000 m Höhe)
Dienstgipfelhöhe	7520 m
Bewaffnung	Zwei oder vier 7,62-mm-MGs, vereinzelt auch Vorrichtungen für kleine Bomben oder Raketen
Antrieb	1 Sternmotor M-22 (480 PS)
Besatzung	1 Mann

Junkers Ju 86

Die Junkers Ju 86 wurde 1934 entworfen und war anfangs als neue Linienmaschine für die Deutsche Luft Hansa gedacht, sollte aber von Anfang an auch als Bomber dienen können. Der erste Prototyp flog Ende 1934; es gelang den Junkers-Ingenieuren, ein Flugzeug zu entwerfen, das in beiden Rollen erfolgreich war, ohne Aufsehen zu erregen. Die Luftwaffe bekam ihre ersten Serienmaschinen 1936. Angetrieben wurden sie von zwei Dieselmotoren (Junkers Jumo). Einige stärker motorisierte Ju 86D flogen im Spanischen Bürgerkrieg bei der Legion Condor. Bei der Ju 86E wurde ein völlig neuer Antrieb eingebaut, nämlich zwei Sternmotoren des Typs BWM 132. Das letzte wichtige konventionelle Bomber-Serienmodell war die Ju 86G. Die Baureihe Ju 86K konnte in mehrere Länder exportiert werden, u.a. nach Schweden und Südafrika – in Schweden baute man sie auch in Lizenz nach. Bei der Luftwaffe hatten die viel leistungsfähigeren Typen Heinkel He 111 und Dornier Do 17 die Ju 86 als Bomber weitgehend abgelöst, als der Zweite Weltkrieg ausbrach. Sie wurde allerdings auch später noch als Hochbomber und vor allem als Aufklärer eingesetzt. Als ersterer diente die Ju 86P-1, als letzterer die Ju 86P-2. Dabei handelte es sich um eigens umgebaute JU 86D mit vergrößerter Spannweite, deren verkürzte Nase eine Druckkabine für die Crew aufnahm. Sie erwiesen sich als brauchbar, bis sie 1942 für höhentüchtige alliierte Jäger erreichbar wurden. Es gab ein zweites Modell für große Höhen, die Ju 86R: Dies waren umgebaute JU 86P mit noch größerer Flügelspannweite (32 m).

Diese Farbzeichnung stellte eine frühe Ju 86 der Luftwaffe mit Junkers-Jumo-Dieselmotoren dar.

Technische Daten – Junkers Ju 86D-1

Spannweite	22,5 m
Länge	17,87 m
Höchstgeschwindigkeit	325 km/h (in 3000 m Höhe)
Dienstgipfelhöhe	5900 m
Aktionsradius	1500 km
Bewaffnung	Drei 7,92-mm-MGs, bis zu 800 kg Bombenlast
Antrieb	2 Dieselmotoren Junkers Jumo der Serie 205C (je 600 PS)
Besatzung	4 Mann

Curtiss Hawk III

Die Baureihen Curtiss Hawk/Goshawk bildeten eine bekannte Doppeldecker-Familie der 1920er- und frühen 1930er-Jahre. Sie wurden in mehreren Varianten für die US Army und Navy gebaut, aber auch an mehrere Exportkunden in aller Welt geliefert. Die ursprüngliche Hawk-Serie (Curtiss Model 34) der mittleren 1920er-Jahre, zu der auch erste neue Army-Jäger, die P-1 (P = Pursuit) gehörten, erlangte große Berühmtheit und eine für ihre Zeit beträchtliche Produktionsziffer. Die weitere Entwicklung mündete in die Baureihe Hawk II (Curtiss Model 35). Es waren durchweg einsitzige Doppeldecker mit starrem Fahrwerk, die damals als fortschrittlich und brauchbar gelten durften. Anfang der 1930er-Jahre ging das Zeitalter des Doppeldeckers jedoch allmählich zu Ende. Auf den Reißbrettern einer zunehmend größeren Anzahl von Flugzeugbauern in aller Welt tauchten nun immer öfter Eindecker auf. Dennoch hatte der Doppeldecker weiterhin seine Befürworter, zumindest bis die Eindecker der mittleren 1930er-Jahre Doppeldeckern gegenüber ihren „großen Sprung nach vorn" in Sachen Schnelligkeit und Leistungsfähigkeit unter Beweis stellen konnten. Bei der Firma Curtiss machte man sich nun daran, dem Doppeldecker durch ein einziehbares Fahrwerk wieder aufzuhelfen. Für die US Navy, die im Oktober 1932 28 Stück bestellt hatte, ging bereits die Baureihe Curtiss F11C-2 (später BFC-2) in Produktion. Curtiss nahm eine dieser Maschinen mit einziehbarem Fahrtwerk zum Ausgangspunkt und veränderte sie erheblich: Der Unterflügel wurde verdickt, sodass man das Fahrwerk nach innen/oben einklappen konnte. Dies erfolgte von Hand; außerdem bekam das Flugzeug ein halbgeschlossenes Cockpit (die meisten früheren Hawks besaßen gewöhnlich ein offenes). Der so entstandene Jäger mit einziehbarem Fahrwerk wurde XF11C-3 genannt, und im Februar 1934 bestellte die

Die einzige mit Curtiss BF2C-1 (F11C-3) ausgerüstete Staffel der US Navy war 1934/35 die VB-5B an Bord des Flugzeugträgers U.S.S. Ranger. Damals erlebten die farbenfrohen Anstriche der Zwischenkriegszeit ihren Höhepunkt.

Dieses eindrucksvolle Foto zeigt drei BF2C-1 der VB-5B. Diese Bomber/Jäger der US Navy mit einziehbarem Fahrwerk hießen manchmal „Goshawk" (Habicht) (Foto: US Navy).

US Navy 24 Maschinen. Nachdem sich die Einsatzdoktrin der Flugzeuge geändert hatte, hießen diese F11C-3 als nunmehrige Jagdbomber BF2C-1 (Model 67A). In dieser Rolle kamen sie ab Ende 1934 beim Bombergeschwader VB-5B der US Navy zum Einsatz; da sie nicht sonderlich beliebt waren, musterte man sie schon nach einem Jahr aus. Sie waren die letzten Curtiss-Marinejäger für die US Navy. Wegen des einziehbaren Fahrwerks wurde dieser Jäger als Hawk II ein bescheidener Exporterfolg. China bestellte 60 Stück, die in Hangchow montiert werden sollten; möglicherweise wurden noch mehr geliefert. Sie kamen ab 1937 sehr viel gegen Japan zum Einsatz. Siam (Thailand) bestellte 12; weitere wurden dort montiert. Sie kämpften ab Dezember 1941 gegen die japanischen Invasoren. Argentinien gab 1936 zehn sowie die einzige mit geschlossenem Cockpit in Auftrag.

Technische Daten – Curtiss BF2C-1

Spannweite	9,58 m
Länge	7,14 m
Höchstgeschwindigkeit	386 km/h (in 3500 m Höhe)
Dienstgipfelhöhe	7860 m
Bewaffnung	Zwei oder vier 7,62-mm-MGs, Vorrichtungen für bis zu vier 52,6-kg-Bomben
Antrieb	1 Sternmotor Wright R-1820-04 Cyclone (700 PS)
Besatzung	1 Mann

Hawker Fury

Zu einer Zeit, als neue Bombertypen manchmal bessere Flugeigenschaften als die vorhandenen Jäger besaßen und so deren Entwicklung beschleunigten, war der leichte Bomber Hawker Hart (s. S. 256–257) ein wichtiges Stimulans für den Bau schnellerer Jäger der Royal Air Force. Die Firma Hawker (die schon die Hart gebaut hatte) hatte sich seit Mitte der 1920er-Jahre mit Entwürfen für Jagdeinsitzer befasst. Hinzu kam, dass die berühmte Firma Rolls-Royce zur gleichen Zeit einen neuen, leistungsfähigen Reihenmotor entwickelte, den Vorgänger des allgemein erfolgreichen Kestrel-Motors. Hawkers Entwurf mündete über einen Entwicklungsprozess in die Hawker Hornet von 1929, die direkt zur klassischen Hawker Fury führte. Die Hornet erwies sich im Test als ausreichend schnell und brauchbar, sodass man zur Produktion eines auf ihr basierenden Flugzeugs die Spezifikation 13/30 verfasste. Unter dem Namen „Fury" wurde dieses einer der bekanntesten britischen Jäger der Zwischenkriegszeit. Es gab keinen Prototyp; die ersten drei von 21 Maschinen der ersten Serie wurden im August 1930 als Testflugzeuge bestellt. Im Mai 1931 erhielt das Geschwader No.43 als erste Einheit der Royal Air Force ihre ersten Maschinen, und später wurden mehrere Jagdgeschwader im Mutterland damit ausgestattet. Für die RAF baute man etwa 118 Fury Mk.I; sie waren als erste Jäger der RAF im Geradeausflug schneller als 322 km/h. Exportmaschinen gingen an mehrere Kunden, v.a. an Jugoslawien, während persische Flugzeuge als Antrieb amerikanische Sternmotoren vom Typ Pratt & Whitney Hornet bekamen. Die weitere Entwicklung führte zur Intermediate Fury und High Speed Fury (Erstflug Mai 1933), zwei Testflugzeugen, die einem verbesserten Serienmodell

Die Hawker Fury war mit ihren fließend-funktionellen Linien einer der klassischen britischen Jäger der Zwischenkriegszeit, kam aber in Europa nie zum Kampfeinsatz.

Die Hawker High Speed Fury (K3856) wies bereits einige Neuerungen auf, mit denen die Fury Mk. II der RAF ausgestattet wurde (Foto: Hawker Siddeley).

den Weg bereiteten, der Fury Mk.II. Nach der Spezifikation 6/35 waren für die RAF Exemplare mit knappen Hauptrad-„Gamaschen" und stärkeren Kestrel-Motoren vorgesehen, denen 75 weitere folgten. Sie wurden Anfang 1937 verstärkt in Dienst gestellt. Die Fury Mk.II kam auch zum Export, aber die Tage des Jagddoppeldeckers waren bereits gezählt, sodass die Fury spätestens in der ersten Phase des Zweiten Weltkriegs nur noch als Schulflugzeug diente.

Dieser Rolls-Royce-Motor wurde offenbar versuchsweise in eine Hawker High Speed Fury eingebaut. Man beachte die metallene Rumpfstruktur und die Kabinenverstrebung (Foto: John Batchelor).

Technische Daten – Hawker Fury Mk.I

Spannweite	9,14 m
Länge	8,13 m
Höchstgeschwindigkeit	333 km/h (in 4270 m Höhe)
Dienstgipfelhöhe	8530 m
Aktionsradius	circa 490 km
Bewaffnung	Zwei starr nach vorn feuernde 7,7-mm-MGs, bedarfsweise kleine Bomben unter den Unterflügeln
Antrieb	1 Reihenmotor Rolls-Royce Kestrel IIS (525 PS)
Besatzung	1 Mann

Percival Mew Gull

Edgar W. Percival war ein australischer Flugzeugbauer, Unternehmer und Pilot, der auch im Ersten Weltkrieg geflogen war. 1932 gründete er in Großbritannien die Percival Aircraft Co., aus der eine Reihe von Leichtflugzeugen für Privatkunden hervorging. Es waren durchweg Tiefdecker mit freitragenden Flügeln (gewöhnlich aus Holz), die sich um die Mitte der 1930er-Jahre recht gut verkauften. Sie hießen Gull, Gull Four, Gull Six und Vega Gull; einige wurden auch für Langstreckenflüge verwendet. Percival baute auch eine kleine Anzahl einsitziger Rennflugzeuge namens „Mew Gull", die bei mehreren wichtigen europäischen Luftrennen große Erfolge erzielten. Die ursprüngliche Model E.1 Mew Gull bestand ganz aus Holz und ähnelte einigen der kleinen Rennmaschinen, die es damals in den USA gab. Sie flog erstmals im März 1934, ging aber bei einem Wettflug in Frankreich zu Bruch. 1935 enthüllte man eine völlig überarbeitete Mew Gull, die Model E.2, welche in der Rennsaison 1935 einige gute Ergebnisse erzielte. Obwohl sie die schnellste war, gelang es ihr leider nicht, den begehrten King's Cup zu gewinnen, da bei diesen Rennen recht archaische Handicap-Regeln galten. 1936 wurden drei weitere Mew Gulls gebaut, von denen eine beim Alpenrundflug des Züricher Flugmeetings im Juli 1937 hinter einer deutschen Messerschmitt Bf 109 zweite wurde. Auf sie folgte eine speziell für Percival gebaute Mew Gull, die Model E.3H. mit der Reg.-Nr. G-AFAA. Sie hatte eine geringere Spannweite und wies gegenüber den früheren Modellen mehrere Verbesserungen auf. Beim Rennen um den King's Cup erreichte sie 1937 eine Höchstgeschwindigkeit von 405,5 km/h; Sieger wurde durch Handicap eine andere Mew Gull. Erfolge hatten die Mew Gulls auch bei anderen wichtigen Rennen: u. a. siegte Alex Henshaw 1938 beim King's Cup in der speziell umgebauten G-AEXF. Auch im Februar 1939

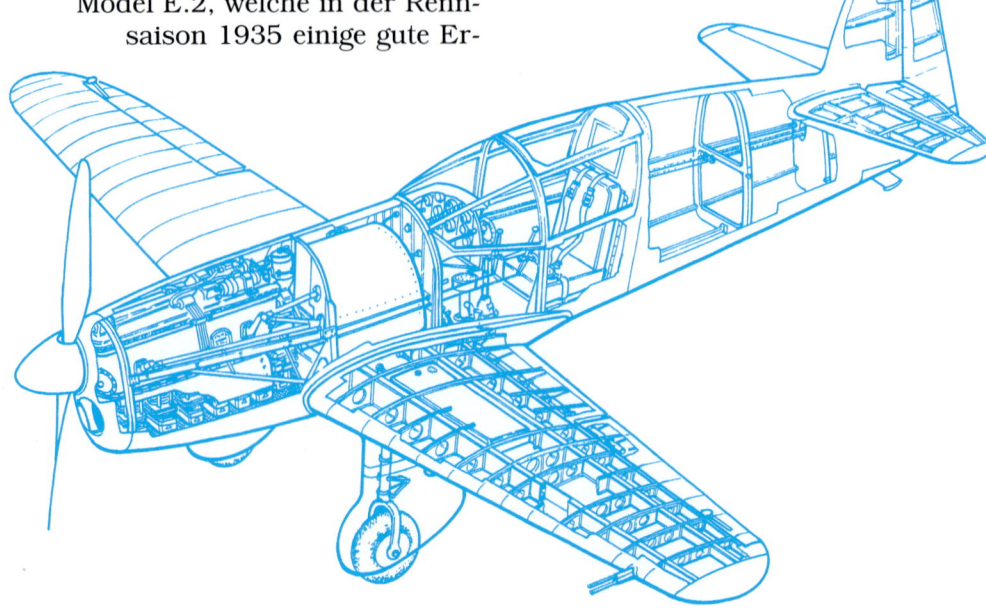

Die G-AFAA war die speziell für Edgar Percival als Rennflugzeug gebaute Mew Gull E.3H. Hier trägt sie den Anstrich, mit dem sie 1937 am King's Cup Race teilnahm. Dabei brachte sie es auf 405,5 km/h – für ein Privatflugzeug damals eine beachtliche Leistung.

gelang ihm ein schlagzeilenträchtiger Flug: Mit Zusatztanks und einem Motor vom Typ Gipsy Six Series II unternahm seine Mew Gull in Etappen einen Rundflug von Südengland nach Kapstadt und zurück. Dabei legte er in gut vier Tagen und zehn Stunden eine Strecke von 19 300 km zurück. Den Zweiten Weltkrieg überstand nur eine Mew Gull (G-AEXF), doch diese gewann in den 1950er-Jahren einen King's Cup.

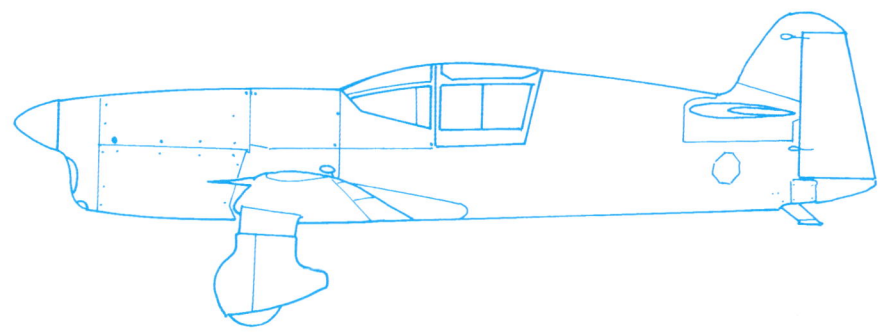

Technische Daten – Percival Mew Gull Model E.3H

Spannweite	6,93 m
Länge	6,17 m
Höchstgeschwindigkeit	etwa 405 km/h (auf Meereshöhe)
Höchstes Startgewicht	964 kg
Antrieb	1 Reihenmotor de Havilland Gipsy Six Series II (205 PS)
Besatzung	1 Mann

Hawker Hart

Die Hawker Hart war einer von mehreren Bombern der Zwischenkriegszeit, die bei ihrem Erscheinen für eine Sensation sorgten: Sie war schneller als die Jäger der eigenen Streitkräfte. Infolgedessen kam es u. a. bei Hawker zur Entwicklung des Fury-Jägers für die Royal Air Force (s. S. 252–253), während die Hart zu einem wichtigen leichten Tagbomber und Schulflugzeug wurde, von dem es viele Spezialvarianten gab. Entwickelt aufgrund der weitsichtigen Luftfahrtministeriums-Spezifikation 12/26 für einen leichten Tagbomber mit maximal 257 km/h, verband die Hart eine verbesserte, saubere Doppeldeckerkonzeption mit einem potenziell hervorragenden Rolls-Royce-Motor, aus dem schließlich der Kestrel hervorging. Der Prototyp flog im Juni 1928, und aufgrund der Spezifikation 9/29 wurde eine erste Serie von 15 Mk.I gebaut. Dies war der Beginn eines „Produktionslebens", in dessen Verlauf bei mehreren Herstellern über 1000 Maschinen mehrerer Versionen gebaut werden sollten – für die armen frühen 1930er-Jahre eine stattliche Zahl. Die ersten Hart-Bomber lieferte man im Januar 1933 an das Geschwader No.33 der RAF, wo sie die Hawker Horsley ersetzten; die Hart wurde zum leichten Standardbomber der frühen und mittleren 1930er-Jahre. Es gab auch eine Schulversion, die Hart Trainer, mit zwei Steuern. Die Hart konnte bis zur Einführung neuer Modelle nur von ihresgleichen eingeholt werden, sodass man einige als zweisitzige Jäger baute. Daraus entwickelte sich ein eigenständiger Jagdzweisitzer, die Hawker Demon der RAF. Daneben existierte eine Version für Einsätze hoch über der heißen indischen Nordwestgrenze; zu den übrigen Sondervarianten gehörten das Feuerleit-/Aufklärungsmodell „Osprey" der Navy, das Unterstützungsflugzeug „Audax", das Kolonialpolizeiflugzeug „Hardy", und das tropische Erdkampfflugzeug „Hartbees" für Südafrika. Eine Weiterentwicklung war die Hind, ein Übergangstyp zwischen der Hart und den fort-

Die klassischen Konturen der Hawker Hart der RAF. Obwohl sie zu Beginn des Zweiten Weltkriegs nicht mehr zur ersten Linie gehörte, leistete sie den Luftstreitkräften Südafrikas und vor allem Schwedens in der ersten Kriegsphase wertvolle Dienste.

geschrittenen Eindecker-Bombern Bristol Blenheim und Fairey Battle der späten 1930er- und frühen 1940er-Jahre. 42 Harts wurden in Schweden in Lizenz gebaut, und zwar mit heimischen Sternmotoren vom Typ Bristol Pegasus; sie kamen 1939/40 in Finnlands „Winterkrieg" gegen die Sowjets zum Einsatz.

Technische Daten – Hawker Hart Mk.I

Spannweite	11,35 m
Länge	8,94 m
Höchstgeschwindigkeit	296 km/h (in 1520 m Höhe)
Einsatzdauer	etwa 2 Stunden 45 Minuten
Aktionsradius	760 km
Dienstgipfelhöhe	6500 m
Bewaffnung	Zwei 7,7-mm-MGs (eins starr nach vorn feuernd, eins auf Ringlafette schwenkbar, bis zu 236 kg Bomben
Antrieb	1 Reihenmotor Rolls-Royce Kestrel IB (525 PS) oder 1 Kestrel XDR (510 PS)
Besatzung	2 Mann

Heinkel He 51

Die deutsche Firma Heinkel begann um die Mitte der 1920er-Jahre mit der Entwicklung mehrerer Jagddoppeldecker; die Reihe setzte mit der He 23 ein und führte dann über die He 37 und He 43 zur He 49, der unmittelbaren Vorgängerin der berühmten He 51. Vorgeblich ein Schulflugzeug, wies die He 49 mit 200 km/h ähnlich gute Flugeigenschaften auf wie die damaligen Kampfmaschinen mehrerer Länder. Sie flog erstmals im November 1932, und die Weiterentwicklung an mehreren He 49 führte schließlich im Mai 1933 zum Erstflug der He 51. Dieser erfolgte unmittelbar nachdem die NSDAP in Deutschland die Macht übernommen hatte, und die He 51 sollte Nazideutschlands erstes wichtiges Jagdflugzeug werden. Die früheste Version He 51A-1 wurde 1934 an die deutschen Luftstreitkräfte ausgeliefert, und als die bis dahin heimlich aufgebaute Luftwaffe im März 1935 amtlich publik gemacht wurde, war die Einführung der He 51A in vollem Gange. Die erste Einheit, welche das ursprüngliche Serienmodell He 51A-1 flog, war das Jagdgeschwader JG 132 „Richthofen", benannt nach dem berühmten deutschen Jäger-As des Ersten Weltkriegs. 1936 lief die Produktion der Version He 51B-1 an. Dabei handelt es sich um ein leicht verbessertes Modell, das auch als Wasserflugzeug He 51B-2 existierte. Die He 51B-2 konnte von Kriegsschiffen katapultiert werden, doch wurden einige auch zur Küstenverteidigung eingesetzt. Vom Schwimmerflugzeug He 51D, das veränderte zweiteilige Flügel (mit je zwei Paar Tragflächenstreben) besaß, die zuerst an der He 51B-3 auftraten, gab es wenigstens ein Exemplar. Das letzte wichtige Serienmodell war die He 51C, die im Spanischen Bürgerkrieg mit Bombenracks voll zum Einsatz kam, entweder bei der deutschen Legion Condor oder bei den Nationalisten General Francos. Es stellte sich jedoch heraus, dass sie im Luftkampf un-

Die He 51B-2 war die Wasserflugzeug-Frontversion der ursprünglichen Heinkel He 51; hier eine Maschine der Luftwaffen-Küstenjagdgruppe 136 aus Kiel-Holtenau (Ende 1936).

Die He 51A-1 war die erste wichtige Frontversion des Jägers Heinkel He 51; dieses Gemälde zeigt eine farbenprächtige Maschine des Jagdgeschwaders (JG) 132 „Richthofen" der Luftwaffe (1936).

terlegen waren, wenn sie auf die Polikarpow I-15 (s. S. 248–249) der Republikaner trafen; daraufhin wurden sie im weiteren Kriegsverlauf vor allem als Erdkampfflugzeuge eingesetzt. Bei der Luftwaffe ersetzte man die He 51 ab 1937/38 durch den hervorragenden Eindecker Messerschmitt Bf 109. Mehrere Hersteller fertigten etwa 700 Stück, und der Typ diente bis in den Zweiten Weltkrieg als Schulflugzeug.

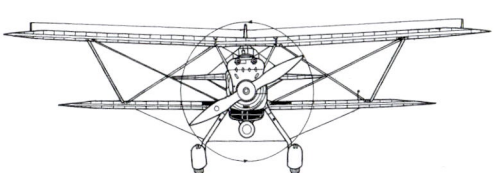 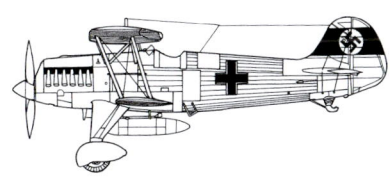

Die Heinkel He 51 war einer der letzten deutschen Doppeldecker-Jäger, eine mit Stoff überzogene Metallkonstruktion. Eine robuste, aber ziemlich unauffällige Frontversion kam im Spanischen Bürgerkrieg vielfach zum Einsatz.

Technische Daten – Heinkel He 51B-1

Spannweite	11 m
Länge	8,4 m
Höchstgeschwindigkeit	330 km/h (auf Meereshöhe)
Dienstgipfelhöhe	7700 m
Aktionsradius	570 km
Bewaffnung	Zwei starr nach vorn feuernde 7,92-mm-MGs
Antrieb	1 Reihenmotor BMW VI (etwa 750 PS)
Besatzung	1 Mann

Avia B-534

Eines der wichtigsten Erzeugnisse der tschechoslowakischen Luftfahrtindustrie in der Zwischenkriegszeit war die Avia B-534, mit Sicherheit das beste damals in Mittel- und Osteuropa gefertigte Jagdflugzeug. Es bildete den Höhepunkt eines Entwicklungsprozesses, in dem die Firma Avia mehrere Jägerentwürfe für die tschechische Luftwaffe vorlegte. Der erste Prototyp flog im Mai 1933, und die Auslieferung an die tschechischen Streitkräfte begann 1935. Nach dem ursprünglichen Entwurf besaß die B-534 ein offenes Cockpit, und die ersten drei Produktionsserien behielten es bei; die vierte erhielt jedoch erstmals ein rundum geschlossenes, und spätere Serienmaschinen wurden mit Fahrwerk-„Gamaschen" versehen. Die erste Serie war mit zwei MGs in den Flügeln ausgerüstet, doch bei allen späteren wurde die Bewaffnung im Rumpf eingebaut. Sie bestand nun aus 4 MGs in den Rumpfseiten, während es bei der Serie Bk-534 nur zwei waren, wobei ein drittes im Motor durch den Propellerkreis feuerte. Für die Fertigung der B-534 waren etwa 445 Seriennummern zugeteilt worden, doch wurden möglicherweise nicht so viele Maschinen gebaut. Bei ihrem wichtigsten Test in Friedenszeiten bewährte sich die B-534 sehr gut: Auf dem IV. Internationalen Flugmeeting in Zürich war sie 1937 der Doppeldecker mit den besten Flugeigenschaften – und nur wenig langsamer als der ebenfalls angetretene deutsche Jagdeindecker Messerschmitt Bf 109. Leider konnte sich die B-534 niemals im Kampf bewähren, und zwar wegen der schmählichen Beschwichtigungspolitik Englands und Frankreichs, welche die Tschechoslowakei im „Münchener Abkommen" den Nazis auslieferte. Danach lieferte Deutschland tschechische B-534 an die neugeschaffene Slowakei und an Bulgarien. Einige dienten der Luftwaffe als Schulflugzeuge; sie erhielten anstelle des offenen Cockpits der frühen Serienmaschinen eine geschlossene „tropfenförmige" Kanzel. Slowakische und bulgarische B-534 kamen im Zweiten Weltkrieg begrenzt zum Einsatz, eine Hand voll auch beim slowakischen Nationalaufstand von 1944.

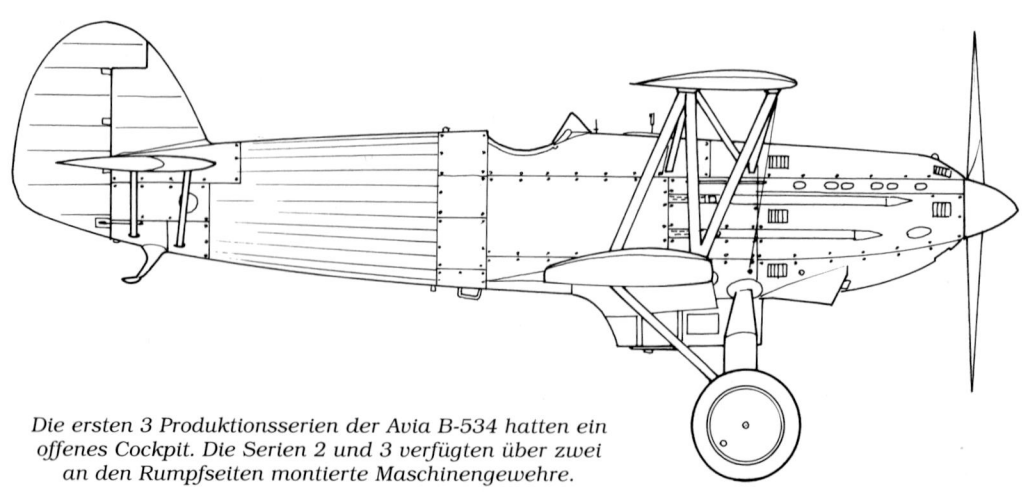

Die ersten 3 Produktionsserien der Avia B-534 hatten ein offenes Cockpit. Die Serien 2 und 3 verfügten über zwei an den Rumpfseiten montierte Maschinengewehre.

Die Avia B-534 konnte im Bedarfsfall mit einem Ski-Fahrwerk versehen werden.

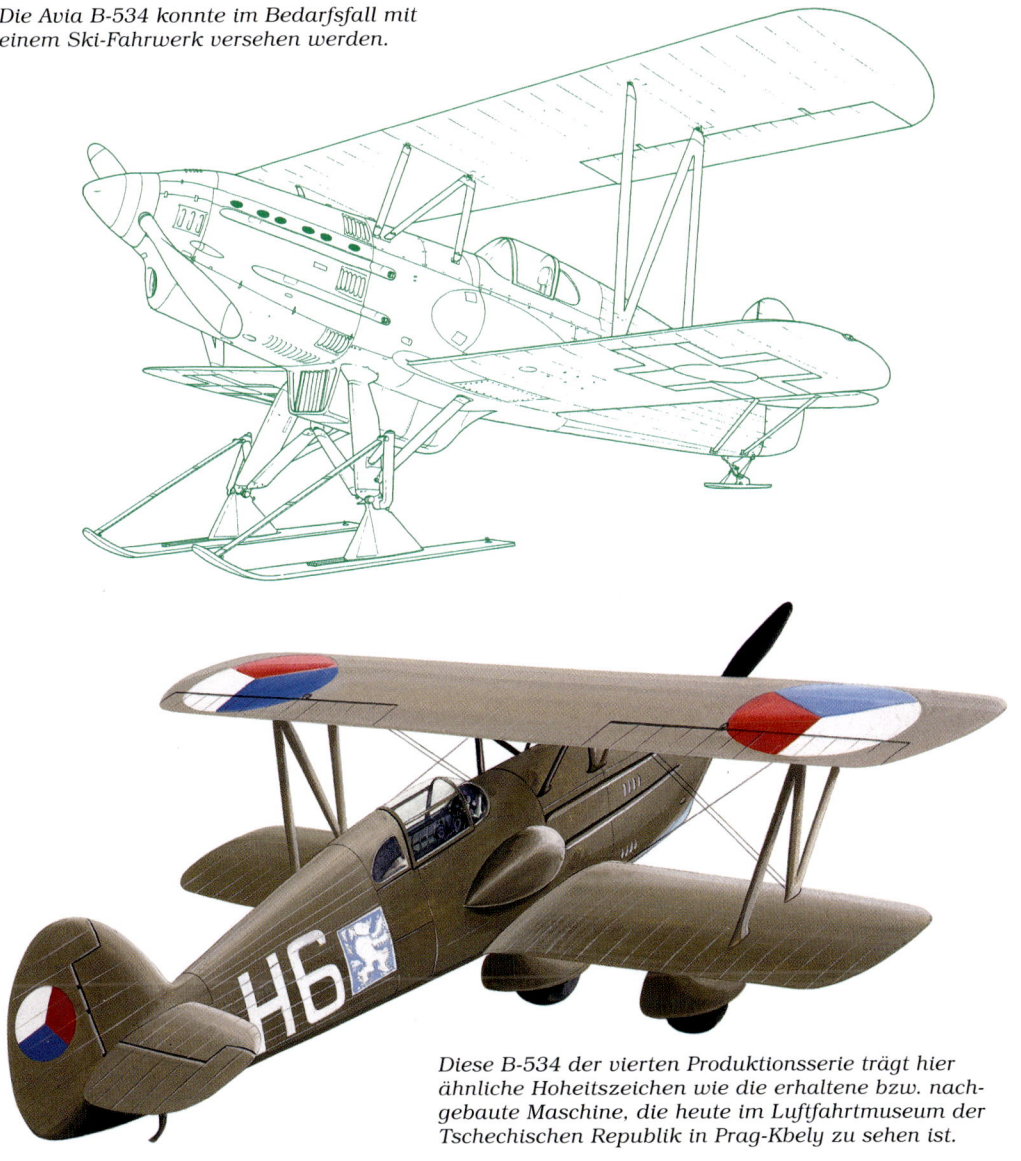

Diese B-534 der vierten Produktionsserie trägt hier ähnliche Hoheitszeichen wie die erhaltene bzw. nachgebaute Maschine, die heute im Luftfahrtmuseum der Tschechischen Republik in Prag-Kbely zu sehen ist.

Technische Daten – Avia B-534 (vierte Serie)

Spannweite	9,4 m
Länge	8,1 m
Höchstgeschwindigkeit	380 km/h (in 4500 m Höhe)
Dienstgipfelhöhe	10 600 m
Aktionsradius	600 km
Bewaffnung	Vier starr nach vorn feuernde 7,62-mm-MGs, Vorrichtungen für kleine Bomben unter den Flügeln
Antrieb	1 Reihenmotor Avia (Liz. Hispano-Suiza) HS 12Ydrs (850 PS)
Besatzung	1 Mann

Mitsubishi A5M

Die japanische Marine war 1934 dabei, die rasch veraltenden Doppeldecker durch eine neue Generation von Jagdeinsitzern zu ersetzen, und die Einführung der Mitsubishi A5M bedeutete in der Tat einen großen Sprung nach vorn. Der Prototyp dieses schlanken, stromlinienförmigen, genieteten Ganzmetalljägers mit umgekehrten „Möwenflügeln" wirkte ungewöhnlich elegant. In der Produktion musste der „Möwenflügel" jedoch einem konventionellen tief liegenden Eindecker-Flügel weichen. Der Prototyp machte seinen Erstflug im Februar 1935 und erreichte dabei mühelos die vorgesehene Höchstgeschwindigkeit von 350 km/h. Da man zu dieser Zeit auch ein Trägerflugzeug benötigte, wurde die A5M mit einem Bremshaken ausgestattet und so als Marine-Typ 96 bzw. Trägerjagdflugzeug-Modell 1 (A5M1) in Produktion genommen. Darauf folgten einige Serienmodelle, die alle Abwandlungen des auf dem britischen Bristol Jupiter basierenden Sternmotors Nakajima Kotobuki erhielten. Zu dieser umfangreichen Baureihe gehörte neben dem Jagdeinsitzer A5M4 auch das zweisitzige Schulflugzeug A5M4-K. Die A5M spielte ab 1937 im Chinesisch-japanischen Krieg bald eine wichtige Rolle. Auch zur Zeit des japanischen Überfall auf Pearl Harbour (1941) waren noch zahlreiche A5M im Einsatz. Nachdem der Typ rasch veraltete, wurde er ab 1942 in die zweite Linie verbannt. Einige dienten auch als Kamikaze-Flugzeuge. Die Alliierten gaben ihnen den Codenamen „Claude"; es wurden mindestens 1091–1094 Stück gebaut.

Technische Daten – Mitsubishi A5M4

Spannweite	11 m
Länge	7,55 m
Höchstgeschwindigkeit	440 km/h (in 3000 m Höhe)
Dienstgipfelhöhe	9840 m
Aktionsradius	1200 km
Bewaffnung	Zwei 7,7-mm-MGs, zwei außen aufgehängte 30-kg-Bomben
Antrieb	1 Sternmotor Nakajima Kotobuki 41 (710 PS)
Besatzung	1 Mann

Henschel Hs 123

Die kompakte, robuste und ziemlich kräftige Henschel Hs 123 erlebte ihre besten Tage in den 1930er-Jahren, leistete aber der Luftwaffe noch im Zweiten Weltkrieg zuverlässige Dienste – sie blieb in der Tat bis 1944 im Fronteinsatz. Die als Sturzkampfbomber entworfene Hs 123 machte ihren Erstflug im April/Mai 1935. Leider verunglückten zwei der ersten Maschinen bei Sturzflugtests, sodass man u. a. Veränderungen am Entwurf und der Festigkeit vornehmen musste. Der Anderthalbdecker, dessen untere Flügel im Verhältnis zur oberen Tragfläche klein waren, führte seine Bomben unter den ersteren mit, doch konnte man auch am Rumpf einen Treibstofftank oder eine Bombe anbringen. Das wichtigste Serienmodell war die Hs 123A-1, der letzte Frontdoppeldecker der Luftwaffe. Die Produktion umfasste etwa 265 Maschinen, von denen die ersten 1936 ausgeliefert wurden. Einige flogen im Spanischen Bürgerkrieg bei der Legion Condor. Die übrigen übergab man den nationalspanischen Truppen, und Francos siegreiche Anhänger erhielten später noch ein weiteres Kontingent. An China gingen 1937/38 zwölf Maschinen. Bei der Luftwaffe wurde dieser Typ vom legendären Sturzkampfbomber Junkers Ju 87 abgelöst, aber die Hs 123 kam dennoch im September 1939 beim Polenfeldzug (wie schon im Spanischen Bürgerkrieg) erfolgreich als Erdkampfflugzeug zum Einsatz. In dieser neuen Rolle verwendete man die Hs 123 auch 1940 beim Feldzug in den Niederlanden und in Frankreich sowie ab 1941 in Russland. Einige Maschinen dienten auch als Schulflugzeuge. Bis 1944 setzte man diesen Typ an der russischen Front für Verbindungs- und Versorgungsflüge ein. Die letzten spanischen Maschinen wurden 1953 außer Dienst gestellt.

Diese Henschel Hs 123V5 – wohl eine Testversion – wurde vermutlich auf dem Flugfeld einer Henschel-Fabrik fotografiert (Foto: John Batchelor Collection).

Technische Daten – Henschel Hs 123A-1

Spannweite	10,5 m
Länge	8,33 m
Höchstgeschwindigkeit	340 km/h (in 1200 m Höhe)
Aktionsradius	855 km
Dienstgipfelhöhe	9000 m
Bewaffnung	Zwei 7,92-mm-MGs, bis zu 450 kg Bomben oder andere Lasten
Antrieb	1 Sternmotor BMW 132Dc (880 PS)
Besatzung	1 Mann

Martin B-10

In der Zwischenkriegszeit wurde die Entwicklung der Jagdflugzeuge mehrmals beschleunigt, als man Bomber in Dienst stellte, die schneller oder mindestens ebenso so leistungsfähig wie bzw. als zeitgenössische Jäger waren. Zu diesen Bombertypen gehörte auch die Martin B-10, die mit ihrer Stromlinienform, hoher Geschwindigkeit, einem MG-Drehturm, einem verbesserten Zielgerät und einziehbarem Fahrwerk Design und Ausrüstung des Bombers revolutionierte. Die Entwicklung der Martin Model 123, aus der schließlich die B-10 hervorging, begann Anfang der 1930er-Jahre. Das auf eigenes Risiko entworfene Flugzeug war ein eleganter Ganzmetall-Schulterdecker mit freitragenden Flügeln; Teile der Tragflächen und Ruderklappen trugen indes einen Stoffüberzug. Die erste Maschine flog 1932 unter der Testbezeichnung XB-907 und erwies sich sogleich als allen damals in Dienst stehenden US-Jägern ebenbürtig, bisweilen sogar überlegen. Am ursprünglichen Entwurf wurden noch einige Modifikationen und Verbesserungen vorgenommen, welche die Stromlinienform, die Sitzplätze der Crew u. ä. betrafen, sodass der Typ 1933 als B-10 in Produktion gehen durfte. Die ersten Lieferungen an das US Army Air Corps erfolgten 1934; für diese Teilstreitkraft wurden 103 (oder 105) Maschinen der wichtigsten Serienversion B-10B hergestellt. Im Vergleich mit den schwerfälligen Doppeldecker-Veteranen der 1920-er Jahre, die ihr vorausgegangen waren, bedeutete die B-10B für

Eine B-10B mit dem bunten Anstrich der Maschinen des USAAC aus den 1930er-Jahren. Die US Army erhielt (einschließlich Prototypen) 154 B-10/B-12; die B-12 war eine Testversion mit Hornet-Motoren von Pratt & Whitney. Außerdem wurden etwa 189 Stück exportiert.

Hier sieht man eine Testversion der B-10 oder B-12. Die B-10 kam als erster in den USA entworfener Bomber zum Kampfeinsatz, und zwar bei den Streitkräften Thailands und Niederländisch-Ostindiens (Foto: Martin).

die Schlagkraft Amerikas einen großen Sprung nach vorn. Reichweite und Ausdauer des Typs wurden ab Juli 1936 durch einen Schauflug demonstriert, den zehn Maschinen des USAAC in mehreren Etappen von Washington nach Alaska und zurück unternahmen. Ab 1936 wurde die B-10 auch von Argentinien, Siam, der Türkei, China und den Niederlanden erworben. Diese Martin Model 139 kämpften in den Versionen WH-2, WH-3 und WH-3A (manchmal mit durchgehender „Treibhauskanzel") ab Dezember 1941/Januar 1942 in Niederländisch-Ostindien heldenhaft, aber letztlich erfolglos gegen die japanischen Invasoren.

Die Zeichnung die „getrennten" Kanzeln US-amerikanischer B-10-Bomber; einige niederländische Maschinen waren mit einer langen, durchgehenden Kanzel versehen.

Technische Daten – Martin B-10B

Spannweite	21,49 m
Länge	13,64 m
Höchstgeschwindigkeit	340 km/h (auf Meereshöhe)
Dienstgipfelhöhe	7380 m
Aktionsradius	950 km
Bewaffnung	Drei 7,62-mm-MGs, bis zu 998 kg Bombenlast oder eine 907-kg-Bombe
Antrieb	2 Sternmotoren Wright R-1820-33 Cyclone (je 775 PS)
Besatzung	3 oder 4 Mann

Short-Mayo Composite

In der Zwischenkriegszeit baute man mehrere Flugzeugtypen, die sehr weite Strecken zurücklegen konnten. Die Maschinen, denen dies gelang, waren jedoch in aller Regel speziell dafür konstruierte bzw. umgebaute Einzelstücke, oft mit einem einzigen Piloten oder einer wagemutigen Crew aus Pionieren oder Forschern. Obwohl es in dieser Epoche auch bei Konstruktion und Leistung von Passagiermaschinen zu wichtigen Neuerungen kam, erschien es doch unmöglich, große Reichweite mit einer wirtschaftlich vertretbaren Frachtkapazität zu verbinden. Beim Versuch, diese begehrte Kombination zu verwirklichen, kam Major Robert Mayo, dem technischen Leiter von Imperial Airways, eine neuartige Idee: Sein Plan bestand darin, das Flugzeug mit der Nutzlast (Passagiere oder Fracht) auf ein anderes zu setzen. Das Untere sollte mit seiner Antriebskraft für den Start und den ersten Teil der Reise sorgen, während das Obere mit seinem bis dahin ungenutzten Treibstoffvorrat die Fahrt fortsetzen sollte, nachdem es im Flug vom unteren abgehoben hatte. Obwohl dieses Konzept aus heutiger Sicht seltsam und mehr als nur ein wenig riskant anmutet, hielt man es damals für eine brauchbare Lösung, und Short Brothers erhielt den Auftrag zum Bau der beiden Flugzeuge. Um die Mitte der 1930er-Jahre war diese Firma mit der Entwicklung der hervorragenden Empire-Flugboote der C-Klasse beschäftigt, die gute (wenn auch nicht überragende) Geschwindigkeit und Ladekapazität verbanden. Um den Huckepack-Auftrag von Imperial Airways zu erfüllen, entwarf und baute Short je eines der beiden Flugzeuge. Das untere ähnelte einem Empire-Flugboot, war aber nicht mit dem Typ identisch. Es wurde S.21 „Maia" getauft und flog erstmals im Juli 1937 – ein Jahr nach dem ersten Flugboot der C-Klasse. Die viel kleinere S.20 namens „Mercury" war das

Die Short-Mayo Composite machte einen imposanten Eindruck, wenn beide Maschinen Huckepack flogen. Der erste kommerzielle Flug dieser Kombination (Kanada-Irland) erfolgte im Juli 1938. Im Oktober 1938 flog die „Mercury" nach einem „Luftstart" nonstop von Schottland nach Südafrika – ein lange gehaltener Rekord für Seeflugzeuge.

obere (Schwimmer-)Flugzeug. Ihr Erstflug erfolgte im September 1937. Zusammen hoben die beiden erstmals im Januar 1938 ab, und am 6. Februar trennten sie sich erstmals im Flug. Leider kam es im gesamten Programm zu Verzögerungen, und am Ende wurde es durch den Kriegsausbruch eingestellt – aber auch wegen der lang erwarteten Fortschritte im Bau konventioneller Passagiermaschinen wie der Flugboote Boeing Model 314 (s. S. 296–297). Die „Mercury" wurde schließlich abgewrackt und die „Maia" im Mai 1941 durch deutsche Bomber im südenglischen Poole Harbour versenkt.

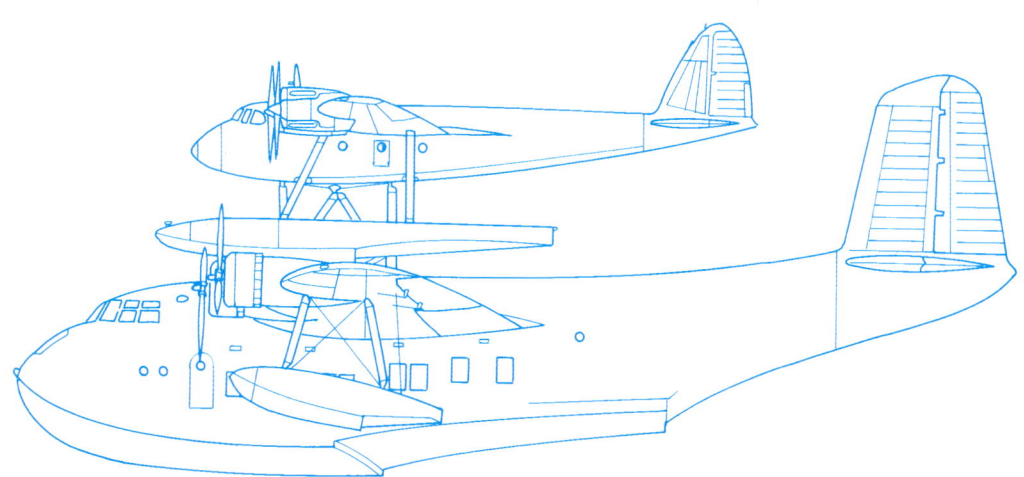

Die S.21 „Maia" hatte eine Spannweite von 34,75 m und selbst einen Aktionsradius von 1368 km. Beide Flugzeuge belegten das Potenzial der kommerziellen Kombination, aber die Entwicklung wurde nicht weitergetrieben.

Technische Daten – Short S.20 „Mercury"

Spannweite	22,25 m
Länge	15,53 m
Höchstgeschwindigkeit	314 km/h (in 2600 m Höhe)
Normaler Aktionsradius	etwa 6280 km
Antrieb	4 Reihenmotoren Halford Rapier V (je 340 PS)
Fassungsvermögen	2–3 Mann Besatzung, Post- oder Stückgut

Dornier Do 18

Der außergewöhnliche Erfolg der Baureihe Dornier „Wal" machte die deutsche Firma Dornier zu einem der führenden Produzenten von Ganzmetall-Flugbooten. Anfang bis Mitte der 1930er-Jahre stellte sich bei Dornier die Frage nach einem Ersatz für die „Wal", als die Deutsche Luft Hansa ein Postflugzeug mit „ozeanischer" Reichweite benötigte. Seit dem Entwurf der ersten „Wal" war die Aerodynamik ein gutes Stück vorangekommen, sodass die Dornier Do 18 einen schnittigen überarbeiteten Rumpf erhielt, der jedoch die Ganzmetallbauweise der „Wal" und deren Stabilisierungsschwimmer übernahm. Der erste Prototyp flog im März 1935; sein Merkmal waren zwei Dieselmotoren vom Typ Junkers Jumo 5 (540 PS). Die ersten Do 18E waren für die Deutsche Luft Hansa bestimmt, ebenso das Einzelstück Do 18F. Am 27.–29. März flog diese Maschine nonstop vom Ärmelkanal nach Brasilien und stellte so in 43 Stunden einen Direktflugrekord für Seeflugzeuge über 8931 km auf. Da sich die Luftwaffe für die Do 18 interessierte, wurde der Typ in mehreren Versionen auch als Militärmaschine gebaut und als Do 18D Ende 1938 in Dienst gestellt. Insgesamt entstanden (einschließlich der verbesserten Do 18G) über 100 Do 18 aller Typen. Letztere besaß stärkere Motoren und eine bessere Bewaffnung, u. a. einen oberen Drehturm statt des offenen Bordschützensitzes der Do 18D. Bei der Luftwaffe diente die Do 18 u. a. als Seeaufklärer. Eine Do 18 genoss auch die zweifelhafte „Auszeichnung", als erstes deutsches Flugzeug des Zweiten Weltkriegs von einem englischen abgeschossen zu werden: Am 26. September 1939 fiel sie einer Blackburn Skua vom Geschwader No. 803 der Fleet Air Arm

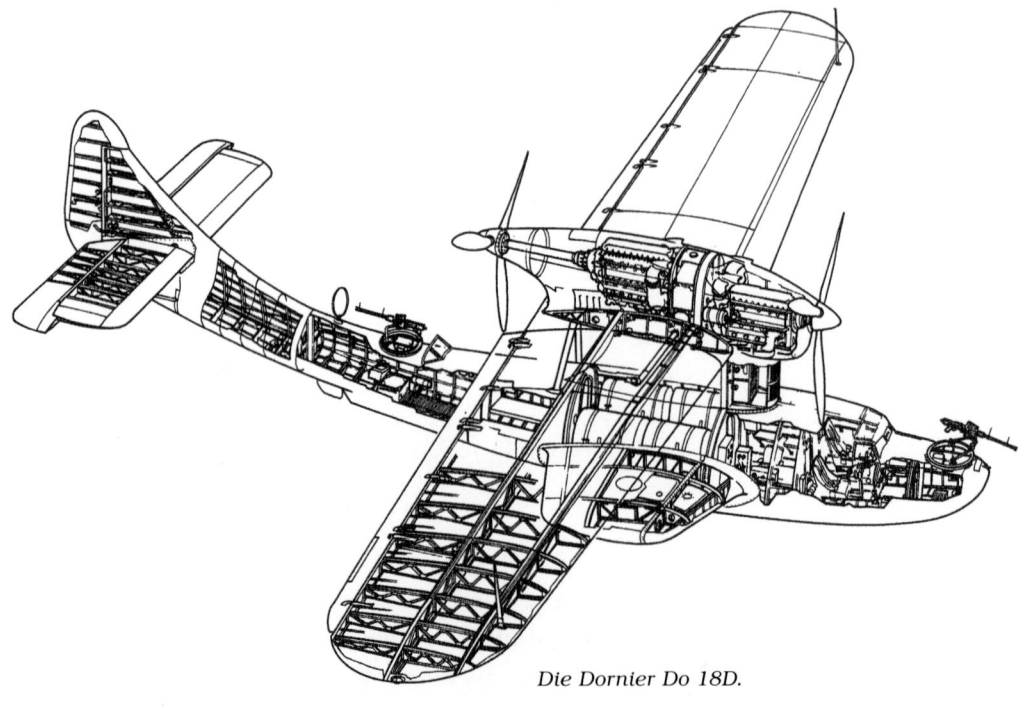

Die Dornier Do 18D.

Die Do 18E D-ABYM „Aeolus" wurde von der Deutschen Luft Hansa geflogen (die Schreibweise „Lufthansa" war vor dem Zweiten Weltkrieg ebenfalls verbreitet).

zum Opfer. Einige Do 18 wurden später (als Do 18N) zu Seenotrettungsflugzeugen umgerüstet, und es entstand auch eine Schulversion. Die weitere Entwicklung mündete in das dreimotorige Flugboot Do 24.

Technische Daten – Dornier Do 18G

Spannweite	23,7 m
Länge	19,25 m
Höchstgeschwindigkeit	260 km/h (in 2000 m Höhe)
Dienstgipfelhöhe	4200 m
Aktionsradius	3500 km
Bewaffnung	Ein 13-mm-MG, eine 20-mm-Kanone, zwei bis vier 50-kg-Bomben oder vergleichbare Lasten
Antrieb	2 Dieselmotoren Junkers Jumo 205D (je 880 PS)
Besatzung	4 Mann

Gloster Gladiator

Die Gloster Gladiator sollte der letzte Doppeldecker im Dienst der RAF sein, war aber auch der erste mit geschlossenem Cockpit; so markierte sie das Ende einer Ära von Jagdflugzeugen, doch einige Maschinen blieben noch in der Frühphase des Zweiten Weltkriegs im Einsatz. Die Ursprünge der Gladiator reichen bis 1930 zurück, als man noch glaubte, dass dem Doppeldecker die Zukunft gehöre. Damals war die britische Firma Gloster mit der Entwicklung des späteren Gauntlet-Doppeldeckers beschäftigt, und der Erlass der weitsichtigen Spezifikation F.7/30 erlaubte es dem Unternehmen, ein weiterentwickeltes Jägerkonzept vorzulegen. Aus diesem in Privatinitiative betriebenen Projekt ging die Gladiator hervor; als Grundlagen dienten ein Sternmotor vom Typ Bristol Mercury (645 PS) und eine Bewaffnung aus vier MGs. Die erste Maschine namens SS.37 flog im September 1934. Ihre Erprobung durch die RAF hatte Mitte 1935 einen ersten Auftrag über 24 Gladiator Mk.I zur Folge. Mit einem stärkeren Mercury-Motor und den nun standardmäßigen vier MGs ausgerüstet, kamen die ersten Serienmaschinen Anfang 1937 zur Auslieferung. Schließlich bestellte die RAF über 480 Stück, mit denen eine stattliche Reihe britischer Staffeln ausgestattet wurde. Der Typ war noch bei Ausbruch des Zweiten Weltkriegs in vorderster Linie im Einsatz, doch seine Ablösung durch die Hawker Hurricane und Supermarine Spitfire bereits im Gange. Zahlreiche Gladiators gelangten auch in den Export, u.a. nach Belgien, China, Griechenland, Lettland, Litauen, Norwegen, Portugal und Schweden. Für die RAF wurde ferner die Gladiator Mk. II mit einem anderen Mercury-Motor und weiteren Änderungen produziert. Außerdem fertigte man für die Royal Navy einige Sea Gladiators, von denen 60 einen Bremshaken und Katapulthalterungen für den Trägereinsatz bekamen; dafür wurden auch Maschinen der RAF umgebaut. Die Gesamtproduktion an Gladiators belief sich mit dem Prototyp

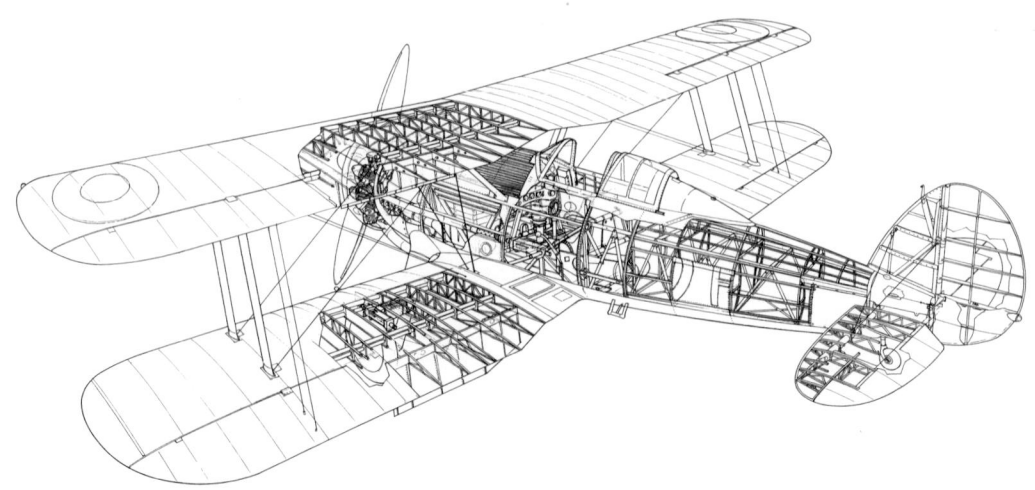

Zeichnung: John Batchelor.

auf etwa 747 Stück. Gladiators wurden zu Anfang des Zweiten Weltkriegs viel eingesetzt, vor allem bei der RAF im Mittleren Osten, aber auch über Finnland, Griechenland und Norwegen sowie im Mittelmeerraum. Gegen deutsche Abwehr zogen sie meist den Kürzeren, doch gegen Italiener waren sie erfolgreicher, vor allem bei der Verteidigung von Malta.

Ein stimmungsvolles Bild aus den 1930er-Jahren – vor den düsteren Tagen des Zweiten Weltkriegs. Zwei Gladiators (darunter Mk.I K7985) präsentieren vor dem blauen Himmel die blau-gelben Abzeichen des 73. Geschwaders der RAF.

Die erste mit Gladiators ausgerüstete Einheit der RAF war das 72. Geschwader. Hier sieht man eine Gladiator Mk.I mit dessen blau-roten Abzeichen.

Technische Daten – Gloster Gladiator Mk.I

Spannweite	9,83 m
Länge	8,36 m
Höchstgeschwindigkeit	407 km/h (in 4420 m Höhe)
Dienstgipfelhöhe	10 000 m
Aktionsradius	etwa 690 km
Bewaffnung	Vier starr nach vorn feuernde 7,7-mm-MGs
Antrieb	1 Sternmotor Bristol Mercury IX (830 PS)
Besatzung	1 Mann

Focke-Achgelis Fa 61

Die Entwicklung eines brauchbaren motorisierten Personenflugzeugs war ein langer, mühseliger Prozess gewesen, als ebenso langwierig und dornig erwies sich die des Hubschraubers. Wie auf S. 50–51 zu lesen ist, versuchten sich viele Pioniere an dessen Vervollkommnung. Erst in den 1920er-Jahren machte man hier die ersten echten Fortschritte, und in den 1930ern wurde der Helikopter dank der Arbeit von Breguet, Focke, Achgelis, Flettner und Sikorsky zur Realität. Mitte 1935 unternahm der Gyroplane Laboratoire der Franzosen Louis Breguet und René Dorand seinen ersten freien Flug; das war ein großer Schritt zu einem wirklich brauchbaren Hubschrauber. Als erster technisch erfolgreicher Helikopter gilt häufig der Focke-Achgelis Fa 61. Heinrich Focke, Gründer der deutschen Flugzeugfirma Focke-Wulf, begann sich ernsthaft für den Rotorantrieb zu interessieren, als Focke-Wulf die Lizenzproduktion des Cierva Autogiro (s. S. 148–149) aufnahm. Er gründete mit seinem Kollegen Gerd Achgelis die Firma Focke-Achgelis, und der Fa 61 war das erste praktische Resultat ihrer Entwicklertätigkeit. Sein Rumpf ähnelte dem des Schulflug-Doppeldeckers Focke-Wulf Fw 44 Stieglitz, hatte aber ein Dreirad-Fahrwerk und dreiteilige Ausleger-Hauptrotoren, deren Drehmomente einander gegenseitig aufhoben. Der Motor im Rumpf sorgte für den Antrieb dieser Rotoren. Wichtig war, dass ihre Blätter an Gelenken saßen und sich so zur Höhen- bzw. Seitensteuerung zyklisch und differenziell verstellen ließen; dabei diente die kollektive Differenzialausrichtung der Rotorblätter zur Seitensteuerung (in diesem Sinne wirkten sie wie die Seitenruder eines Flugzeugs). Der erste Fa 61 flog am 26. Juni 1936 und machte rasch große Fortschritte. Er stellte bald internationale Hubschrauberrekorde auf und hielt sich schließlich 80 Minuten in der Luft – für einen Helikopter eine noch kurz

Die Fa 61 wirkte ungeschlacht, war aber der erste technisch ausgereifte Hubschrauber. Der kleine Propeller diente zur Kühlung des Motors – die Maschine war also kein Autogiro.

vorher undenkbare Leistung. Der Entwicklung des Fa 61 setzte erst der Zweite Weltkrieg ein Ende – wenn auch später ein größerer Ableger, der Fa 223 Drache, in kleiner Stückzahl gebaut wurde.

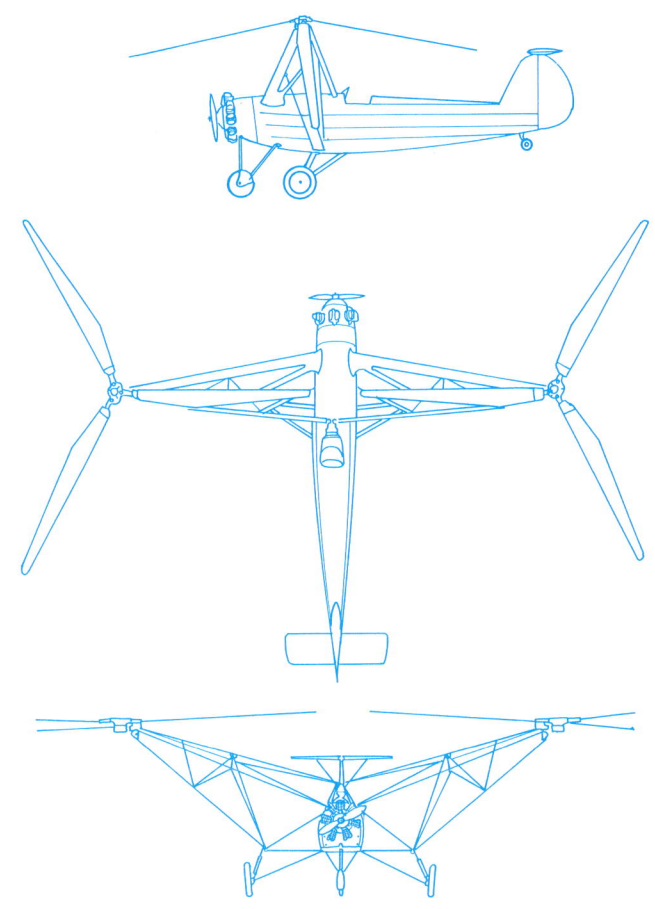

Die Fa 61 war eine revolutionäre Maschine – und der eleganteste Hubschrauber seiner Zeit. Zu den Piloten zählte auch die berühmte deutsche Fliegerin Hanna Reitsch.

Technische Daten – Focke-Achgelis Fa 61

Rotordurchmesser	jeweils 7 m
Länge	7,3 m
Höchstgeschwindigkeit	etwas über 122 km/h (auf Meereshöhe)
Aktionsradius	230 km
Höchstes Startgewicht	950 kg
Antrieb	1 Sternmotor Bramo (Siemens & Halske) Sh 14A (160 PS)
Besatzung	1 Mann

Supermarine Spitfire

Die Spitfire war zweifellos eines der berühmtesten jemals gebauten Flugzeuge, ein aussichtsreicher Kandidat für den Titel des besten Jägers aller Zeiten und das Produkt einer hervorragenden Flugzeugfabrik – Supermarine. Deren brillanter Chefingenieur Reginald Mitchell hatte mit einer gleichfalls renommierten Motorenfabrik (nämlich Rolls-Royce) für das Rennen um den Schneider-Pokal erfolgreich an jenen Maschinen (s. S. 172–173) zusammengearbeitet, die sich 1927, 1929 und 1931 so auszeichnen sollten. Diese hatten die Ingenieurskunst und Geschwindigkeit weit vorangebracht, und Mitchell konnte mit Hilfe begabter Mitarbeiter beides in sein neues Jagdflugzeug einbringen. Die Spitfire begann ihre Karriere im Grunde als Projekt auf eigenes Risiko, dem dann die Spezifikation F.5/34 des Luftfahrtministeriums zu Hilfe kam; diese forderte einen mit acht MGs bewaffneten Jäger für die Royal Air Force. Im Endergebnis war sie viel fortschrittlicher als in der Spezifikation vorgegeben, und Ende 1934 gab das Ministerium die Spezifikation F.37/34 heraus, die den Bau eines Prototyps von Mitchells Kreation regeln sollte. Er erhielt die Seriennummer K5054 und einen Motor vom Typ Rolls-Rocye Merlin C (990 PS). Der Erstflug erfolgte am 5. März 1936 auf dem Flugfeld Eastleigh bei Southampton. Am Steuer saß bei diesem historischen Ereignis Joseph „Mutt" Summers, der Cheftestpilot von Vickers Ltd., das Supermarine 1928 übernommen hatte. Ursprünglich als Type 300 bekannt, taufte man sie bald „Spitfire" (der Name „Shrew" (Spitzmaus) war in Erwägung gezogen, aber glücklicherweise verworfen worden). Die neue Maschine war damals unzweifelhaft der modernste Jäger der Welt. Leider verstarb Mitchell, bevor er den Triumph seiner Schöpfung erleben konnte. Ursprünglich plante man – analog zum damals glücklicherweise eingeleiteten Expansion Scheme der RAF – 310 Stück. Als erste Kampfeinheit der RAF erhielt im August/September 1938 das Geschwader No.19 in Duxford seine Maschinen. Als im September 1939 der Zweite Weltkrieg ausbrach, waren neun solche Einheiten der RAF mit Spitfires ausgerüstet.

Die K5054 war der Prototyp der Spitfire – erstes Flugzeug der Baureihe und Geburt einer Legende. Die ersten Serienmodelle ähnelten dem Prototyp, trugen aber einen Tarnanstrich und besaßen bereits die 8 MGs, auf denen die Kampfkraft der Spitfire beruhte.

Eindrucksvolle Studie einer Spitfire im Flug. Aus diesem Winkel erkennt man gut die typische elliptische Kontur der Flügel, ein Markenzeichen der Spitfire.

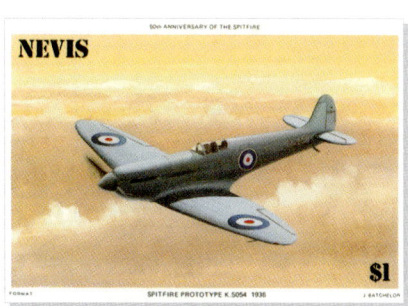

Technische Daten – Supermarine Spitfire Mk.IA

Spannweite	11,23 m
Länge	9,12 m
Höchstgeschwindigkeit	583 km/h (in 5640 m Höhe)
Dienstgipfelhöhe	9720 m
Aktionsradius	etwa 640 km
Bewaffnung	Acht starr nach vorn feuernde 7,7-mm-MGs
Antrieb	1 Reihenmotor Rolls-Royce Merlin II (1030 PS)
Besatzung	1 Mann

Fiat C.R.32

Obwohl Jagddoppeldecker in vielen flugzeugbauenden Ländern Anfang bis Mitte der 1930er-Jahre allmählich aus der Mode kamen, spielten sie in einigen Staaten bei Entwicklungs- und Beschaffungsprogrammen weiterhin eine wichtige Rolle. In Italien erlebte die Luftwaffe trotz der Prahlereien Benito Mussolinis eine Periode von Fehlanschaffungen, Ausbildungsmängeln und fehlender Unterstützung für moderne Projekte. Obwohl er sich während des Bürgerkriegs an Spaniens Himmel bewährte, war der Doppeldecker Fiat C.R.32 als Frontflugzeug überholt, als im Juni 1940 Italiens Eintritt in den Zweiten Weltkrieg erfolgte; dennoch bestand die Jägerstreitmacht des Landes damals zu mehr als zwei Dritteln aus Doppeldeckern. Die C.R.32 war eine logische Fortentwicklung der C.R.20 von 1926 und der verbesserten, vielseitigeren C.R.30, die erstmals 1933 flog. Von der im Grunde robusten und wendigen C.R.32 gab es vier Hauptvarianten: Sie unterschieden sich hinsichtlich der Motoren, der Bewaffnung oder der Ausrüstung, und insgesamt wurden etwa 1212 Stück aller Varianten gebaut. Ihre besten Tage erlebte die C.R.32 in Spanien, wo sie auf Seiten der unter General Franco gegen die republikanische Regierung rebellierenden Nationalisten flog, die sie auch selbst einsetzten. Dabei zeigte sie sich manchmal ihrem wichtigsten Gegner, dem russischen Doppeldecker Polikarpow I-15 gewachsen; im Nahkampf galt dies auch für den Eindecker Polikarpow I-16. In den Luftkämpfen über Spanien spielte oft das fliegerische Können der Piloten die wichtigste Rolle. Der Italiener Mario Bonzano und der Nationalspanier Juan García Morato (35 Luftsiege) waren in der C.R.32 besonders erfolgreich. Die italienischen Streitkräfte verwendeten den Typ auch in anderen Konflikten, etwa bei den Luftkämpfen in Ostafrika zu Anfang des Zweiten Weltkriegs; dort wurden sie allerdings sehr schnell

Unmittelbare Vorläuferin der C.R.32 war die hier abgebildete C.R.30. Beide waren robuste, brauchbare Flugzeuge, die C.R.32 besonders wendig (Foto: Sammlung Philippe Jalabert).

Die hier abgebildete Fiat C.R.30 besaß Flügelstreben vom Warren-Typ, die auf die Ansaldo S.V.A.5 aus dem Ersten Weltkrieg zurückgingen und auch bei der Fiat C.R.32 sowie der späteren C.R.42 zu finden waren (Foto: Sammlung Philippe Jalabert).

von moderneren britischen Jägern wie dem Eindecker Hawker Hurricane übertroffen. Exportmaschinen gingen in mehrere Länder, v. a. nach Ungarn und Österreich. Auch in Spanien baute man einige Exemplare.

So etwa sah die Fiat C.R.32 im Spanischen Bürgerkrieg aus. Dieser Typ spielte im Luftkrieg eine wichtige Rolle, und einige seiner Piloten errangen auf Seiten der Franco-Rebellen Luftsiege über die Republikaner.

Technische Daten – Fiat C.R.32 (frühe Serienversion)

Spannweite	9,5 m
Länge	7,45 m
Höchstgeschwindigkeit	375 km/h (in 3000 m Höhe)
Dienstgipfelhöhe	8800 m
Aktionsradius	750 km
Bewaffnung	Zwei starr nach vorn feuernde 7,7-mm-MGs
Antrieb	1 Reihenmotor Fiat A.30 RA (600 PS)
Besatzung	1 Mann

Heinkel He 115

Die Heinkel He 115 bildete den Höhepunkt einer Reihe erfolgreicher Wasserflugzeuge der Firma Heinkel. Ihre direkte Vorgängerin war der Zwei-Schwimmer-Doppeldecker Heinkel He 59, der erstmals Anfang der 1930er-Jahre flog und bei der Luftwaffe viel verwendet wurde – zuletzt noch im Zweiten Weltkrieg als Seenotrettungsflugzeug. Als sein Nachfolger wurde die He 115 zu einem der wichtigsten Küsten-/Hochseeaufklärer und Kampfflugzeuge des Zweiten Weltkriegs. Ihre erste Version, die He 115V1, brach im März 1938 mehrere internationale Wasserflugzeugrekorde und offenbarte das Leistungspotenzial dieses Typs. Sie leistete der Luftwaffe sehr gute Dienste und ging vor Kriegsausbruch auch in kleinen Stückzahlen an Norwegen und Schweden. Für die Luftwaffe wurden 1939 mehrere Varianten der Baureihe He 115A gefertigt; ihnen folgte 1939 die Serie He 115B, die auch in der Anfangsphase des Krieges zum Einsatz kam. Die He 115 konnte als Seeflugzeug Bomben oder Magnetminen mitführen, während andere Varianten einen Torpedo trugen. Sie besaß eine leichte Bewaffnung, die aber ab 1941 bei einigen Maschinen durch eine nach vorn feuernde Kanone erheblich verstärkt wurde, nachdem der Typ sein Angriffspotenzial bewiesen hatte. Wenig später nahm man die Produktion mit der He 115E wieder auf: Sie ähnelte der C-Serie, war aber unterschiedlich bewaffnet. Insgesamt entstanden etwa 400 (möglicherweise bis zu 500) He 115 aller Modelle. Besonders effektiv zeigte sich die He 115 in der Frühphase des Krieges, vor allem über dem Ärmelkanal, der Nordsee, dem Eismeer und den Küsten der Ostsee. Vor allem die von diesen Flugzeugen gelegten Magnetminen wirkten verheerend und bereiteten den Alliierten zeitweise große Probleme. Ein kleiner Teil der an Norwegen gelieferten Maschinen konnte 1940 bei der Besetzung des Landes nach Großbritannien entkommen, und wenigstens eine davon diente später zum heimlichen Absetzen von Agenten.

Dieses Bild zeigt eine Maschine der Luftwaffe.

Das obige (stark retuschierte) Foto lässt gut die Stromlinienformen des Eindeckers He 115 (hier eine frühe Version) und die großen Zwillingsschwimmer erkennen (Foto: Sammlung Hans Meier).

Seitenansicht einer Maschine im Dienst der Luftwaffe.

Technische Daten – Heinkel He 115B-1

Spannweite	22 m
Länge	17,3 m
Höchstgeschwindigkeit	327 km/h (in 3400 m Höhe)
Dienstgipfelhöhe	5200 m
Aktionsradius	3350 km
Bewaffnung	Zwei 7,92-mm-MGs, verschiedene Kombinationen von Magnetminen oder Bomben
Antrieb	2 Sternmotoren BMW 132K (je 960–970 PS)
Besatzung	3 Mann

Savoia-Marchetti S.M.79 und S.M.81

Maschinen mit drei Motoren erfreuten sich in den 1920er- und 1930er-Jahren großer Beliebtheit und wurden auch von Firmen wie Ford, Junkers und Fokker gebaut. In Italien produzierte das Unternehmen Savoia-Marchetti neben seinen Doppelrumpf-Flugbooten (s. S. 220–221) und anderen Modellen auch eine breite Palette dreimotoriger Zivil- und Militärflugzeuge. Das bedeutendste davon war die S.M.79, die zu den wenigen „Auserwählten" aus der ersten Hälfte der 1930er-Jahre zählte, die noch bis zum Ende des Zweiten Weltkriegs nützliche Dienste verrichteten. Die S.M.79 Sparviero („Sperber") gehörte auch zur damals neuen Generation von Tiefdeckern mit freitragenden Flügeln und einziehbarem Fahrwerk, die sich gleichermaßen als Passagierflugzeuge und Bomber eigneten. Die erste Maschine flog Ende 1934 und war als achtsitziges Linienflugzeug gedacht, brachte aber so gute Leistungen, dass man sie zum Bomber der Regia Aeronautica (Kgl. Luftwaffe) fortentwickelte. Die erste Bomberversion war die S.M.79-I. Wie mehrere andere italienische und deutsche Flugzeuge dieser Zeit erlebte sie ihre Feuertaufe im Spanischen Bürgerkrieg bei den Italienern, die auf Seiten der rebellierenden Nationalisten unter General Franco kämpften. Die S.M.79 wurde später zum Torpedobomber weiterentwickelt: Die S.M.79-II von 1937/38 konnte zwei dieser Geschosse unter dem Rumpf bzw. den Flügelansätzen tragen. In Italien baute man etwa 1330 Stück aller Varianten. Der Typ war im Zweiten Weltkrieg der wichtigste mittlere Bomber der italienischen Streitkräfte und kämpfte auf mehreren Kriegsschauplätzen mutig, wenn auch letztlich erfolglos. Nach der Kapitulation Italiens 1943 flog die S.M.79 infolge der Spaltung der Streitkräfte für die „Achse" und die Alliierten; bei Kriegsende war sie immer noch im Einsatz, wenn auch meist für nachgeordnete Aufgaben. Es gab auch eine zweimotorige Variante, bei welcher der mittlere Motor fortfiel; sie wurde v.a. an Rumänien und den Irak geliefert. Rumänien verwendete den Typ sehr viel und baute ihn auch in Lizenz nach. Zu den dreimotorigen Maschinen von Savoia-Marchetti gehörte auch die S.M.81 Pipistrello („Fledermaus"), ein Transporter/Bomber mit starrem Fahrwerk. Sie kam in Spanien, im Kolonialkrieg gegen Abessinien und im Zweiten Weltkrieg zum Einsatz.

Die S.M.79 war der wichtigste italienische Bomber des Zweiten Weltkriegs.

Eine in Nordafrika erbeutete italienische S.M.79 – nun mit britischen Hoheitszeichen (Foto: Sammlung John Batchelor).

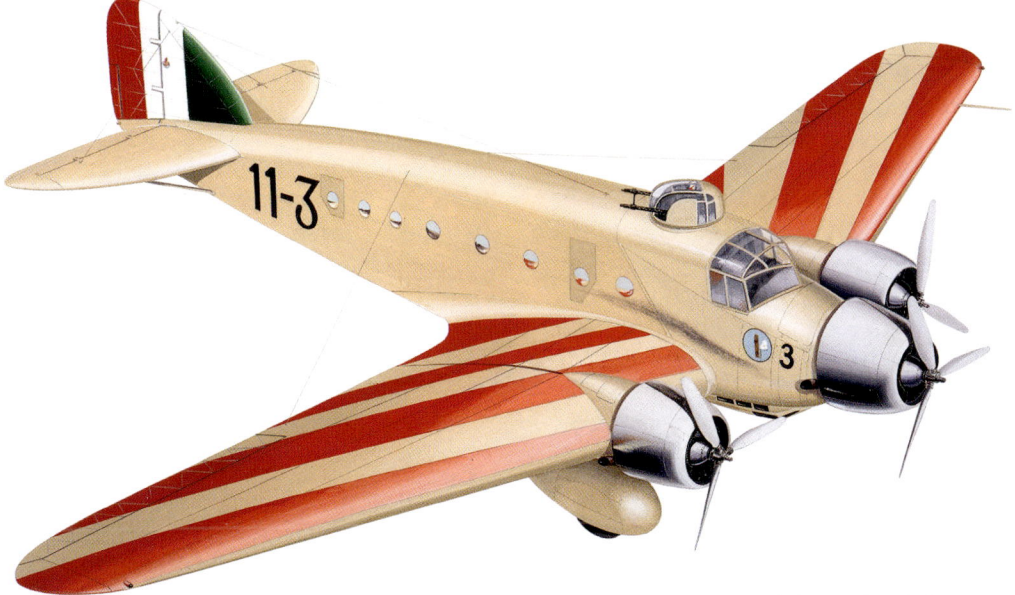

Die S.M.81 besaß ein starres Fahrwerk und diente den Italienern als Transporter und Bomber (häufig bei Nachteinsätzen).

Technische Daten – Savoia-Marchetti S.M.79-I

Spannweite	21,2 m
Länge	16,2 m (manchmal werden auch 15,8 m angegeben)
Höchstgeschwindigkeit	435 km/h (in 3800 m Höhe)
Höchstes Startgewicht	10500 kg
Aktionsradius	etwa 1900 km
Dienstgipfelhöhe	7000 m
Bewaffnung	Drei 12,7-mm- und ein 7,7 mm-mm-MG, bis zu 1250 kg innen mitgeführte Bomben
Antrieb	3 Sternmotoren Alfa Romeo 126 RC.34 (je 750–780 PS)
Besatzung	4 oder 5 Mann

Curtiss Hawk/Mohawk Series

Die durch ihre Wasserflugzeuge und Jagd- oder Schuldoppeldecker für das US-Militär bekannte Firma Curtiss begann 1934 mit der Entwicklung eines fortschrittlichen Ganzmetall-Jagdeindeckers. Die als Curtiss Model 75 bezeichnete Maschine war ein stromlinienförmiger Eindecker mit Einziehfahrwerk und geschlossenem Cockpit. Der Prototyp flog im Mai 1935 und kam beim vorgezogenen Wettbewerb um einen neuen, modernen Jagdeinsitzer für das US Army Air Corps hinter dem späteren Jäger Seversky P-35 auf den zweiten Platz. Die US-Regierung sah jedoch endlich ein, dass ihre Doppeldecker-Streitmacht früher oder später von der Entwicklung in anderen Ländern überholt sein würde. Deshalb ging der Curtiss-Jäger im Juli 1937 als P-36 in Produktion. Auf ein erstes Kontingent von Testmaschinen (Y1P-36) folgte als erstes Serienmodell die P-36A. Ihre Auslieferung an das USAAC begann im Frühjahr 1938; bestellt waren 180 und 30 verbesserte, schwerer bewaffnete P-36C. Damals gehörten sie zu den moderneren Typen des US-Arsenals. Als die USA jedoch ab Dezember 1941 in den Zweiten Weltkrieg verwickelt wurden, waren sie überholt, wenngleich einige bei den ersten Kämpfen mit den Japanern über dem Pazifik zum Einsatz kamen. Die Model 75 erregte auch bei Kunden in Übersee Interesse; sie und verwandte Modelle wurden direkt oder mittelbar an Frankreich, Norwegen, die Niederlande und andere Staaten geliefert. Eine Variante mit starrem Fahrwerk erwarben China, Thailand und Argentinien (das sie auch in Lizenz nachbaute). Die Model 75 wurde überwiegend mit zwei Typen von Sternmotoren ausgerüstet, dem Pratt & Whitney Twin Wasp oder dem

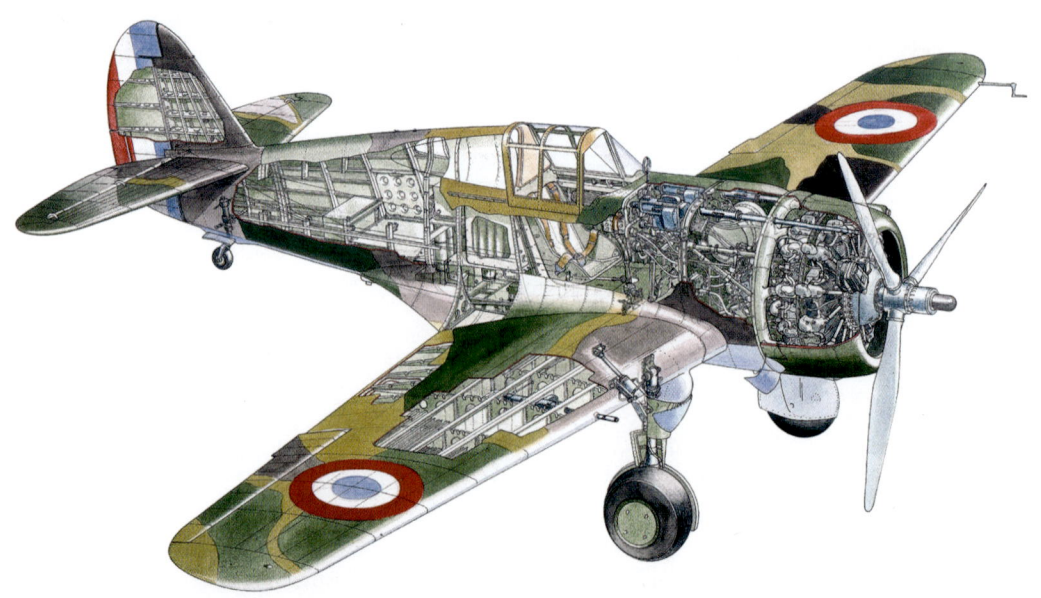

Frankreich erhielt mindestens 316 Hawk 75. Die Abbildung zeigt eine frühe 75 A-1 mit 2 MGs in den Flügeln – spätere Versionen besaßen deren 4.

Eine frühe für Frankreich bestimmte Serienmaschine Hawk 75 vor der Auslieferung; am Seitenruder ist sie als Curtiss H 75 C.1 gekennzeichnet (Foto: Curtiss-Wright).

Wright Cyclone. Wichtigster ausländischer Abnehmer war Frankreich, das vier verschiedene Typen der Hawk einsetzte (einen mit Cyclone-Motor). Sie waren der beste dort verfügbare Jäger, als im Mai 1940 die „Schlacht um Frankreich" entbrannte. Unter guten Piloten und mit vernünftigen Einsatzdoktrinen waren sie ihren deutschen Widersachern gewachsen. Nach der Kapitulation dienten viele der Vichy-Regierung, während Großbritannien dorthin ausgeflogene und für Frankreich vorgesehene Maschinen als „Mohawks" einsetzte. Viele dienten als Schulflugzeuge, doch einige flogen in Burma gegen die Japaner.

Eine Curtiss P-36A der 35th Pursuit Squadron des USAAC mit dem farbenfrohen Anstrich der Zeit vor dem Kriegseintritt der USA.

Technische Daten – Curtiss P-36C Hawk

Spannweite	11,38 m
Länge	8,69 m
Höchstgeschwindigkeit	500 km/h (in 3050 m Höhe)
Dienstgipfelhöhe	10 270 m
Aktionsradius	etwa 1320 km
Bewaffnung	Ein 12,7-mm- und drei 7,62-mm-MGs
Antrieb	1 Sternmotor Pratt & Whitney R-1830-17 Twin Wasp (1200 PS)
Besatzung	1 Mann

Hawker Hurricane

Obwohl sie in Berichten über den Zweiten Weltkrieg oft von der überragenden Spitfire in den Schatten gestellt wird, war die Hawker Hurricane ein wichtiger Jäger, der noch vor der Spitfire zum Einsatz kam und zusammen mit ihr in der Anfangsphase des Krieges bei der Verteidigung Großbritanniens eine entscheidende Rolle spielte. Hawker hatte als Hersteller von klassischen Doppeldecker-Kampfflugzeugen wie der Fury (s. S. 252–253) Bedeutung erlangt. Wie andernorts geschildert, trat der schnelle Jagdeinsitzer Mitte der 1930er-Jahre auf den Plan, traf aber häufig in jenen (oft amtlichen) Kreisen auf Widerstand, die am Doppeldecker festhielten. Glücklicherweise gab es in Großbritannien auch Leute, welche die Zukunft des Eindeckers voraussahen, sodass das Land genug moderne Jäger besaß, um der deutschen Luftwaffe standzuhalten. 1933 begann Hawkers Chefingenieur Sydney Camm auf eigenes Risiko mit der Arbeit an einem Jagdeindecker. Im weiteren Verlauf der Entwicklung erhielt dieser ein einziehbares Fahrwerk (mit größerer Spurweite als bei der Spitfire), und auch der Einbau des neuen Merlin-Motors von Rolls-Royce war Teil des Konzepts. Der wunderbar stromlinienförmige Prototyp flog am 6. November 1935, wenige Monate vor der Spitfire. Obwohl er für seine Zeit modern war, trugen große Teile von Rumpf und Tragflächen eine Stoffbespannung – ganz im Gegensatz zur Spitfire und Messerschmitt Bf 109 mit ihren fortschrittlichen verstärkten Hüllen. Im Juni erhielt Hawker den Auftrag zur Produktion von 600 Maschinen – mittlerweile hatte das britische Luftfahrtministerium glücklicherweise den Wert von Jagdeindeckern erkannt (obwohl man weiterhin Aufträge für einige Doppeldecker vergab). Die erste Serienmaschine der Hawker Mk.I flog am

Die Hawker Hurricane war das erste Eindecker-Jagdflugzeug der RAF und ein hervorragender Waffenträger für ihre 8 Flügel-MGs – hier der Prototyp K5083.

Dieses Gemälde zeigt die Hurricane in ihrem ureigensten Element.

12. Oktober 1937, und ab Ende 1937 wurden weitere Exemplare an die Royal Air Force ausgeliefert; die frühesten gingen an das Geschwader No.111. Auch im Ausland zeigte man großes Interesse an der Hurricane: Jugoslawien und Belgien bestellten die Maschine und bereiteten sich auf ihre Lizenzproduktion vor. Als Bewaffnung waren zunächst vier MGs vorgesehen, aber zum Glück versah man die Hurricanes schließlich – wie die frühen Spitfires – mit acht wahrhaft furchterregenden MGs. Die Hurricane Mk.I trug in mehreren Teilen der Erde die Hauptlast der ersten Luftkämpfe des Zweiten Weltkriegs, vor allem während der „Luftschlacht um England". Sie bewährte sich gegen manche Gegner gut, war jedoch anderen unterlegen.

Technische Daten – Hawker Hurricane Mk.I

Spannweite	12,19 m
Länge	9,55 m (auch andere Angaben sind überliefert)
Höchstgeschwindigkeit	522 km/h (in 6100 m Höhe)
Dienstgipfelhöhe	10 400 m
Aktionsradius	etwa 850 km
Bewaffnung	Acht starr nach vorn feuernde 7,7-mm-MGs
Antrieb	1 Reihenmotor Rolls-Royce Merlin II oder III (1030 PS)
Besatzung	1 Mann

Polikarpow I-16

Die winzige Polikarpow I-16 hat aus mehreren Gründen Anspruch auf Berühmtheit: Obwohl sie klein und bei Russlands Verwicklung in den Zweiten Weltkrieg offensichtlich überholt war, gehörte sie zu den wichtigsten Jägern der Anfangsphase dieses Konfliktes und schlug sich auch in anderen Kriegen gut. In den frühen und mittleren 1930er-Jahren spielte sie eine Vorreiterrolle auf dem Weg zum einsitzigen, einmotorigen Eindecker mit freitragenden Flügeln, der die Zukunft prägen sollte. Sie besaß als eines der ersten Jagdflugzeuge dieses Typs ein einziehbares Fahrwerk, und die Russen behaupteten oft, sie sei sogar der erste moderne Jagdeindecker mit Einziehfahrwerk gewesen, der in großer Zahl zum Fronteinsatz kam. Die I-16 wurde etwa zur gleichen Zeit wie die I-15 entworfen, vertrat jedoch eine völlig anders geartete Konzeption. Der erste Prototyp flog im Dezember 1933. Als Antrieb der anfangs TsKB-12 genannten Maschine diente ein Sternmotor vom Typ M-22. Darauf folgte Anfang 1934 ein zweites Modell mit amerikanischem Sternmotor (Wright Cyclone), mit dessen sowjetischen Nachbauten man einige der späteren Serienmaschinen ausrüstete. Die I-16 war ein kleines, für unerfahrene Piloten schwer zu handhabendes Flugzeug. Sie besaß einen hauptsächlich aus Holz bestehenden Semi-Monocoque-Rumpf, während das Metallgerüst der Tragflächen bei manchen Varianten z. T. eine Sperrholzverkleidung aufwies. Das erste wichtige Serienmodell war der Typ 4 mit M-22-Motor; die frühesten Maschinen wurden 1934 in einer Fabrik in der Moskauer Region gefertigt. Später erfolgte die Produktion in Gorki und Nowosibirsk, und in den Folgejahren entstand eine Reihe von nach und nach verbesserten bzw. modifizierten

Varianten. Dies betraf u. a. Verbesserungen an der Bewaffnung und der Motorleistung; den Höhepunkt bildeten die Typen 24 und 29, die wohl die besten von allen waren. Der Typ 24 (1939) wurde von einem Motor des Typs Schwetsow M-63 angetrieben, der vom M-62 einiger früherer Serienmodelle abgeleitet war; diese Variante wurde bis 1940 zur wichtigsten Serienmaschine. Russische Quellen sprechen von 9450 I-16 aller Versionen. Es gab auch ein zweisitziges Schulflugzeug (teils mit starrem Fahrwerk), von dem etwa 1895 gebaut wurden. Die I-16 nahm an vielen Kämpfen teil: Sie flog im Spanischen Bürgerkrieg für die Republikaner, 1939 für die Russen gegen Japan, und vor allem nach dem deutschen Überfall auf die Sowjetunion gegen die Invasoren. Viele wurden in den ersten Tagen am Boden zerstört, aber der Typ blieb bis 1943 im Fronteinsatz, zuletzt ebenso häufig als Erdkampf- wie als Jagdflugzeug.

Technische Daten – Polikarpow I-16 (Typ 24)

Spannweite	9 m
Länge	6,13 m
Höchstgeschwindigkeit	490 km/h (in 4780 m Höhe)
Dienstgipfelhöhe	10800 m
Aktionsradius	über 400 km
Bewaffnung	Vier starr nach vorn feuernde 7,62-mm-MGs, unter den Flügeln konnten ballistische Raketen mitgeführt werden
Antrieb	1 Sternmotor Schwetsow M-63 (1100 PS)
Besatzung	1 Mann

Messerschmitt Bf 109B

Die Messerschmitt Bf 109 sollte eines der großen Flugzeuge der Geschichte werden; sie erwies sich bei ihrem ersten Einsatz über Spanien als großer Erfolg und spielte später im Zweiten Weltkrieg für Deutschland eine Schlüsselrolle. Die Ursprünge dieses in großer Zahl und vielen Abwandlungen gebauten Typs reichen bis in die ersten Jahre nach der „Machtergreifung" zurück: Die Bayerischen Flugzeugwerke (später Messerschmitt), begannen damals mit der Entwicklung eines hervorragenden Ganzmetalljägers, der zum Teil auf dem modernen leichten Reiseflugzeug Bf 108 basierte. Das neue Flugzeug entstand unter tätiger Mitwirkung des hochbegabten Willi Messerschmitt als eleganter, stromlinienförmiger Eindecker mit freitragenden Flügeln und einziehbarem Fahrwerk. Das Heckleitwerk ruhte bei frühen Modellen auf Streben, die später fortfielen. Ursprünglich war ein verstärkter Motor des Typs Junkers Jumo vorgesehen, doch am Ende baute man den Kestrel von Rolls-Royce ein. Der Erstflug erfolgte im September 1935, wenige Monate vor dem der Supermarine Spitfire (s. S. 274–275), die später einer ihrer Hauptgegner werden sollte. Unter dem Namen Bf 109 setzte sie sich in einem Wettbewerb um den neuen Standardjäger der Luftwaffe gegen drei Konkurrenten durch, erhielt einen Entwicklungsvertrag und wurde in großer Zahl produziert. Die ersten Serienmaschinen lieferte man im Februar 1937 aus. Einige davon gingen an das nach dem Jäger-As des Ersten Weltkriegs benannte Elite-Jagdgeschwader JG 132 „Richthofen". Die Bf 109 bekam sogleich Gelegenheit, sich im Kampf zu bewähren: Im Spanischen Bürgerkrieg wurden Doppeldecker Heinkel He 51 der Legion Condor stark von den Polikarpow I-15 der Republikaner bedrängt. Daraufhin

So etwa sah eine Bf 109 der Legion Condor im Spanischen Bürgerkrieg aus. Die Maschine besitzt einen Metallpropeller, der die hölzerne Luftschraube früher Baureihen der Bf 109 ersetzte.

schickte man drei Testmaschinen der Bf 109 nach Spanien, denen im Frühjahr 1937 eine Reihe ausgereifter Bf 109B mit deutschen Piloten folgte. Es steht außer Zweifel, dass die nun und später erzielten Erfolge dieser Jäger in ganz erheblichem Maße zum Endsieg der nationalistischen Rebellen im Bürgerkrieg beitrugen. Nach dieser gründlichen Kampferprobung errangen spätere Versionen der Bf 109 auch im Zweiten Weltkrieg große Erfolge.

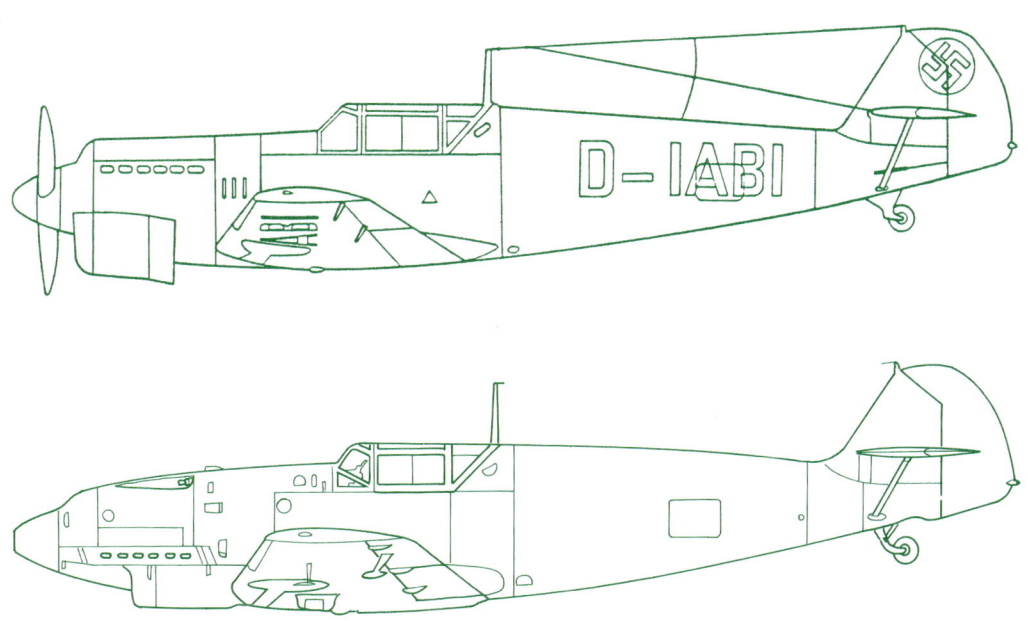

Die D-IABI war die allererste Bf 109 (bzw. Bf 109V1) und wurde ironischerweise von einem Kestrel-Motor der Firma Rolls-Royce angetrieben. Der untere Seitenriss zeigt die Grundausführung der auch als Bf 109B-2 bekannten späteren Bf 109B.

Technische Daten – Messerschmitt Bf 109B-1

Spannweite	9,87 m
Länge	8,55 m
Höchstgeschwindigkeit	470 km/h (in 4500 Höhe)
Dienstgipfelhöhe	9000 m
Aktionsradius	650 km
Bewaffnung	Zwei oder drei starr nach vorn feuernde 7,92-mm-MGs
Antrieb	1 Reihenmotor Junkers Jumo 210D oder Da (680 PS)
Besatzung	1 Mann

Bristol Blenheim (frühe Modelle)

Die Bristol Blenheim war ein wichtiger Tagbomber der frühen und mittleren Phasen des Zweiten Weltkriegs; als man sie 1937 in Dienst stellte, wurde die Schlagkraft der RAF erheblich gesteigert. Vorher hatten sich die mittleren Bomber Großbritanniens vorwiegend aus Doppeldeckern wie der Hawker Hart und Hind (s. S. 256–257) zusammengesetzt. Der stromlinienförmige Ganzmetall-Schulterdecker mit Einziehfahrwerk wurde auf eigenes Risiko in einem Exemplar als zweimotorige Transportmaschine für einen Zeitungszaren gebaut: 1934 erfuhr Lord Rothermere, Eigentümer der „Daily Mail", davon, dass man bei der Firma Bristol einen schlanken Zweimotor-Eindecker entwickelte, der sich als leichtes Reiseflugzeug eignete. Auf Rothermeres Ersuchen wurde dieser als Type 142 gebaut und „Britain First" getauft. Er flog im April 1935 und sorgte für eine Sensation, da seine Schnelligkeit mehrere Jäger erblassen ließ. Das britische Luftfahrtministerium und mehrere andere Länder (u. a. Finnland) zeigten sofort Interesse an der Bomberversion der Type 142. Aus dieser wurde daraufhin bei Bristol unverzüglich die Blenheim entwickelt. Tatsächlich war sie eine erheblich umgearbeitete Fassung der „Britain First": So hatte man die Tragflächen auf halbe Rumpfhöhe verlegt, unten einen Bombenschacht eingebaut und viele andere Änderungen vorgenommen, um ein Kampfflugzeug zu schaffen. Die erste Blenheim flog am 25. Juni 1936, und die ersten Standard-Serienmaschinen wurden ab März 1937 ausgeliefert – zuerst an das Geschwader No.114 der RAF. In mehreren Ländern zeigte man großes Interesse an der Blenheim, und schließlich ging sie an Finnland, Jugoslawien und die Türkei; die beiden letztgenannten bauten sie auch in Lizenz. Bei der RAF diente die MK.I als Tagbomber oder Jäger (Mk.IF); in der zweiten Rolle wurde ein Waffenbehälter mit vier 7,7-mm-Mgs unter dem Rumpf montiert. Britische, finnische und jugoslawische Blenheim I wurden in der Frühphase des Zweiten Weltkriegs voll in die Kämpfe verwickelt, erwiesen sich aber im Allgemeinen als zu leicht bewaffnet und gepanzert. Eini-

Die Blenheim Mk.I wurde in der Anfangphase des Zweiten Weltkriegs viel eingesetzt, erwies sich aber in ihrer Ursprungsform als zu verwundbar für Jägerattacken.

Vorläuferin der Bristol Blenheim war eine Privatentwicklung, die „Britain First"; sie besaß keine besonderen Flugeigenschaften und wurde für den Eigentümer der „Daily Mail" gebaut (Foto: B.A.C. Filton).

ge britische Blenheim-Jäger dienten nach Einbau von Radargeräten als Nachtjäger. Die weitere Entwicklung führte zur verbesserten Blenheim Mk.IV.

Es wurden etwa 1415 Blenheim Mk.I gebaut; eine Lizenzproduktion erfolgte überdies in Finnland und Jugoslawien.

Technische Daten – Bristol Blenheim Mk.I

Spannweite	17,17 m
Länge	12,12 m
Höchstgeschwindigkeit	460 km/h (in 4570 m Höhe)
Höchstes Startgewicht	5560 kg
Aktionsradius	etwa 1800 km
Dienstgipfelhöhe	8315 m
Bewaffnung	Ein starr nach vorn feuerndes 7,7-mm-MG, ein weiteres im Turm, bis zu 113 kg innen mitgeführte Bomben
Antrieb	2 Sternmotoren Bristol Mercury VIII (je 840 PS)
Besatzung	3 Mann

Morane-Saulnier M.S.406

Die Morane-Saulnier genießt den Ruhm, Frankreichs erster wirklich „moderner" Jäger gewesen zu sein, bot aber eine seltsame Mischung altertümlicher und moderner Züge. Der Eindecker mit freitragenden Flügeln besaß ein Einziehfahrwerk und ein geschlossenes Cockpit, gleichzeitig aber so veraltete Elemente wie ein auf Streben ruhendes Höhenleitwerk und eine teilweise mit Stoff bespannte Rahmenkonstruktion. Dennoch bildete die M.S.406 zahlenmäßig das Rückgrat der französischen Luftwaffe, als am 10. Mai 1940 die deutsche Invasion anlief. Bei den unerbittlichen Luftkämpfen, die in der Folge entbrannten, stellte sich jedoch heraus, dass sie zu schwach bewaffnet und fliegerisch unterlegen war. Die M.S.406 ging auf das Jahr 1934 zurück; damals wurde eine Spezifikation für einen neuen Jäger mit größerer Feuerkraft und (für diese Zeit) hoher Geschwindigkeit herausgegeben. Es gab fünf Hauptbewerber, doch den Sieg trug das Modell Morane-Saulnier M.S.405 davon. Es flog erstmals am 8. August 1935; ihm folgte eine Reihe Vorserienexemplare, die im März 1937 bestellt wurden. Ein Auftrag über Serienmodelle erging etwas später; sie erhielten die Bezeichnung M.S.406. In die Fertigung teilten sich mehrere von Frankreichs kurz vorher verstaatlichten Flugzeugfirmen. Die Endmontage erfolgte bei der Mutterfirma und bei S.N.C.A.O. in Nantes. Der Bau der für diesen Typ vorgesehenen Hispano-Suiza-Motoren blieb jedoch hinter allen Planzielen zurück, sodass man die ersten Serienmaschinen erst Ende 1938/Anfang 1939 ausliefern konnte. Auch danach verzögerten fehlende Ausrüstungsteile die Indienststellung. Am 10. Mai 1940 waren erst zehn Jagdgruppen der Armée de l'Air voll mit M.S.406 ausgerüstet. Bis zur Kapitulation Frankreichs trafen 1098 Exemplare bei der Truppe ein. Die M.S.406 war auch als Export nach Finnland, der Türkei und der Schweiz ein gewisser Erfolg. Ein verbessertes Schweizer Modell

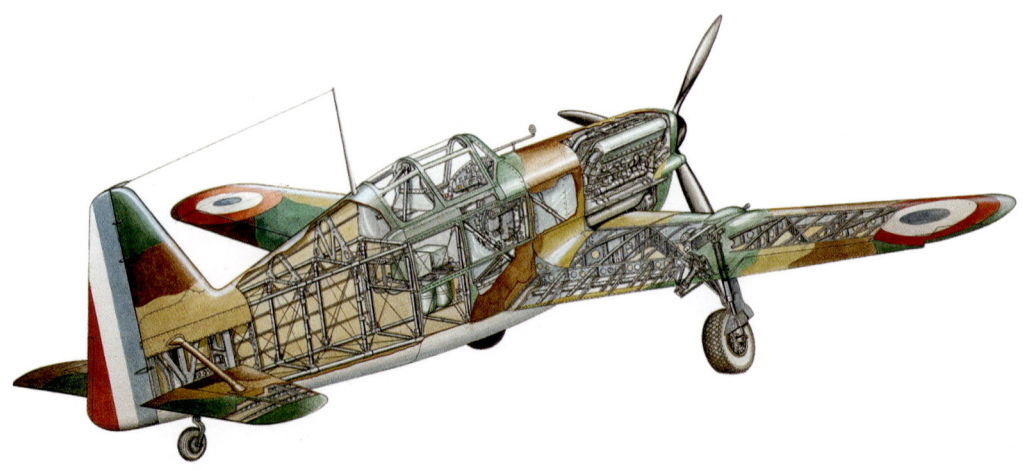

Die M.S.406 war eine recht konventionelle Konstruktion mit geschweißtem Rumpfrahmen, der innen mit Draht verspannt und teilweise mit Stoff verkleidet war – die Flügel und ein Teil des Rumpfes jedoch mit „Plymax", einer Kombination aus Sperrholz und Aluminium.

Ein Vorserien- beziehungsweise Testmodell der M.S.405 im Flug. Die Serienausführung M.S.406 war mit einer durch den Propellerkreis feuernden Motorkanone bewaffnet, die aber offenbar nicht alle Maschinen besaßen.

wurde dort in Lizenz gebaut, und einige finnische Maschinen erhielten als Morko Morane erbeutete russische Motoren. Einige Flugzeuge mit finnischen Crews kamen vielleicht noch 1944 erfolgreich gegen die Russen zum Einsatz.

1939/40 erschien eine Version mit anderer Flügelbewaffnung, die M.S. 410.

Hier sieht man das Cockpit der M.S.406, bei dem die wichtigsten Instrumente auf dem zentralen Armaturenbrett gruppiert sind. (Foto: John Batchelor)

Technische Daten – Morane-Saulnier M.S.406C.1

Spannweite	10,6 m (nach anderen Quellen 10,62 m)
Länge	8,15 m (nach anderen Quellen 8,17 m)
Höchstgeschwindigkeit	490 km/h (in 4500 m Höhe)
Dienstgipfelhöhe	10 000 m
Aktionsradius	720 km
Bewaffnung	Eine 20-mm-Kanone im Motor, zwei starr nach vorn feuernde 7,5-mm-MGs in den Flügeln
Antrieb	1 Reihenmotor Hispano-Suiza 12Y31 (860 PS)
Besatzung	1 Mann

Boeing Model 247

Obwohl sie nur recht kurze Zeit im Rampenlicht stand, kann die Boeing Model 247 mit Recht als erstes „modernes" Linienflugzeug der Welt gelten. Sie bildete den Ausgangspunkt einer Revolution, die für den bei manchen Herstellern so beliebten Doppeldecker das Ende bedeutete, und kündigte ein neues Zeitalter schneller, leistungsfähiger Transportmaschinen an. Auch beim Aufstieg von Boeing zu einem bis heute wichtigen Flugzeugproduzenten markierte sie eine bedeutende Etappe. Sie stellte überdies einen wichtigen Schritt auf dem Weg zu jüngeren Boeing-Flugzeugtypen wie der B-17 Flying Fortress und B-29 Superfortress im Zweiten Weltkrieg dar. Die erste Model 247 flog am 8. Februar 1933. Damals hatte Boeing mit dem Eindecker-Postflugzeug Boeing Monomail im Bau von Ganzmetallmaschinen Neuland betreten, und der Eindecker-Ganzmetallbomber M.S.410 wurde mit seinem Einziehfahrwerk für das US Army Air Corps zu einem bahnbrechenden Flugzeug – auch wenn man ihn nur in kleiner Zahl bestellte. Das Linienflugzeug Model 247 war ein schlanker Eindecker in Ganzmetallbauweise mit Einziehfahrwerk und Enteisungsmechanismus, der auch bei Ausfall eines Motors noch gut (wenn auch nicht überragend) flog. Frühe Maschinen besaßen eine seltsame nach vorn geneigte Windschutzscheibe. Als man sie bei den Fluglinien des Boeing-Konzerns einführte, sorgten sie für eine Sensation; die ersten wurden im März 1933 ausgeliefert. Nach der Entflechtung des Mischkonzerns flog die Model 247 vor allem bei United Airlines, die aus Boeing Air Transport hervorgingen. Gegenüber Boeings vorigem Serienmodell, dem Doppeldecker Boeing Model 80/80A, bedeutete sie einen gewaltigen Fortschritt, und sie konnte es gut mit der rivalisierenden Ford Tri-Motor aufnehmen. Schon bald führte aber Douglas in großer Zahl die DC-2 und dann die hervorragende DC-3 (s. S. 214–215) ein, welche die Model 247 überholt wirken ließen. Von der Standardversion wurden 60 Stück gebaut, weitere 13 von der verbesserten Model 247D, zu der man viele ältere aufrüstete. Eine bewaffnete Maschine, die Model 247Y, ging als Einzelstück an China. Das erste Flugzeug der Flotte von United Airlines lieh sich der American Roscoe Turner 1934 zur Teilnahme am Luft-

United Airlines war der wichtigste frühe Nutzer der Boeing Model 247 und 247D.

Das Innere einer Boeing 247 oder 247D. Der Platz für die 10 Passagiere war eher beengt: Es gab nur einen Mittelgang, und eine mächtige Flügelspiere zog sich quer durch die Fahrgastkabine. Für kleine Dienste stand eine Stewardess bereit – in den 1930er-Jahren noch eine Neuigkeit (Foto: Sammlung John Batchelor).

rennen London – Australien aus (s. S. 222–223). Nach Einbau von Zusatztanks im Rumpf kam die Boeing auf den dritten Platz, doch wurde ihr aus technischen Gründen der zweite zuerkannt. Sie lag jedoch weit hinter der siegreichen D.H.88 und einer DC-2 zurück. Im Zweiten Weltkrieg wurden 27 dieser Boeings als C-73 für das Militär requiriert; einige gab man später an die Fluglinien zurück. Die letzten Maschinen flogen bis in die 1960er-Jahre für kleine Gesellschaften oder Privatleute.

X13301, der Prototyp der Boeing Model 247. Ihr Erstflug erfolgte im Februar 1933 (Foto: Boeing Corporation).

Technische Daten – Boeing Model 247D

Spannweite	22,56 m
Länge	15,72 m
Höchstgeschwindigkeit	325 km/h (in 2440 m Höhe)
Dienstgipfelhöhe	7740 m
Aktionsradius	1200 km
Antrieb	2 Sternmotoren Pratt & Whitney S1H1G Wasp (je 550 PS)
Fassungsvermögen	2 oder 3 Mann Besatzung, bis zu 10 Passagiere

Boeing Model 314

Lindberghs Nonstopflug von 1927 über den Nordatlantik, der auf S. 166–167 beschrieben wurde, gehört zu den großen Leistungen der Fliegerei. Erst mehrere Jahre danach begannen mehrere Flugzeughersteller mit der Entwicklung von Maschinen, die imstande waren, den Ozean turnusmäßig nonstop zu überfliegen, und einige unentwegte Unternehmen richteten sogar Transatlantiklinien ein. Um die Mitte der 1930er-Jahre gab die berühmte Gesellschaft Pan American Airlines, die so viel zur Durchsetzung weltweiter Fluglinien beigetragen hatte, Boeing den Auftrag zur Entwicklung eines Linien-Flugboots mit Transatlantik-Reichweite. Damals existierten bereits die Langstrecken-Flugboote Martin M-130 und Sikorsky S.42, aber PanAm wünschte für die geplante schnelle Passagier-/Frachtroute über den Nordatlantik ein neuartiges Modell mit höherem Aktionsradius. Boeings Lösung bestand darin, das größte und imposanteste Serienflugboot dieser Epoche zu bauen. Während der Rumpf bzw. die Hülle eine völlig neue Konstruktion war, übernahm man die Tragflächen weitgehend vom mächtigen Bomberprojekt Boeing XB-15, das nicht in Produktion ging. Unter dem Namen Boeing Model 314 gab PanAm im Juli 1936 vorerst sechs dieser Transatlantik-Flugboote in Auftrag. Die Maschinen dieser sagenhaften Baureihe konnten 74 Passagiere befördern und wurden oft „Clipper" genannt. Ihr Erstflug erfolgte 1938, und die Transatlantik-Postflüge begannen im Mai 1939. Die ersten Passagiere beförderte man Ende Juni. Leider brach wenige Wochen später der Zweite Weltkrieg aus. Was wie ein großer Schritt in die Zukunft aussah, fand ein abruptes Ende. Pan Am bestellte noch sechs andere Boeings einer leicht verbesserten und stärker motorisierten Version, der 314A, die 1941/42 ausgelie-

Schnittansicht einer Boeing Model 314. Obwohl die Karriere dieses Typs durch den Krieg geknickt wurde, erbrachte er Pionierleistungen bei kommerziellen Nonstop-Atlantikflügen.

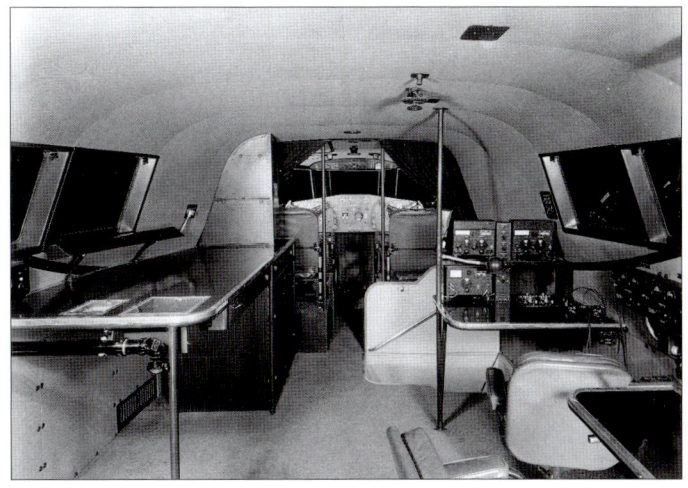

Das Cockpit (Bugkabine) einer Boeing Model 314A. Es gab viel Platz an Bord dieser berühmten Flugboote, die ihren Wert als Verkehrsflugzeuge leider nie in Friedenszeiten beweisen konnten (Foto: Boeing Corporation).

fert wurden. Auf diesen Standard brachte man auch fünf ältere Maschinen. Drei jüngere 314A wurden im Krieg von der BOAC für Linienflüge auf der Route von Foynes (Irland) nach Lagos (Nigeria) eingesetzt. Von den PanAm-Maschinen requirierte man vier als C-98-Transporter für die US Army Air Force, und fünf flogen schließlich bei der US Navy. Nach dem Krieg nahmen die zivilen Fluglinien ihre Tätigkeit wieder auf, aber die Zeit des Passagierflugboots näherte sich rasch ihrem Ende, als man mehr und mehr landgestützte Langstreckenmaschinen einsetzte.

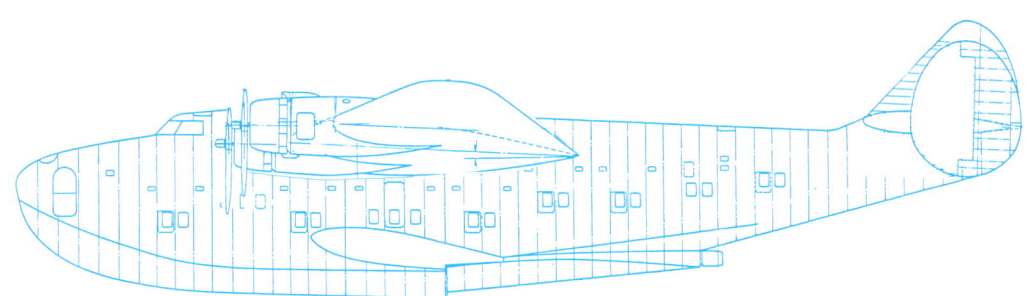

Technische Daten – Boeing Model 314A

Spannweite	46,33 m
Länge	32,31 m
Höchstgeschwindigkeit	310 km/h (in 3050 m Höhe)
Dienstgipfelhöhe	4100 m
Aktionsradius	5630 km
Antrieb	4 Sternmotoren Wright R-2600 Double Cyclone (je 1600 PS)
Fassungsvermögen	8 Mann Besatzung, bis zu 77 Passagiere

Heinkel He 178

Eine der wichtigsten Erfindungen, die am Anfang des 20. Jahrhunderts zum bemannten, lenkbaren Motorflug führten, war der Verbrennungsmotor. Es sollten jedoch weniger als drei Jahrzehnte vergehen, bis man eine ähnlich revolutionäre Antriebsquelle für Flugzeuge entwickelte. Dies war das Strahltriebwerk bzw. der Turbinenmotor. Sein Einfluss auf die Luftfahrt besaß für die Nachkriegsjahre ebenso große Bedeutung wie das Erscheinen des Benzinmotors für Flugpioniere wie die Gebrüder Wright. Vor allem in zwei Ländern, Deutschland und Großbritannien, arbeiteten vorausschauende Ingenieure in den 1930er-Jahren an diesem Motorentyp. In Großbritannien setzte Frank Whittle unermüdlich seine Forschungen zum Strahlantrieb fort. In Deutschland standen ebenfalls amtliche Hürden und vor allem Unverständnis im Wege. Dort wurden einschlägige Forschungen jedoch intensiver, schneller und kurzfristig erfolgreicher betrieben. In den 1930er-Jahren hatten vor allem die Forscher Hans Joachim Pabst von Ohain und Max Hahn privat an Düsentriebwerken gearbeitet. 1936 wurden beide von der Firma Heinkel übernommen, und nun begann man ernsthaft mit der Entwicklung eines brauchbaren Motors und des zugehörigen Flugzeugs. Im Herbst konnte man erfolgreich die erste Demonstrationsturbine testen: Es war die Heinkel HeS 1. Mitte 1939 wurde die HeS 3a mit Erfolg in einer He 118 erprobt, womit die Bühne für das Düsenflugzeug Heinkel He 178 bereitet war. Bei Testflügen kam es am 24. August zu einem nicht geplanten „Sprung". Am 27. August 1939 war es dann die He 178V1, die sich unter Testpilot Erich Warsitz auf dem werkseigenen Flugplatz in Rostock-Marienehe als erstes Flugzeug der Welt allein mit einer Strahlturbine HeS 3b in die Luft erhob. Ironischerweise wurde dieses bahnbrechende Ereignis in Deutschland amtlich kaum gewürdigt, und erst im Oktober/November 1939 begann man sich im Reichsluftfahrtministerium für das Projekt zu interessieren. Schließlich baute man für die HE 178 einen Motor He S6 (Schubkraft etwa 590 kp), mit dem sie etwa 12 Düsenflüge unternahm.

Die Abbildungen auf diesen beiden Seiten zeigen die einzigartige Heinkel He 178 und ihren revolutionären Heinkel-Turbojetantrieb. Die He 178 war ein reines Versuchsflugzeug und nicht zur Produktion vorgesehen. Erst Jahre später sollten Düsenflugzeuge zum Einsatz kommen.

So begann das Zeitalter der Düsenflugzeuge, aber es sollte noch Jahre dauern, bis einsatzfähige Typen verfügbar waren. Unterdessen brach im September 1939 der Zweite Weltkrieg aus.

*Der Ohain-Motor –
das einzige Antriebsmittel der He 178V1.*

Technische Daten – Heinkel He 178V1

Spannweite	7,2 m
Länge	7,45 m
Höchstgeschwindigkeit	etwa 630 km/h (auf Meereshöhe)
Höchstes Startgewicht	2000 kg
Antrieb	1 Turbojet-Motor Heinkel HeS 3b mit etwa 500 kp Schub (vorgesehen waren 700 kp)
Besatzung	1 Mann

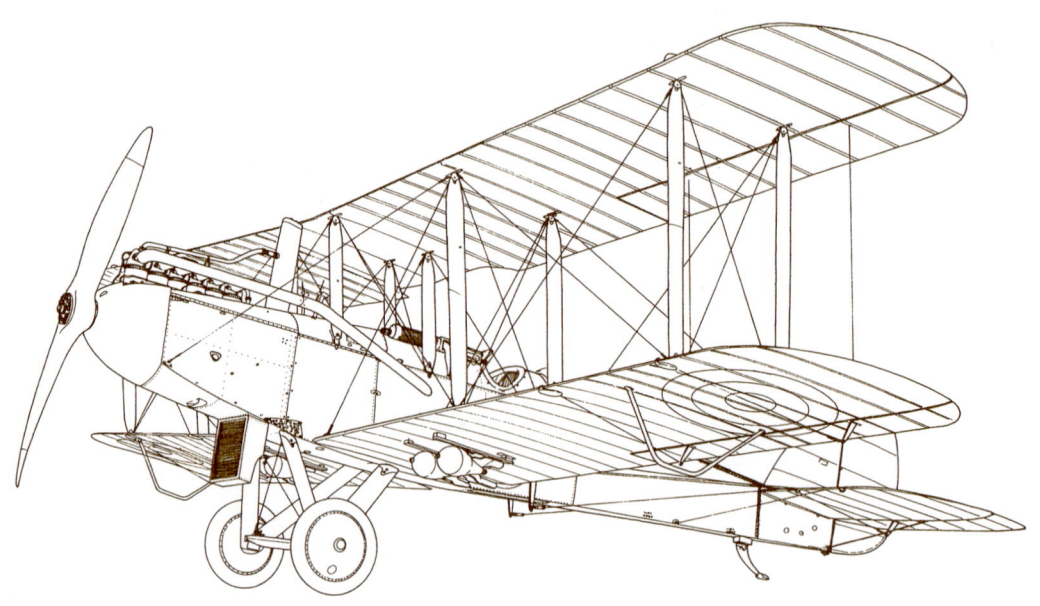

Register

A

AEA Aerodrome No.3 June Bug	40
Aero A-10	139
Airco D.H.4	68-69
Airco D.H.9	136-137
Albatros B & C Series	112-113
Albatros D III und D V	114-115
Ansaldo S.V.A.5	128-129
Avia B-534	260-261
Aviatik B Series	72
Avro Tutor	234-235
Avro Type F	41
Avro 504	82-83

B

B.E.2 Series	94-95
Beech Staggerwing	210-211
Blackburn Kangaroo	138
Blériot XI	42-43
Boeing F4B	218-219
Boeing Model C	73
Boeing Model 40	178-179
Boeing Model 247	294-295
Boeing Model 314	296-297
Boeing P-12	192-193
Boeing P-26	246-247
Breguet 14	104-105
Breguet 19	206-207
Bristol Blenheim	290-291
Bristol Bulldog	216-217
Bristol F.2B Fighter	92-93
Bristol Scout	56-57

C

Caproni Ca.3	120-121
Caproni Ca.5	134-135
Caudron G.3	62-63
Cierva Autogyros	148-149
Curtiss Condor	180-181
Curtiss Flying-boats	52-53
Curtiss Hawk III	250-251
Curtiss Hawk/Mohawk Series	282-283
Curtiss Jenny	126-127
Curtiss N-9	132-133
Curtiss NC-4	124-125
Curtiss O-1 Falcon	204-205
Curtiss SBC Helldiver	224-225

D

de Havilland D.H.50	142-143
de Havilland D.H.60 Moth	176-177
de Havilland D.H.80 Puss Moth	184-185
de Havilland D.H.88 Comet	222-223
de Havilland D.H.89 Dragon Rapide	244-245
de Havilland D.H.91 Albatross	228-229
Deperdussin Monocoque Racer	55
Dewoitine D.500 Series	242-243
Dornier Do X	158-159
Dornier Do 18	268-269
Dornier Komet	140-141
Dornier Do J „Wal"	238-239
Douglas DC-1/DC-2/DC-3	214-215
Douglas DT Series	152-153
Douglas M-2	156-157
Douglas World Cruiser	146-147
Dunne D.5	48-49

F

Fairey Flycatcher	196-197
Farman Biplanes	46-47
Félix de Temple	30
Felixstowe F.2A	70-71
Fiat C.R.32	276-277
Focke-Achgelis Fa 61	272-273
Fokker D VII	116-117
Fokker D VIII	118-119
Fokker Dr I	80-81

Register

Fokker E III	66-67
Fokker F VII	174-175
Fokker Spider	64-65
Fokker Universal	198-199
Ford Tri-Motor	182-183
Friedrichshafen G Series	76-77

G

Gloster Gladiator	270-271
Gotha G Series	74-75
Granville „Gee Bee" Racers	194-195
Grumman F3F	236-237

H

Halberstadt CL II	96-97
Hansa-Brandenburg D I	110-111
Handley Page O/100 und O/400	88-89
Hawker Fury	252-253
Hawker Hart	256-257
Hawker Horsley	208-209
Hawker Hurricane	284-285
Heinkel He 51	258-259
Heinkel He 115	278-279
Heinkel He 178	298-299
Henschel Hs 123	263
Hillson Praga	191
Hubschrauber-Pioniere, Frühe	50-51
Hughes H-1	202-203

J

John Stringfellow	26-27
Junkers F 13	154-155
Junkers J 1	78
Junkers J 4	79
Junkers Ju 86	249

L

Latécoère 28	170-171
Leonardo da Vinci	25

Levavasseur Antoinette	36-37
Lockheed Model 10 Electra	200-201
Lockheed Sirius	145
Lockheed Vega	144
Loening OL Series	190

M

Martin B-10	264-265
Martin Sonora	54
Messerschmitt Bf 109B	288-289
Mitsubishi A5M	262
Morane-Saulnier M.S.230	232-233
Morane-Saulnier M.S.406	292-293
Morane-Saulnier Types L und N	58-59

N

Nieuport 11 und 17	106-107
Nieuport 28	108-109
Northrop Alpha	162-163
Northrop Gamma	226-227

O

Otto Lilienthal	31

P

Percival Mew Gull	254-255
Piper Cub	240-241
Pitcairn PA-5 Mailwing	150-151
Polikarpow I-15	248
Polikarpow I-16	286-287
Potez 25	160-161

R

Ryan NYP „Spirit of St. Louis"	166-167

S

Samuel P. Langley	32-33
Santos-Dumont Demoiselle	44-45
Santos-Dumont No.14-bis	38-39

Register

Savoia-Marchetti S.55	220-221	**T**	
Savoia-Marchetti S.M.79 und S.M.81	280-281	Tupolew ANT-20 „Maxim Gorki"	186-187
S.E.5a	102-103	Tupolew ANT-25	188-189
Short Scylla	212-213		
Short Type 184	84-85		
Short-Mayo Composite	266-267	**V**	
Sikorsky S-38 und S-39	164-165	Vickers Vimy	122-123
Sir George Cayley	28-29	Voisin Type III	60-61
Sopwith Camel	98-99		
Sopwith Pup	86-87		
Sopwith Snipe	130-131	**W**	
Sopwith One-and-a-Half Strutter	90-91	„Winnie Mae"	168-169
SPAD S.XIII	100-101	Westland-Hill Pterodactyl	230-231
Supermarine S.6B	172-173	Wright Flyer	34-35
Supermarine Spitfire	274-275		

Die Autoren

John Batchelor

John Batchelor zeichnete schon mit vier Jahren Flugzeuge, Schiffe, Panzer und andere Maschinen, davon zeugen die Zeichnungen, die seine Mutter im Zweiten Weltkrieg aufbewahrte. Heute gilt er weltweit als führender und meistveröffentlichter Illustrator dieser vielfältigen, aber innerlich verwandten und anspruchsvollen Materie. John lebt im südenglischen Wimbornen Minster (Dorset) und hat auch Raumfahrzeuge, Autos, Lokomotiven und zahlreiche andere „mechanische Geräte" gezeichnet.

Nach dem Dienst bei der Royal Air Force und einer Tätigkeit in der damals florierenden Luftfahrtindustrie Englands arbeitet John seit den frühen 1960er-Jahren als freischaffender technischer Illustrator. Bis heute hat er zahlreiche Bücher illustriert, unter anderem die großen Partwork-Serien von Purnell und Time-Life. Sein Werk umfasst Veröffentlichungen in 49 Staaten, darunter auch Arbeiten für bekannte Zeitschriften wie „Air & Space" und „Popular Mechanics". John entwirft und illustriert auch Postwertzeichen für 40 Länder unserer Erde.

Unser Buch enthält eindrucksvolle Bilder, die in Johns unverwechselbarem Stil von der Frühzeit der Luftfahrt bis zum Ausbruch des Zweiten Weltkriegs zeugen. Sie beruhen auf ausgezeichneten Vorlagen, die häufig aus den Archiven der Herstellerfirmen stammen; hinzu kommen einige der weltberühmten Briefmarken, die er im Laufe der Jahre schuf.

Malcom V. Lowe

Malcolm Lowe ist schon seit über 20 Jahren als Berufsschriftsteller, Historiker und Fotograf tätig. Heute im südenglischen Poole (Dorset) ansässig, ist er stolz auf sein Herkunft aus Yeovil (Somerset); für zahlreiche Zeitungen und Zeitschriften hat er bereits über Luft- und Raumfahrt, Oldtimer und Schiffe geschrieben. Nach Erwerb des B.A. in Geschichte und Politik an der heutigen Bornemouth University wurde er sogleich zum Berufsschriftsteller, der sich durch seine gründlichen und kompetenten Forschungen – möglichst an Primärquellen – bald einen guten Ruf erwarb.

Heute schreibt er regelmäßig historische Beiträge für Magazine wie „Aeroplane Monthly" und „Aircraft Illustrated" (GB), „Flieger Magazin" (Deutschland) und „Popular Mechanics" (USA). Außerdem hat er mehrere Bücher verfasst, darunter ein grundlegendes Werk über den deutschen Jäger Focke-Wulf Fw 190 aus dem Zweiten Weltkrieg, in dem er viele neue Informationen zur Entwicklung und Produktion dieses an sich gut bekannten Flugzeugs präsentierte. Er ist auch ein viel veröffentlichter Fotograf, der seine Beiträge nach Möglichkeit selbst illustriert. Malcolm hat schon vor diesem Projekt mit John an mehreren Büchern zusammengearbeitet, etwa an solchen für den US-Verlag Dover Publications.